建筑工程振震双控技术应用指南

Application guide for integrated control of engineering vibration and seismic vibration of building engineering

徐　建　周福霖　主编

中国建筑工业出版社

图书在版编目（CIP）数据

建筑工程振震双控技术应用指南 = Application guide for integrated control of engineering vibration and seismic vibration of building engineering / 徐建，周福霖主编. -- 北京 ：中国建筑工业出版社，2024. 12. -- ISBN 978-7-112-30266-6

Ⅰ. TU714-62

中国国家版本馆 CIP 数据核字第 2024GU3551 号

本书根据中国工程建设标准化协会标准《建筑工程振震双控技术标准》T/CECS 1234—2023 的制订原则和设计规定，组织标准主要起草人员编写而成。本书系统总结了国内外近年来在建筑工程及装备振震双控领域的最新研究成果和工程实践，主要内容包括技术发展与标准概述、振震双控设计基本规定、振震双控作用分析与响应验算、地震设防为优先目标的振震双控、振动控制为优先目标的振震双控、多维振震双控、振震双控辅助措施、振震双控专用技术、振震双控工程中的噪声控制以及施工、验收、维护与监测。本书注重对《建筑工程振震双控技术标准》应用中主要问题的阐述，紧密结合工程实际。本书不仅是《建筑工程振震双控技术标准》应用的指导教材，也是从事建筑工程及装备振（震）动控制人员的重要参考书。

本书可供从事相关领域的科研、设计、施工、教学、产品开发人员使用。

责任编辑：刘瑞霞　梁瀛元　咸大庆

责任校对：姜小莲

建筑工程振震双控技术应用指南

Application guide for integrated control of engineering vibration and seismic vibration of building engineering

徐　建　周福霖　主编

*

中国建筑工业出版社出版、发行（北京海淀三里河路 9 号）

各地新华书店、建筑书店经销

北京红光制版公司制版

北京君升印刷有限公司印刷

*

开本：787 毫米×1092 毫米　1/16　印张：15½　字数：381 千字

2024 年 11 月第一版　2024 年 11 月第一次印刷

定价：**88.00** 元

ISBN 978-7-112-30266-6

(43624)

本书编委会

主　编：徐　建　周福霖

编　委：胡明祎　黄　伟　陈洋洋　郁银泉　朱忠义
郑建国　万叶青　黄世敏　刘　枫　尹学军
潘　鹏　周　颖　王建宁　高星亮　陈　骝
罗开海　王　涛　燕　翔　刘鹏辉　束伟农
邵晓岩　兰日清　杜林林　钱春宇　周忠发
王建立　罗　勇　丁德云　叶烈伟　王希慧
杨振宇　孔祥斐　刘必灯　肖中岭　周　健

本书编写分工

第一章　技术发展与标准编制概述
周福霖　徐　建　胡明祎　黄　伟　王建宁
王　涛

第二章　振震双控设计基本规定
徐　建　周福霖　万叶青　罗开海　周　颖
邵晓岩

第三章　振震双控作用分析与响应验算
黄世敏　万叶青　潘　鹏　刘　枫　罗开海
周　颖　陈　骝

第四章　地震设防为优先目标的振震双控
周福霖　陈洋洋　杨振宇　肖中岭

第五章　振动控制为优先目标的振震双控
徐　建　尹学军　高星亮　胡明祎　孔祥斐
丁德云　王建立　罗　勇　周　健

第六章 多维振震双控

徐　建　胡明祎　郁银泉　朱忠义　周忠发

兰日清　叶烈伟　刘必灯　周　颖　束伟农

王希慧

第七章 振震双控辅助措施

郑建国　刘鹏辉　钱春宇　杜林林　丁德云

第八章 振震双控专用技术

胡明祎　黄　伟　周　颖　周忠发

第九章 振震双控工程中的噪声控制

燕　翔　万叶青　胡明祎

第十章 施工、验收、维护与监测

胡明祎　兰日清　丁德云

前　言

近年来，随着我国城市建设的快速发展，以公共交通为导向的开发模式越来越多，地铁、轻轨等轨道交通上盖与毗邻建筑结构受到振动与噪声影响越来越明显，如果采取措施不当，会导致建筑结构振动及室内噪声超标，对人员舒适和精密设备正常使用造成影响，甚至造成建筑结构因特定功能下降而产生重大损失。此外，随着我国“卡脖子”关键技术的持续攻关以及国家大科学工程领域的不断投入，高端装备的安全可靠和高效运行要求越来越高。例如，重型动力装备既要采取振动控制措施，降低振动对环境和装备自身的影响，也要考虑地震发生时的安全问题；超精密装备既要采取微振动控制措施，保证设备正常运行，也要兼顾地震作用对装备造成的损坏。重大工程与装备兼顾振动与地震控制的重要意义不言而喻，有效解决建筑工程及装备的振震双控问题，对于推动我国社会发展和科技进步尤为重要。

近二十年来，我国一直在积极探索解决建筑工程及装备振震双控问题的有效途径，通过研发多种具有自主知识产权的技术和装置，解决了系列工程实际问题，并成功应用于多个重大项目。研发的系列隔振与隔震组合装置，不仅实现了竖向振动的有效控制，也保障了地震时的安全，许多技术已达到国际先进水平。

由中国机械工业集团有限公司、广州大学主编的《建筑工程振震双控技术标准》T/CECS 1234—2023，填补了我国该领域技术标准的空白，提出的“地震设防为优先目标的振震双控、振动控制为优先目标的振震双控以及多维振震双控”等技术内容是对我国振震双控技术的总结和提升，对于推动我国振震双控技术的发展具有重要作用。

感谢标准编委、本书作者以及在我国振震双控技术研究、应用及发展中做出贡献和辛苦付出的专家、学者。

本书不妥之处，请批评指正。

中国工程院院士
中国机械工业集团有限公司首席科学家　徐　建

中国工程院院士
广州大学教授　周福霖

2024年4月

目　录

第一章　技术发展与标准编制概述

第一节　技术发展现状

随着我国工程建设领域的快速发展，建筑结构受到各类环境振动影响的事件频发，导致建筑结构耐久性降低、特定功能下降、精密仪器设备无法正常运行、人员工作环境健康指数超标。与此同时，全球地震频发，大批建筑结构在地震中损坏或倒塌。常时振动和偶发震害并存，对建筑工程开展振动控制和结构抗震设防统一设计提出了新的要求。

目前，我国建筑结构振动控制和结构防震设计分别进行，缺少统一的标准规范指导设计。随着建筑结构振震双控需求不断增多，我国陆续开展了相关技术的研究与应用，例如，北京大学建筑与景观设计学院实验楼跨建地铁4号线、上海音乐厅毗邻地铁线等，均开展了结构振震双控设计，采用同一套装置实现了既符合结构振动控制需求，又满足结构抗震安全需求的目标，为我国建筑结构振震双控设计积累了经验。在此背景下，中国机械工业集团有限公司和广州大学联合开展了《建筑工程振震双控技术标准》T/CECS 1234的编制工作，本标准的编制一方面将振震双控相关技术和经验进行标准化，便于工程推广应用，满足量大面广的社会需求；另一方面，本标准编制有较为丰富的研究成果和工程实践经验作为基础，采用的工程技术可靠，能够实现一套解决方案同时满足建筑地震和振动控制的两种需求，确保结构和设备的安全和正常使用。

《建筑工程振震双控技术标准》的编制适应我国未来建筑结构振震双控目标和需求，对于我国建筑结构振震双控设计意义重大，社会效益和经济效益显著。

一、技术需求

建筑工程设计，必须考虑其在全寿命服役过程中将历经工程振动和地震作用。建筑工程振震双控技术，是指为降低工程振动和地震作用对建筑工程的安全性和正常使用的影响而采取的综合控制技术。当前，我国建设工程已经进入高质量发展阶段，该项技术的迫切需求反映了振震双控技术在工程建设领域有着巨大的应用空间。

一方面，我国位于环太平洋地震带和欧亚地震带的交会处，地震活动具有发生频率高、强度等级大、分布范围广的特点，是世界上地震灾害最为严重的国家之一。根据现行国家标准《中国地震动参数区划图》GB 18306—2015，新建工程需要进行抗震设防设计的区域已经覆盖全国。新时期高质量发展阶段对工程建设的品质提出更高的要求，我国大量重点建设项目地处经济发达、人口稠密的国家地震重点监视防御区，为适应各类建筑或功能需求，许多代表性工程不得不采用更为复杂的结构形式，对抗震性能的提升提出了更高的要求。例如，建设于大型枢纽或轨道交通上方的建筑结构对空间跨度和层高要求苛刻，竖向构件的转换突变呈现刚度不连续；一些公共建筑由于建筑美学和各类功能需求，其柱网和竖向构件类型、布置位置呈现严重竖向不连续，甚至开始大量采用全框支转换、高位转换等抗震不利结构体系；产生的抗震不利因素需要通过更有效的抗震措施以更好地解决。

另一方面，我国工业领域高质量发展与城市更新进程同步进行，高质量发展和制造强国战略并进，在各类生产生活过程中，建筑工程所面临的振动作用也呈现发生频度高、振源复杂多样的特点，有些甚至成为影响建筑或设备正常使用、降低高精密制造品质或高端试验精度的主要因素，制约了城市、工业甚至科技的发展。以典型的城市轨道交通振害为例，其诱发的建筑振动及噪声二次辐射，具有持时长、循环次数多、影响范围广的特点，在居民区对人体舒适度、身心健康、生活质量造成影响；在工业和科技园区对精密设备、实验室等的正常运行产生威胁，甚至干扰高端产业制造和产品升级。当前，我国城市轨道交通建设速度和规模已达世界第一，“十四五”期间预计将突破 10000km。地铁运行振动扰民现象越来越普遍，部分地铁沿线曾有周边振动及二次噪声辐射扰民的投诉报道，旧线改造面临巨大压力，新线规划和工程建设受到严重制约。此外，交通振动和工业振动等对许多对振动敏感的实验室、高新科技企业或精密制造工业园区都造成了严重影响，使相关设施必须建于远离交通振源的区域，不仅选址困难，也带来产业链运输成本高昂、资源供给和通勤不便等问题。

从上述两方面需求出发，越来越多的建筑工程既需要考虑面向地震作用的设防设计，也需要考虑面向常态化振动作用的响应控制，这两方面的技术需求需要通过一体化设计，在建筑结构中采用更有效的振震双控措施解决振动及地震控制难题，从而达到振震双控目标。从技术发展进程看，原有建筑隔震技术，以及建筑与设备隔振技术的发展，为振震双控技术的融合发展奠定了基础。

二、建筑隔震技术发展

建筑隔震技术是公认的可以有效降低建筑物地震响应的技术手段。采用隔震方式来防御地震作用，这一想法最早可追溯到 19 世纪，一些学者和工程师提出了使建筑物与地面运动隔离的方案设想，20 世纪 30 年代流行于日本工程界的结构“刚柔之争”，客观上为后来隔震技术的大发展奠定了思想基础。自 20 世纪 60 年代开始，现代建筑隔震技术迎来了快速发展阶段，新西兰、日本、美国等多地震国家率先进行了理论探索和试验研究。20 世纪 70 年代，新西兰学者 W. H. Robinson 提出了铅芯叠层橡胶隔震支座技术，大大推动了隔震技术向实用化发展，美国学者 J. M. Kelly、英国学者 K. N. G. Fuller、日本学者多田英之等对早期隔震技术的开拓做出重要贡献，至 20 世纪 80 年代，美国、日本率先建成采用叠层橡胶技术的现代隔震建筑。

我国自 20 世纪 80 年代也开始现代隔震技术研究，以周福霖、唐家祥、周锡元等为代表的一批学者和工程师进行了技术研究和开发工作，逐步形成我国早期的自主隔震技术。1993 年，周福霖主持研究并设计建成我国首栋采用叠层橡胶支座的隔震建筑（汕头陵海路八层商住楼），被联合国专家组誉为世界隔震技术发展的第三座里程碑。经过几十年的发展，以橡胶隔震支座为主的隔震技术已经成为发展最完善、应用最广泛的隔震技术，在我国已经建成超过 15000 栋使用该支座的建筑。近年来，随着摩擦材料和摩擦摆支座工艺的进步，摩擦摆隔震技术也开始在建筑工程领域应用，在我国已建成十余项示范工程，发展迅速，前景广阔。综合来看，我国目前从材料制备、产品制造、检测检验、设计技术、工程示范到标准体系，已经形成了完全自主的建筑隔震技术体系，总体也已经达到国际先进水平。

在技术规程和装置方面，我国先后颁布了《叠层橡胶支座隔震技术规程》CECS 126、

《橡胶支座》GB/T 20688 系列标准、《建筑隔震橡胶支座》JG/T 118、《建筑摩擦摆隔震支座》GB/T 37358、《建筑隔震工程施工及验收规范》JGJ 360 等标准。在设计方法方面，2010 年颁布的《建筑抗震设计规范》GB 50011—2010 中大幅增加了对隔震设计的规定，使隔震设计在工程中得以推广，2021 年颁布的《建筑隔震设计标准》GB/T 51408—2021，更是标志着以中震设计和一体化设计为代表的新一代隔震设计方法逐步走向成熟。同时我国自主开发的隔震设计分析商业软件，如 PKPM-GZ 模块等也同步发行，大大推动了隔震技术的进一步普及。2021 年，《建设工程抗震管理条例》（国务院令第 744 号）颁布实施，明确规定"位于高烈度设防地区、地震重点监视防御区的新建学校、幼儿园、医院、养老机构、儿童福利机构、应急指挥中心、应急避难场所、广播电视等建筑，应当按照国家有关规定采用隔震减震等技术，保证发生本区域设防地震时能够满足正常使用要求。国家鼓励在除前款规定以外的建设工程中采用隔震减震等技术，提高抗震性能"，这是隔震、减震技术首次被明确纳入国家行政法规，标志着我国隔震技术体系、产业体系和管理体系已基本成熟。

三、工程隔振技术发展

工程隔振技术包括针对振源、振动传播路径、受振对象的隔减振技术。当建筑物或设备选址于振动环境且难以改变振源和环境时，采用专门针对建筑物或设备的整体隔振是相对可行的方案。这种情况常见于建筑物及相关设备邻近轨道交通或公路交通，或其附近区域存在工业振源工作的情况，地基或者结构传递的振动可能会对建筑物或设备产生较大影响，因此，在建筑设计阶段就不得不考虑采取措施。整体隔振方案通常把整个建筑物或设备浮筑于隔振支座之上，建筑物与基础之间由常规的刚性连接变成隔振支座连接，隔振支座所在的结构层称为隔振层（控制层），这与建筑隔震方案在结构上基本一致，技术路线的吻合也为振震双控一体化设计提供了可行性。欧洲是现代建筑整体隔振技术最早发展和应用的地区，早在 1965 年，英国伦敦 St. James' Park 地铁车站上盖建筑 Albany Court 就采用厚叠层橡胶垫进行整体隔振，以降低下穿地铁的振动和二次噪声辐射影响。厚叠层橡胶隔振技术应用于 1980 年建成的英国伯明翰 UK 音乐厅、1986 年建成的美国芝加哥 Burnham Plaza 剧院、1997 年建成的美国西雅图 Benaroya 音乐厅等建筑。在钢弹簧技术方面，第一座整体采用钢弹簧隔振的建筑是 1986 年在德国柏林建成的隔振居民楼，随后法国、英国、意大利、荷兰、芬兰、西班牙、瑞典、澳大利亚、美国等多个国家也建成了钢弹簧隔振建筑。弹簧支座具有足够低的竖向刚度，但这也制约了其竖向承载力，多应用于邻近或横跨铁路线、地铁线、轻轨线、道路的影剧院、音乐厅、会议中心、高档物业、酒店、高级住宅等高宽比较小的振动敏感建筑。

几十年来，工程隔振技术在我国也有长足的发展。一方面，在建筑领域，我国先后建成了一批采用隔振技术的项目，代表性的有：采用钢弹簧整体隔振技术的上海音乐厅、北京大学景观楼等，典型方案是采用钢弹簧、液体黏滞阻尼器和聚氨酯弹性垫的技术方案；北京多个轨道交通邻近的商住楼，则采用了直接铺设于基础的聚氨酯或橡胶隔振垫技术；此外，大量对声学和振动具有高品质要求的建筑，如国家大剧院、上海东方艺术中心、苏州科技文化中心、武汉大剧院等，均不同程度采用了浮置地面或者房中房隔振技术，以及其他辅助的减振降噪措施。另一方面，在工业工程领域，隔振技术的应用更为广泛，如精密加工和精密设备隔振、各类通用设备隔振、冲压设备隔振、锻造设备隔振、电力设施隔振等。相关的标准体系也日益完善，针对建筑隔振技术的设计方法，代表性的有《工程隔振设计标准》GB 50463、《建筑振动荷载标准》GB/T 51228、《工业建筑振动控制设计标准》GB 50190、《地基动力特性测试规范》GB/T 50269、《动力机器基础设计标准》GB 50040等；针对控制指标和测量方法，有《城市区域环境振动标准》GB 10070、《建筑工程容许振动标准》GB 50868、《住宅建筑室内振动限值及其测量方法标准》GB/T 50355、《城市轨道交通引起建筑物振动与二次辐射噪声限值及其测量方法标准》JGJ/T 170等。此外，我国还有一批针对细分领域振动控制或产品的不同层级标准，基本已形成了完善的标准体系。

四、具备振震双控功能的隔振（震）技术发展

如前所述，降低振动作用和地震作用的影响是许多工程设计阶段就必须考虑的需求。因此，向振震双控技术发展，是建筑隔震技术和建筑隔振技术各自独立发展到一定阶段必然融合的发展路径。无论建筑隔震或建筑整体隔振，都必须在结构体系中设置隔振（震）层（控制层）及其隔振（震）装置以实现隔振（震）工作机制。因此，尽管技术措施和控制目标不同，两种技术都统一于同一类结构体系，只要对隔振（震）装置、隔振（震）层、设计方法等相关环节进行一体化研究，就可以使建筑结构对振动作用和地震作用都产生有效控制。为了更好地实现对振动和地震作用的控制，许多新的隔振和隔震技术得到快速发展，代表性的技术包括：

（1）在橡胶支座隔振（震）技术领域，厚叠层橡胶性能得到国内外学者的高度关注，其目的是通过提高橡胶层厚度，降低竖向刚度，改善传统叠层橡胶垫的竖向隔振性能。日本学者针对核设施钠冷却快堆结构，研究采用厚层橡胶支座隔振（震）技术，但并未迈向实用化推广，总体上增大橡胶层厚度必然降低支座水平隔震变形能力，研发中必须妥善权衡两方面性能。

（2）在螺旋钢弹簧隔振（震）技术方面，我国建成的上海音乐厅、北京大学景观楼等工程，均在竖向隔振的基础上，考虑了水平地震作用下的抗震性能问题，实现了以竖向隔振功能为主的振震双控，总体上，竖向低频隔振采用螺旋钢弹簧具有技术上的优势，更好地解决钢弹簧支座在水平地震作用下的变形控制问题是这一技术发展的核心。

（3）在空气弹簧技术方面，在设备隔振（震）方面进行了技术研发，达到较好的多维隔振（震）效果，微振动控制效果更加显著，但竖向承载能力较一般建筑隔震支座偏低。

为更好地克服以往各类隔振（震）元件和技术的局限性，以组合式支座为主的隔振（震）技术应运而生。2000年，为提高北京四惠车辆段上盖后开发通惠家园小区住宅楼的抗震性能，同时解决盖下地铁振动影响问题，周福霖等研发了组合式支座，将传统水平隔震橡胶支座与厚叠层橡胶支座串联组合，形成全新的组合式支座，利用二者变形的解耦机制突破了技术的局限性。此后，许多学者开始研究不同的串联组合方式，包括橡胶隔震支座与碟形弹簧的组合、橡胶隔震支座与聚氨酯弹性垫的串联组合、橡胶隔震支座与螺旋钢弹簧的串联组合、摩擦摆支座与钢弹簧的串联组合、摩擦摆支座与厚叠层橡胶的串联组合，以及它们与各类阻尼器的联合作用形式等，在我国已有一批示范工程。国际上，日本也通过将单个橡胶隔震支座与多个空气弹簧串联组合，建成了三层轻钢结构的三维隔震建筑。

近年来，我国新的振震双控技术研究成果不断涌现，在示范工程应用中不断积累经验，已成为行业的发展热点，技术体系逐步形成。然而，面向建筑工程振震双控需求技术的标准仍然缺失，迫切需要一部成熟的技术标准来指导工程实践，《建筑工程振震双控技术标准》T/CECS 1234 正是在这样的背景下产生。

第二节　标准编制背景

《建筑工程振震双控技术标准》T/CECS 1234 是根据中国工程建设标准化协会《关于印发〈2018 年第二批协会标准制订、修订计划〉的通知》（建标协字〔2018〕030 号）和《关于同意〈建筑工程振震双控技术标准〉变更主编单位的复函》要求，由中国机械工业集团有限公司和广州大学主编，相关科研单位、勘察设计单位、高等院校、制造企业、施工安装企业等单位共同编制。

第三节　标准编制过程及主要内容

一、标准编制简要过程

第一阶段（准备阶段），针对我国现有建筑工程及装备振震双控技术进行了广泛调研；搜集了国内外先进文献资料和相关标准，并对我国设计单位、高等院校、施工企业及装备制造等单位进行了广泛调研，获得了我国建筑工程及装备振震双控的技术应用情况和丰富资料，在此基础上，主编单位结合成熟的工程案例与技术路线进行标准编写大纲和初稿的编写。

第二阶段（研讨启动阶段），结合编制大纲初稿，对国内关于振震双控已开展广泛研究及工程应用的高等学校、科研院所、设计施工和设备制造等单位进行梳理，选择优势单位及专家，组建标准编制组；将编制大纲及前期准备阶段的相关基础性研究资料在编制组内进行论证和反复研究，召开编制组成立暨第一次工作会议，会议明确了标准编制的内容、大纲、分工、进度计划以及编制要求等；编制组专家针对大纲进行了分组讨论、修改和完善，最终形成正式编写大纲。

第三阶段（初稿编写阶段），编制组按照标准编写大纲分章节进行编写，标准管理组对各单位初稿进行了汇总整理，并形成了标准讨论初稿。初稿完成后，对各章节初稿进行了分组讨论，提交了讨论稿及标准条文技术要点研究结论共 4 版；主编单位对初稿及各章节讨论情况进行了汇总、研究、统稿，并针对要点问题与各章节负责人进行沟通，共形成讨论稿 6 版；主编单位将形成的讨论稿在编制组内开展深入讨论并征求意见，历经 3 轮修改，形成编写初稿。

第四阶段（征求意见稿编写阶段），为有效做好征求意见阶段工作，主编单位与各编制单位根据编制大纲分工、前期讨论的要点问题、疑难关键问题等进行了组内讨论、征求意见，并对相关遗留问题进行了研讨和确认；标准主编单位组织对征求意见阶段可能存在的问题及编制组内征求意见的要点问题进行了讨论，主编单位统筹修改 6 次；对已经落实好的相关问题在编制组内再次进行讨论和征求意见；标准管理组对本轮征求意见进行了汇总、归并和问题整理，并进行修改，形成征求意见稿。

第五阶段（公开征求意见阶段），主编单位对征求意见阶段所需材料进行了整理，并对公开征求意见及定向征求意见单位和专家进行了统筹考虑；由中国工程建设标准化协会印发了关于对标准征求意见稿征求意见的函，以网络和定向发送的形式在全国公开征求意见。定向发出征求意见稿 30 份，收到 20 位专家反馈的意见，共计 122 条，有效及同类意见整理、归并后共计 89 条。

第六阶段（标准审查阶段），编制组根据收到的专家征求意见进行汇总，在编制组内部研究处理收到的意见建议，讨论征求意见回复以及相关问题，修改部分内容，汇总整理形成送审稿初稿。随后，召开了标准审查会，会议组成了以杜修力院士为组长、王翠坤大师为副组长的审查专家组。审查专家听取了编制组对标准编制情况的介绍和有关技术内容的说明，对标准内容进行逐条审查，一致同意通过审查，建议编制组按审查意见修改完善后，尽快形成报批稿上报。

第七阶段（标准报批阶段），根据标准审查会专家意见，标准编制组举一反三，对标准稿逐字逐句进行修改完善，形成了标准报批稿并上报中国工程建设标准化协会。中国工程建设标准化协会于 2023 年 10 月 10 日报批发布，编号 T/CECS 1234—2023，于 2024 年 1 月 1 日实施。

二、标准主要内容

本标准共分 8 章，主要内容包括：总则，术语和符号，基本规定，振震双控作用分析与响应验算，振震双控设计方法，振震双控辅助措施，振震双控噪声控制，施工、验收、维护与监测等。

主要内容如下：

第 1 章　总则

规定了本标准编制的目的、适用范围、与相关标准的关系。

第 2 章　术语和符号

根据国家标准《工程振动术语和符号标准》GB/T 51306 和《工程结构设计基本术语标准》GB/T 50083 的规定，并结合本标准用词，进行术语的编写；根据国家标准《工程振动术语和符号标准》GB/T 51306 和《工程结构设计通用符号标准》GB/T 50132 的规定，并结合本标准的特点进行符号的编写。

第 3 章　基本规定

规定了建筑工程同时具有抗震设防和振动控制要求并采用振震双控设计的舒适性、适用性、耐久性、安全性、可靠性要求；明确了振震双控设计方案的比选原则、高宽比等特性要求；规定了隔振、抗振、消能减振与隔震、抗震、消能减震等振震双控多技术措施组合方法；规定了多维振震双控设计方案、以水平地震控制为主要目标、以竖向振动控制为主要目标的建筑或装备振震双控设计方案的选取原则；规定了振震双控设计时，建筑或装备的容许振动标准、声环境控制标准。

第 4 章　振震双控作用分析与响应验算

规定了建筑结构振震双控振动作用计算、地震作用计算方法及原则；规定了建筑结构振震双控的计算模型设置原则及振动、地震作用分析对模型、单元、边界条件要求；明确了建筑工程振震双控采用的抗震、隔震设计的相关验算要求；规定了地震作用计算的结构阻尼比选取方法和振动作用计算的振动荷载输入及轨道交通等激励施加方法；规定了结构振动作用计算的模型参数设置、计算网格及响应评价。

第 5 章　振震双控设计方法

规定了多维振震双控、以水平地震控制为主要目标、以竖向振动控制为主要目标的振震双控设计方法的关键要素及措施目标。

规定了以水平地震控制为主要目标的振震双控设计的抗震性能目标及控制层验算；明确了城市轨道交通上盖或毗邻建筑的振动与二次辐射噪声要求、人体舒适要求等；规定了控制层中的振震双控支座的变形控制及设置形式，以及隔振支座与隔震支座的组合方式、变形要求等；规定了隔震支座与减隔振装置的压应力要求；对罕遇地震作用下隔震支座的拉应力要求、隔震支座的徐变量、对整体倾覆计算的控制比、抗拉装置要求等进行了规定。

规定了以竖向振动控制为主要目标的振震双控采用的隔振设计要求以及隔振支座的方案、参数设计、限位装置等；明确了控制层设计以及抗震验算、层间位移角限值；对消能减振装置及控制层的相关构造提出要求。

对多维振震双控的常用设计方法、建筑结构振震双控的隔振、隔震支座组合方式以及装备多维振震双控的设计方法进行了规定；提出了叠层橡胶支座与钢弹簧支座组合的多维振震双控、摩擦摆支座与钢弹簧装置组合的多维振震双控、消能装置与钢弹簧装置组合的多维振震双控、各向异性装置或材料的多维振震双控、多维减振机架的振震双控、气浮式多维振震双控的组合方式、节点性能、装置力学特性、承载力和耐久性、构造措施及辅助设计方法。

第 6 章　振震双控辅助措施

对交通与装备振源减振时的敏感建筑物振动控制、环境振动与噪声的类比测试、采用数值计算评价城市轨道交通环境振动及二次辐射噪声评价预测分析等进行了规定；提出了振动传播路径隔振的排桩式屏障隔振、沟式屏障隔振、波阻板屏障隔振方法；明确了振动控制对象隔振的措施、方案、体系及参数设计方法，对减振垫、房中房及动力设备振动控制提出要求。

第 7 章　振震双控噪声控制

对环境及设备振动引起的建筑物室内二次辐射噪声限值、城市轨道交通振动引起的建筑物室内二次辐射噪声限值进行了规定；对减振降噪设计的工艺布局、隔振沟等土工措施、敏感房间的室内装修、吸声材料等提出要求；规定了建筑措施降噪量计算与评价方法，以及在地铁上盖建筑结构采用弹簧或橡胶支座时抗震设计降噪利用的要求。

第 8 章　施工、验收、维护与监测

规定了振震双控装置的支墩和预埋件施工要点；提出了装置安装偏差和控制层上下界面要求，以及控制层阻尼器施工要求；规定了叠层橡胶支座与钢弹簧支座组合、摩擦摆支座与钢弹簧支座串联组合等的施工安装方法；提出了振震双控工程的验收要点和内容；规定了振震双控工程定期维护检查、测点布置以及监测要求。

第四节　技术发展展望

随着我国建筑与装备工程振震双控技术的不断发展以及本标准的实施，振震双控技术在勘察设计、工程施工、装备研发和科学研究等领域得到广泛应用，以更好满足我国工程建设的迫切需要。行业的发展将不断催生新的技术需求，未来一段时期，振震双控技术需要在以下方面进一步发展和完善。

（1）具有振震双控功能的隔振（震）层技术将向应用更广泛的高性能方向发展。高性能的建筑隔振（震）层是指具备更高竖向承载力，对多维度、多尺度振动作用均具有良好隔振效果、对多向地震作用能发挥更优越的隔震功能、对结构抗倾覆能起到更有效的抑制作用，更高的功能还要求隔振（震）层的刚度和阻尼向自适应、智能化设计方向发展。

（2）更优良的装置、元件和材料有望在本领域得到新的应用发展。随着智能材料、超高性能材料的发展，以及高性能橡胶、新型改性聚合物、高性能金属材料、高性能阻尼材料的发展，具有振震双控功能的隔振（震）装置的性能也将得到不断改进，新型装置的形式和隔振（震）层组合方式也将不断发展和完善。

（3）建筑振震双控设计方法将进一步发展和成熟。工程隔振设计方法和建筑隔震设计方法将进一步融合，面向高性能振震双控的设计方法将得到进一步探索，在考虑多尺度、近零刚度等极致隔振设计的同时，还将考虑面向"中震弹性、大震可修、巨震不倒"的新一代性能水准。在设计方法发展的基础上，开发与人工智能和大规模高效计算能力相结合的隔振（震）设计软件。

（4）我国建筑工程振震双控相关产品的产业链将得到培育和发展，产业链将进一步向工业化迈进；建筑工程振震双控的工程设计、产品制造、检测运维和监测预警的标准化工作也将不断完善，推动现有隔振和隔震领域相关产业融合升级。

第二章　振震双控设计基本规定

第一节　设　计　原　则

一、振震双控要求

1. 在振动作用下，建筑及装备应满足正常使用的舒适性、适用性和耐久性要求。

轨道交通、动力装备等引起的振动会对建筑的办公、生产和生活环境产生影响，造成振动舒适性问题。如果建筑物内设有精密仪器和设备，较大的振动会影响加工和测量精度，造成建筑结构的适用性问题。对建筑结构采取振动控制措施，是为了确保在工程振动作用下的舒适性和适用性功能。对于长期承受周期性振动荷载的建筑结构，还应考虑耐久性，如大型风洞试验室等。

2. 在地震作用下，建筑及装备应满足在设计使用年限内的安全性和可靠性要求。

在抗震设防烈度较高的地区，采用隔震或减震建筑是一种减小地震危害、确保结构可靠性的有效措施，隔震建筑需要遵循“中震不坏、大震可修、巨震不倒”的原则。

二、抗震遵循原则

建筑工程抗震设防类别和抗震设防标准应按国家标准《建筑与市政工程抗震通用规范》GB 55002—2021、《建筑工程抗震设防分类标准》GB 50223—2008 的规定确定。

1. 抗震设防目标

（1）当遭遇低于本地区设防烈度的多遇地震时，各类工程的主体结构和市政管网系统不受损坏或不需修理可继续使用。

（2）当遭遇相当于本地区设防烈度的设防地震时，各类工程中的建筑物、构筑物、桥梁结构、地下工程结构等可能发生损伤，但经一般性修理可继续使用；市政管网的损坏应控制在局部范围内，不应造成次生灾害。

（3）当遭遇高于本地区设防烈度的罕遇地震时，各类工程中的建筑物、构筑物、桥梁结构、地下工程结构等不致倒塌或发生危及生命的严重破坏；市政管网的损坏不致引发严重次生灾害，经抢修可快速恢复使用。

2. 抗震设防类别

（1）特殊设防类应为使用上有特殊要求的设施，涉及国家公共安全的重大建筑与市政工程和地震时可能发生严重次生灾害等特别重大灾害后果，需要进行特殊设防的建筑与市政工程，简称甲类。

（2）重点设防类应为地震时使用功能不能中断或需尽快恢复的生命线相关建筑与市政工程，以及地震时可能导致大量人员伤亡等重大灾害后果，需要提高设防标准的建筑与市政工程，简称乙类。

（3）标准设防类应为除（1）、（2）、（4）以外按标准要求进行设防的建筑与市政工程，简称丙类。

（4）适度设防类应为使用上人员稀少且震损不致产生次生灾害，允许在一定条件下适度降低设防要求的建筑与市政工程，简称丁类。

3. 抗震设防标准

（1）标准设防类，应按本地区抗震设防烈度确定其抗震措施和地震作用，达到在遭遇高于当地抗震设防烈度的预估罕遇地震影响时不致倒塌或发生危及生命安全的严重破坏的抗震设防目标。

（2）重点设防类，应按本地区抗震设防烈度提高一度的要求加强其抗震措施；但抗震设防烈度为9度时应按比9度更高的要求采取抗震措施；地基基础的抗震措施，应符合有关规定。同时，应按本地区抗震设防烈度确定其地震作用。

（3）特殊设防类，应按本地区抗震设防烈度提高一度的要求加强其抗震措施；但抗震设防烈度为9度时应按比9度更高的要求采取抗震措施。同时，应按批准的地震安全性评价的结果且高于本地区抗震设防烈度的要求确定其地震作用。

（4）适度设防类，允许比本地区抗震设防烈度的要求适当降低其抗震措施，但抗震设防烈度为6度时不应降低。一般情况下，仍应按本地区抗震设防烈度确定其地震作用。

（5）当工程场地为Ⅰ类时，对特殊设防类和重点设防类工程，允许按本地区设防烈度的要求采取抗震构造措施；对标准设防类工程，抗震构造措施允许按本地区设防烈度降低一度，但不得低于6度的要求采用。

（6）对于城市桥梁，多遇地震作用尚应根据抗震设防类别的不同乘以相应的重要性系数进行调整。特殊设防类、重点设防类、标准设防类以及适度设防类的城市桥梁，其重要性系数分别不应低于2.0、1.7、1.3和1.0。

三、双控方案设计及选取

建筑工程采用振震双控时，从控制层设置形式上，可以考虑整体隔振（震）或局部隔振（震）；从控制方案选择上，可以考虑钢弹簧与黏滞阻尼器的组合（图2-1-1）、钢弹簧与橡胶隔震器的组合（图2-1-2）、摩擦摆与钢弹簧的组合等（图2-1-3）；从结构设计上，既要考虑上部结构的抗震性能与工艺需求，又要考虑下部结构的加强设计，振震双控设计时应进行多种方案比选、优化后确定，并非仅采用一套方案进行验算。

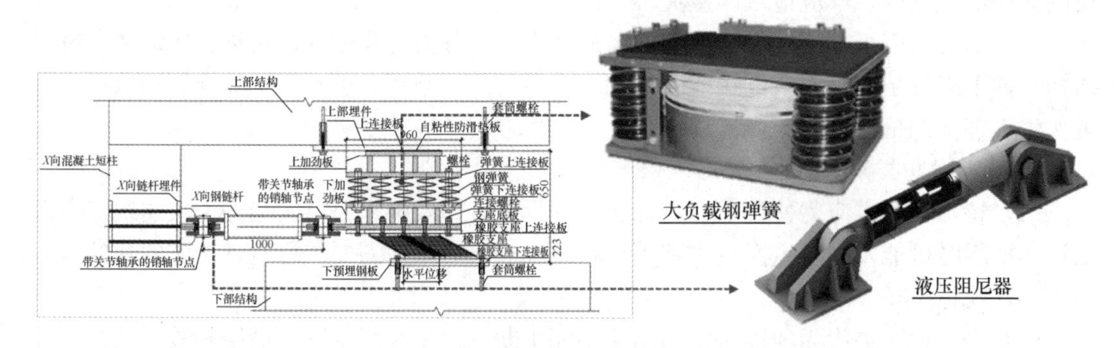

图2-1-1　钢弹簧与黏滞阻尼器组合控制

建筑结构振震双控设计时，控制层以上结构的高宽比不宜大于4.0。当建筑结构高宽比大于4.0时，建筑结构开展振震双控难度较大，控制效果不明显，弯曲和扭转等不利效应显著，地震下倾覆的风险也相应增大，若确需对其开展振震双控设计，方案应经充分论

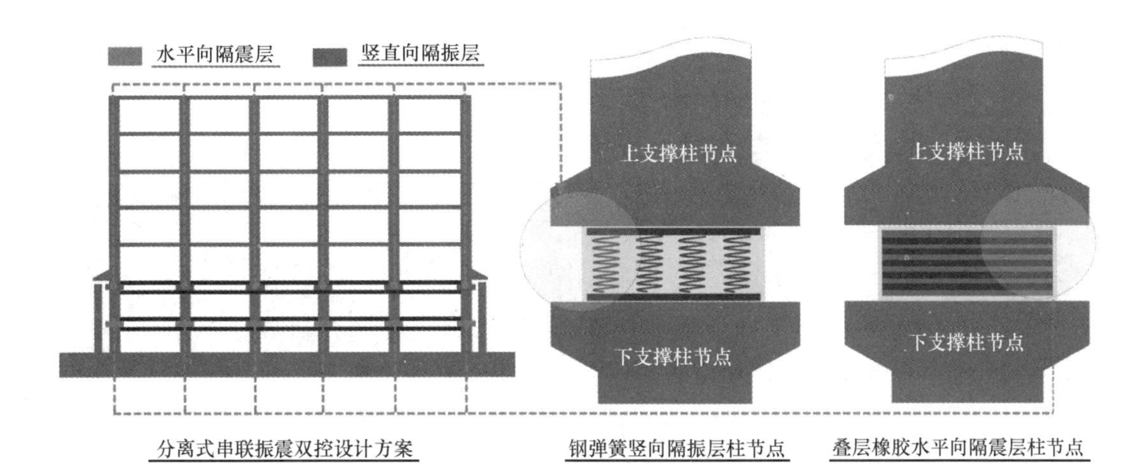

图 2-1-2　叠层橡胶与钢弹簧组合控制

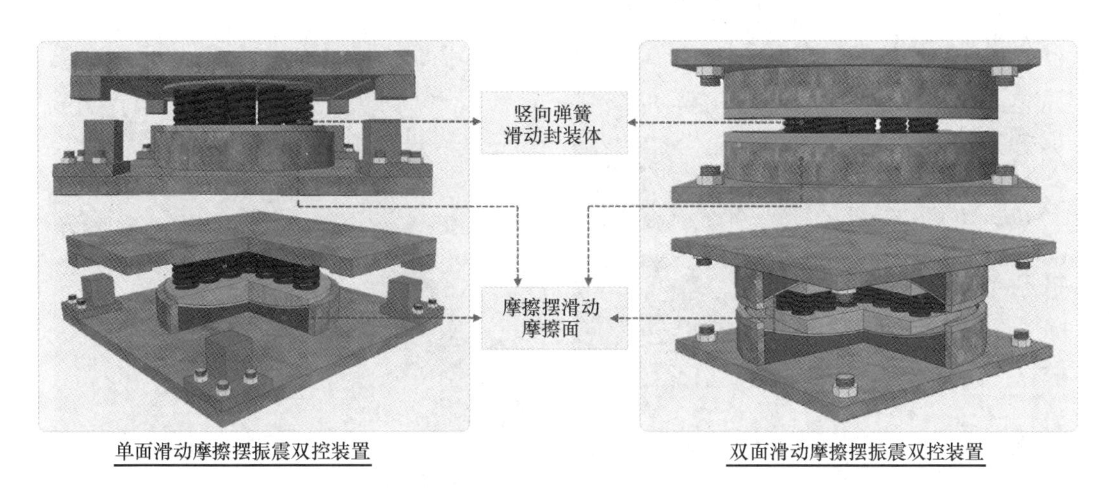

图 2-1-3　摩擦摆与钢弹簧组合控制

证、研讨及专项审查。

对振动与噪声敏感建筑（医疗或疗养区、高端办公区以及对声学环境有严格要求的声学实验室、音乐厅等，图 2-1-4）、振动敏感装备（高精度加工设备、精密测量仪器、大科学精密装置等，图 2-1-5）等进行振震双控设计时，宜根据实际情况设计方案，并综合考

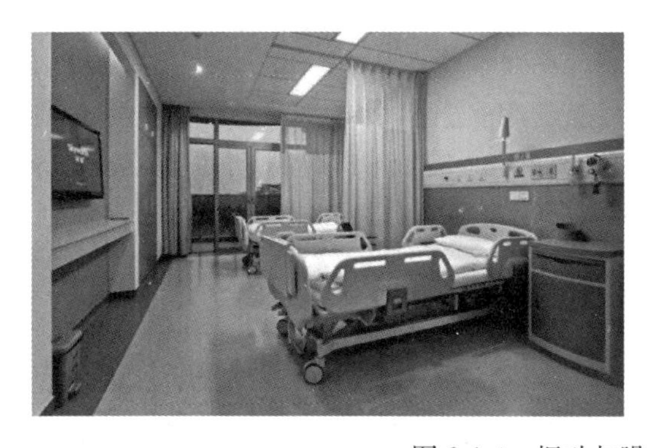

图 2-1-4　振动与噪声敏感建筑（一）

图 2-1-4　振动与噪声敏感建筑（二）

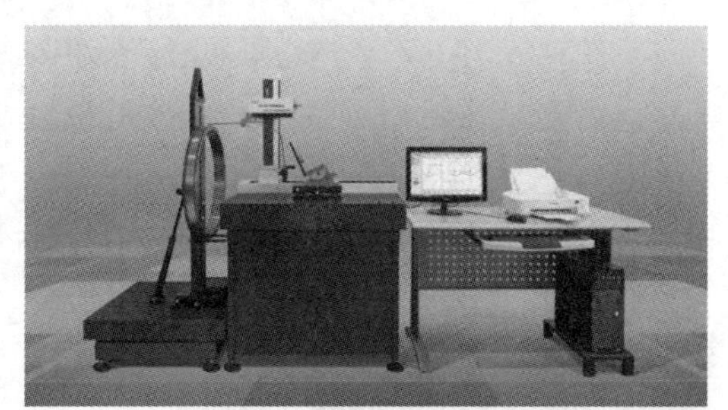

图 2-1-5　振动敏感装备

虑振源减振、传播路径隔振及振动控制对象隔振等措施。

第二节　控　制　标　准

一、基本要求

振震双控标准是指在建筑结构设计中，采用隔振和隔震两种方法来降低建筑物受到振动和地震影响的程度。控制标准旨在通过结构设计和控制措施来降低振动和地震对建筑物和人员的影响，保护建筑物的安全性、舒适性和适用性。

振震双控标准通常包括以下几个方面：

1. 隔振设计

隔振设计是通过采用隔振系统降低建筑物与地面或外部振源之间的传递，包括使用隔振支承、隔振垫、隔振墙等技术手段来减少振动传递，降低建筑物内部的振动水平。隔振设计可以在一定程度上减小机械设备振动、交通振动或其他外部振动对建筑物、室内人员和精密仪器设备的影响。

2. 隔震设计

隔震设计是通过采用隔震系统来减小地震对建筑物的冲击和破坏，包括使用隔震基础、隔震支承等技术手段来降低地震产生的水平振动和地震能量传递到建筑物的程度。隔震设计可以减小地震对结构和设备的损坏，提高建筑物的抗震性能。

3. 监测与评估

隔振动和隔地震的双控标准还要求对建筑物进行振动和地震监测以及结构评估，确保控制措施的有效性和建筑物的安全性。通过实时监测振动数据和结构评估，可以及时发现潜在问题并采取必要的修复和改进措施。

振震双控标准的实施可以显著提高建筑物的抗震性能，减小地震造成的破坏和损失，不仅有助于保护人员的生命安全，还可以提高社会的抗震能力和灾害应对水平。在一些地震频发地区，振震双控标准已成为建筑设计和施工的必要要求。

二、振动控制优先的标准

对于振动控制优先的建筑工程，振震双控设计时的容许振动标准应遵循下列国家和行业标准：

1. 在建筑工程中需要综合考虑不同情况下的振动标准，具体适用哪些标准取决于项目的性质、环境条件以及相关要求。

(1)《建筑工程容许振动标准》GB 50868 是一个全面的标准，用于评估建筑工程施工、使用和拆除过程中的振动对周围环境和结构的影响。

(2)《建筑环境通用规范》GB 55016 提供了建筑环境方面的基本要求，包括振动方面的规定。

(3)《城市区域环境振动标准》GB 10070 是用于评估城市区域环境振动的标准，特别考虑了城市发展和建设对周围环境的影响。

(4)《住宅建筑室内振动限值及其测量方法标准》GB/T 50355 是用于评估室内振动对住宅建筑影响的标准。

(5)《城市轨道交通引起建筑物振动与二次辐射噪声限值及其测量方法标准》JGJ/T 170 是用于评估城市轨道交通对周围建筑物振动和噪声影响的标准。

综合考虑这些标准可以确保建筑工程在施工和使用过程中对周围环境和结构的振动影响控制在合理的范围内，保障工程质量和周围环境的安全与舒适。

当建筑物内布置的精密仪器设备对环境有防微振要求时，需要满足相应的防微振要求（图 2-2-1）。

2. 声环境的振动控制应遵循下列国家标准和行业标准：

(1)《民用建筑隔声设计规范》GB 50118：该标准规定了民用建筑的隔声设计要求和方法，包括对振动的控制，旨在减少建筑物之间的振动传递，确保室内环境的安静和舒适。

(2)《建筑环境通用规范》GB 55016：该标准提供了建筑环境的规范要求，包括对振动的控制和限制，以确保建筑物结构的稳定性和居住者的舒适性。

(3)《声环境质量标准》GB 3096：该标准规定了不同场所的噪声限值，包括对建筑物振动所产生噪声的控制要求，以保护人们的听觉健康和生活质量。

(4)《住宅建筑室内振动限值及其测量方法标准》GB/T 50355：该标准规定了住宅建

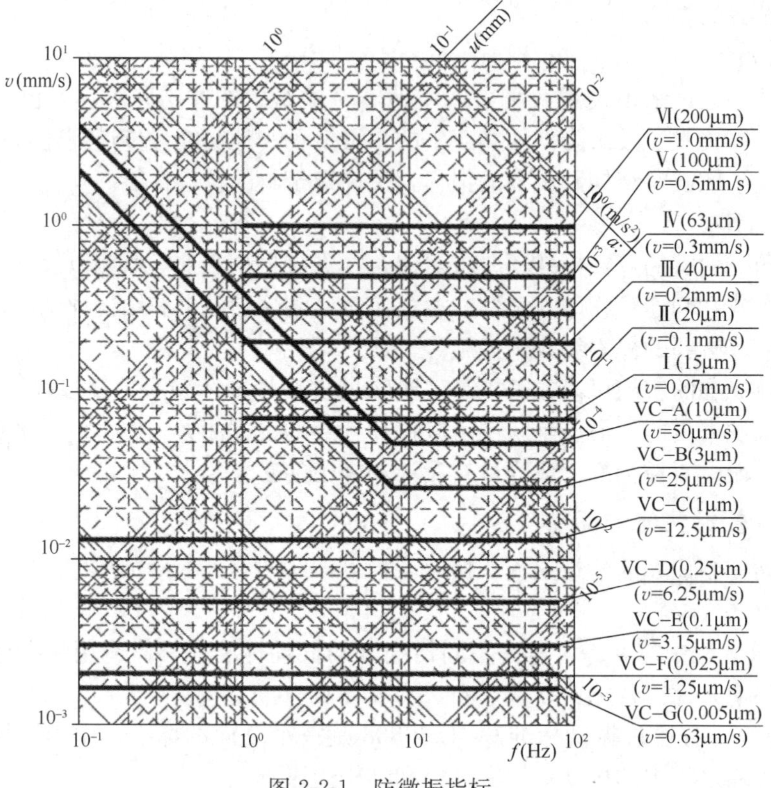

图 2-2-1　防微振指标

筑内部振动的限值和测量方法，以确保居住者的生活环境免受不必要的振动干扰。

（5）行业标准《城市轨道交通引起建筑物振动与二次辐射噪声限值及其测量方法标准》JGJ/T 170：该标准针对城市轨道交通引起的建筑物振动和二次辐射噪声，提供了限值和测量方法，以保护建筑物结构和居民的安全和舒适。

综上所述，可以确定声环境振动控制的相关措施和限值，确保建筑物的声环境质量符合国家标准的要求。结构板面振动加速度与辐射噪声的关系以及水介质中的辐射水下噪声与结构振动的关系分别如图 2-2-2、图 2-2-3 所示。

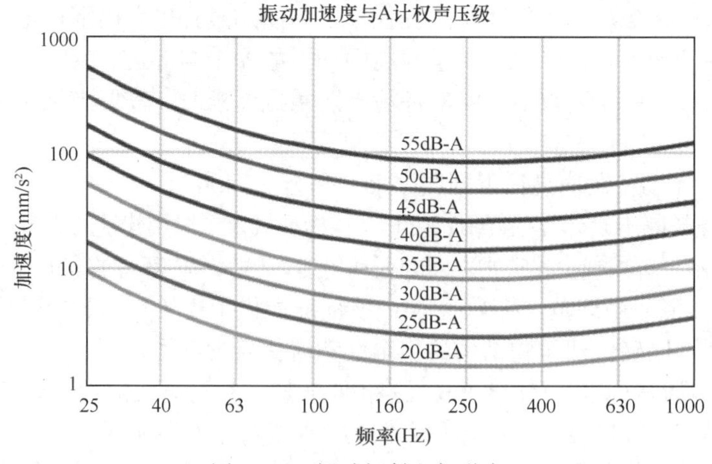

图 2-2-2　振动辐射空气噪声

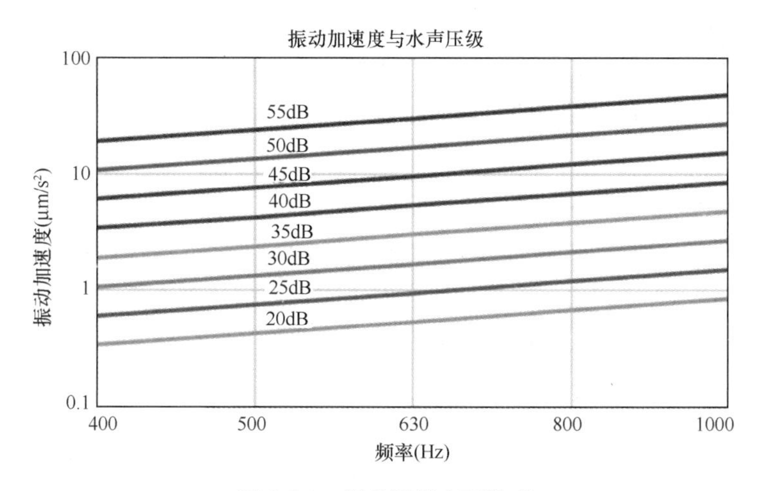

图 2-2-3　振动辐射水下噪声

三、隔震控制优先的标准

在建筑工程的振震双控设计中，隔震控制优先时，应该考虑如下隔震技术指标：

（1）设计地震动参数：确定地震动参数，如地震烈度、加速度、频率等，以便为隔震系统提供准确的输入条件。

（2）建筑结构的隔震性能目标：根据建筑物的用途和重要性，确定隔震系统的性能目标，如减小地震响应、减小结构损伤等。

（3）隔震系统的选择：选择适当的隔震系统，如基础隔震、隔震器等，以满足设计要求。

（4）隔震系统参数的确定：确定隔震系统的参数，包括隔震器的刚度、阻尼等，以保证系统在地震作用下能够发挥预期的隔震效果。

（5）建筑结构与隔震系统的一体化设计：确保建筑结构与隔震系统的良好配合，包括结构与隔震系统的刚度、支座的布置等。

（6）隔震系统的可靠性和耐久性：确保隔震系统在长期使用中具有良好的可靠性和耐久性，以确保其持久地发挥隔震效果。

需要注意的是，隔震控制的优先级可能会因建筑物用途、地理位置、预算等因素而有所不同。因此，在进行振震双控设计时，需要综合考虑各种因素，并根据具体情况进行权衡和决策。采用的标准主要包括：

（1）国家标准《建筑与市政工程抗震通用规范》GB 55002：该标准为建筑和市政工程提供了抗震设计的基本要求和技术规定。它包括了抗震设计的基本原则、设计参数的确定、结构分析与计算方法、抗震设防烈度、抗震设防目标和地震动参数等内容。

（2）国家标准《建筑抗震设计规范》GB 50011：该标准是我国建筑工程抗震设计的基本规范，适用于各类建筑物的抗震设计。它涵盖了建筑物的抗震设计原则、结构体系选择、设计参数的确定、结构分析与计算方法、抗震设防要求、抗震加固与改造等方面的内容。

（3）国家标准《建筑隔震设计标准》GB/T 51408：该标准规定了建筑物隔震设计的技术要求和评估方法，旨在减小地震对建筑物的影响。它包括隔震设计的基本原理、隔震体系的选择与设计、隔震装置的选用与设计、隔震设计的分析与计算等内容。

上述标准对减小建筑工程地震破坏起到重要指导作用，确保建筑物在地震发生时具备一定的抗震能力和地震安全性。建筑师和工程师在设计和施工过程中应该遵循相关标准的规定。

四、振震双控标准

在建筑工程振震双控设计中，建筑物在振动作用下的容许标准应符合以下规定：

（1）国家或地方的建筑法规：根据所在国家或地方的建筑法规和规范，建筑物的容许振动标准可能会有具体规定。这些法规通常会涉及建筑物的结构安全、人员舒适性和使用功能等方面的要求。

（2）结构安全要求：建筑物在振动作用下，应能保持足够的结构安全性，不发生倒塌、破坏或结构失稳等现象。这需要根据建筑物的类型、高度、地理位置等因素，确定相应的容许振动标准，同时要考虑采用振动控制措施对建筑隔震带来的不利影响。

（3）人员舒适性要求：建筑物在振动作用下，应尽量减小对居住或工作人员舒适性的影响。对于不同类型的建筑物，如住宅、办公楼、医院等，可能会有不同的容许振动标准，以保证人员的舒适度和健康。

（4）使用功能要求：建筑物在振动作用下，应能满足其设计用途的要求。例如，在振动环境下需要保持精密仪器的正常工作，确保振动不会对实验结果产生显著影响等，这就需要特定的容许振动标准来满足功能需求。

第三节 设 计 方 案

一、振震双控设计方案的基本概念

建筑工程的振震双控设计方案要根据振动与地震特征、发生概率、危害程度、控制标准、工程造价等多方面的因素，以抗振、隔振、减振与隔震、抗震、减震措施中的一种或多种技术组合形式，进行优化选择。

1. 隔、抗、减的基本设计理念

（1）建筑工程中的隔振、抗振与减振

为了减小结构受内部和外部振动作用所产生的影响，针对建筑工程的振动控制目标，主要发展了以“隔振”“抗振”和“减振”为主的设计体系。“隔振”——通过设置一系列的隔振装置（包括针对振源的积极隔振装置、针对结构的消极隔振装置）将振动隔离，以降低结构的振动响应；“抗振”——通过采取各种措施调整结构质量、刚度等设计参数，使结构主要参振频率远离工业装备运行时的振动卓越频带；“减振”——通过设置一系列的减振装置将振动能量转换到装置上，从而使结构的振动衰减。

（2）建筑工程中的隔震、抗震与减震

为了减小结构在地震作用下的破坏程度和灾害损失，针对建筑工程的抗震设防要求，主要发展了以“隔震”“抗震”和“减震”为主的设计体系。“隔震”——通过在结构上设置隔震支座的水平隔震层，减小地震对结构的传递；“抗震”——通过提高结构整体与局部构件的抵御变形能力，从而保证结构的抗震性能；“减震”——通过设置具有消能技术的装置实现在地震作用下吸收地震能量，从而减小地震对结构作用的能量。

2. 隔、抗、减各自的局限性

（1）基于“隔”设计方法的局限性

“隔震”建筑使结构水平刚度降低，结构水平方向自振周期延长，从而起到隔震效果，但结构竖直方向刚度仍较大，对竖直方向的振动控制效率低。“隔振”建筑实现了良好的隔振性能，尤其是竖向振动控制，但该类建筑通常水平刚度较大，不能很好地起到隔地震作用。

地震与振动控制仅采用基于“隔”的设计方法，需要通过水平向耗能降低地震剪切破坏或竖直向调频避免共振，同时还需要系统在隔的过程中具有较高的稳定性，在工程中存在一定的难度。

（2）基于“抗”设计方法的局限性

以“抗”为主会导致结构截面尺寸较大，与建筑结构使用功能需求往往会产生矛盾，例如，工业厂房的梁高达到 2m，有些设备的柱子截面尺寸达到 2m×3m，严重影响了使用空间、工艺布置、设备安装；而当重大装备面临升级改造时，结构的设计降低了冗余度，无法完成原有的“抗震”目的；由于建筑功能的需求，设备的运行方式、作业工况、劳损变化等都会造成系统动力特性发生改变，原有的“抗振”作用也因此降低，影响振动控制效果。

（3）基于“减”设计方法的局限性

以吸能装置达到减振或减震的目的，对建筑中的局部结构或构件会有较好的作用，但是由于能量的吸收能力有限，对较大结构或整体建筑来说减振或减震的效果不佳。

由于隔、抗、减各自存在着一定的局限性，因此，当仅采用一种方法进行振震双控而无法实现目的时，就需要采用以上多种方法的技术组合形式，进行优化设计。

3. “振”“震”的不同特性

要使建筑既能在振动方面得到控制，又能在地震作用下确保结构安全，达到双控的目的，首先要了解“振”和“震”的不同特性。振动与地震在某些方面具有相同特征，但在控制方向、动力特性、控制标准和持续时间等方面有较大差异。

（1）控制方向不同

工程振动对建筑自身、对周边建筑及环境直接造成的危害，主要以竖向危害为主；地震剪切作用危害性大，主要以水平向减小基底剪力对上部结构作用为主。

（2）动力特性不同

工程振动的振源是由非自然的人为行动引起的，由于振源的功能、功率、数量不一，传递路径的复杂性和不确定性，导致对建筑结构影响的振动成分复杂，具有宽频带、幅值差异大的动力特性。而地震动的特性相对较为明确，与能量和场地有直接关联。

（3）振动量级与控制标准不同

工程振动由于不同振源、传递路径和振敏对象要求，其振动控制目标不同，从微米级到毫米级都存在，同一工程中标准也会有差异。地震动能量大，具有破坏性，主要以建筑结构及装备的安全设防限值为控制标准，差异性小。

（4）作用持续时间不同

工程振动的振源大多来自工业装备，无论是轨道交通、核电装备、风机水泵，基本上都属于长持时设备，且其周期与建筑生命周期一致。地震动的持续作用时间相对较短。

4. 双控方案的影响因素

如图 2-3-1 所示，振震双控设计方案与设计输入（振/震源）、设计输出（控制目标）

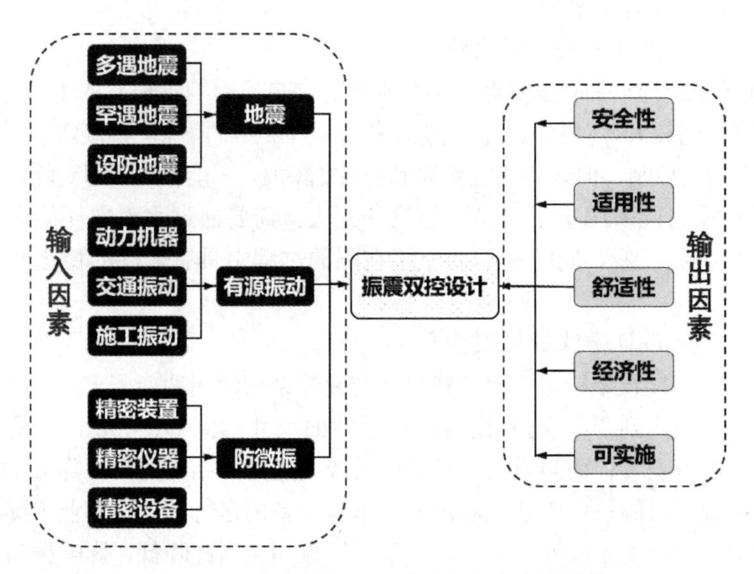

图 2-3-1　影响振震双控设计方案的主要因素

关联性包括：建筑特征、设防烈度、振动强度、作用方向和控制标准等因素。

（1）建筑物及装备动力特征

应考虑建筑结构动力特征，如基础形式、结构体系、使用功能、外观尺寸、刚度分布等；应考虑大型装备自身的运行动力特性，如质量、体积、尺寸、额定功率、转速、冲击能量、作用连接方式等。

（2）区域抗震设防烈度等级

对于低烈度区，应进行中震、小震弹性验算；对于高烈度区，应包括罕遇地震的弹塑性验算。

（3）作用的强度和振动方向

强振动需要考虑竖向的安全、功能、舒适度；地震动主要侧重水平向作用危害，振动主要侧重于竖向作用危害。

（4）输入和评估标准

针对不同作用，标准应有区别，地震动输入要按照抗震标准选择建筑场地的地震波（包括天然波和人工波），评估标准包括位移、层间角、塑性变形等；工程振动输入包括振源荷载、工作频率、作用方向等，评估标准也应根据控制要求进行区分，包括频域或时域下的位移、速度或加速度。

5. 双控目标

（1）结构抗震目标

地震作用对结构基底产生水平剪力，建筑结构的主要破坏形式是层间剪切破坏，减小基底剪力是抗震设防的主要设计方向之一。通过隔震层的变形耗能，可以有效降低地震作用产生的结构基底剪力，减小地震破坏作用。

（2）工程振动控制目标

工程振动引起结构竖向局部共振，减小竖向振动是工程振动控制的主要方向。通过隔振层的错频调谐减振，可有效降低工程振动对结构产生的竖向作用危害。地震以水平剪切破坏为主，震幅较大，可采用耗能减震；工程振害以竖向振动为主，振幅相对较小，可采用调频减振。所以，振震双控本质是竖向调频隔振、水平向耗能减震的过程。

二、方案的设计步骤

（1）确定振源：首先需要确定产生振动的振动源。

（2）分析振/震特性：对振源进行振动特性分析，包括频率、振幅、振动模式等；对地震进行场地的地质条件、抗震设防烈度、振动传播路径等分析，必要时可使用振动传感器或其他测量设备开展实测或仿真模拟。

（3）选择振震双控材料：根据振/震特性选择合适的隔振/震材料。

（4）设计振震双控结构：根据振/震特性和振震双控材料的性能，设计合适的振震双控结构，包括装置的数量、位置、刚度等。

（5）考虑环境因素：在设计方案时，还需要考虑环境因素，如温度、湿度、腐蚀等，选择耐用且适应环境的材料。

（6）进行仿真和试验：使用相关软件进行振震双控效果的仿真分析并进行试验验证。根据仿真和试验结果，进行必要的调整和改进。

（7）安装和调试：根据设计方案，安装振震双控装置并进行调试。在调试过程中，可以通过振动测量和振动分析来评估隔振/震效果。

以上是基本的振震双控设计步骤，具体设计方案还需要根据实际情况进行调整和改进。

三、方案选择的基本原则

设计方案选择的基本原则要根据地震的烈度、振动的强度或防微振的需求进行综合考虑。

对于高烈度区工程振动影响不突出的建筑，应制定以水平隔地震为主、竖向工程振动控制为辅的设计方案；当工程振动严重影响到建筑结构或工作环境时，应制定以竖向隔振动为主、地震设防为辅的设计方案；在地震、工程振动危害同样严峻的情况下，应制定兼顾水平隔震、竖向隔振的多维控制设计方案；在隔、抗、减具体措施实施困难时，宜采用降低振源影响的传递路径控制方案。

对于有振震双控要求的，除满足《建筑工程振震双控技术标准》T/CECS 1234 外，尚应满足国家标准《建筑抗震设计规范》GB 50011、《建筑隔震设计标准》GB/T 51408、《建筑工程容许振动标准》GB 50868 和《工程隔振设计标准》GB 50463 的要求。

图 2-3-2 给出了振震双控相关的容许振动指标（速度和位移）范围区域图，便于通过控制要求进行设计方案的选择。

四、双控的基本设计方案

遵循“隔”“抗”“减”的设计理念，依据“振”“震”的不同特性，综合考虑双控的影响因素、双控的目标，形成如下几种主要的基本设计方案：

1. 优先考虑地震设防的振震双控设计方案

（1）普通的减隔震设计方案

减隔震设计方案是一种用于建筑物结构的设计方法，旨在减小地震对建筑物的影

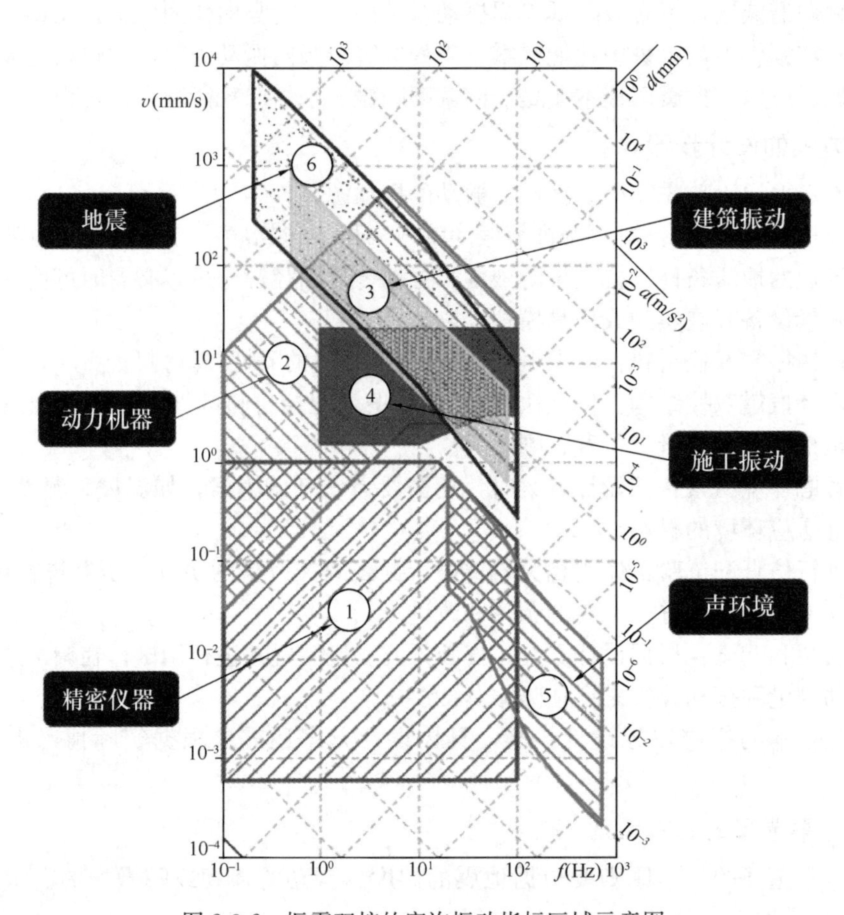

图 2-3-2　振震双控的容许振动指标区域示意图

响。设计方案应根据具体的建筑物类型、地理位置和设计要求等因素进行综合考虑和优化设计。常见的减隔震设计方案包括基础隔震设计、结构隔震设计以及结构与连接的设计等。

（2）优先考虑地震设防的振震双控设计方法

以上方法仅减小地震对建筑的危害，不考虑振动对建筑的影响。如果建筑环境中存在振动，则需要考虑双控设计方案。

优先考虑地震设防的振震双控设计方法主要以叠层橡胶隔震装置为核心，附加竖向高承载、低刚度、小变形的聚氨酯隔振垫。

在叠层橡胶水平向隔地震设计前提下，局部支撑部位或节点处串联布置具有一定厚度的聚氨酯减振垫的叠层橡胶隔震支座，通过合理有效设计竖向动力参数，减弱中高频竖向振动影响，实现以侧重水平向隔震为主的振震双控目标。

2. 优先考虑振动控制的振震双控设计方案

（1）普通的减隔振设计方案

常见的振动控制方案包括主动控制、被动控制和半主动控制等。主动控制是通过主动干预振源实现振动控制；被动控制是通过添加阻尼器、隔振器等被动元件来消耗振动能量；半主动控制结合主动控制和被动控制的方法，可以根据振动源的特性和控制目标来选择合适的控制方案。

（2）优先考虑振动控制的振震双控设计方案

优先考虑振动控制的振震双控设计是在振动控制方法的基础上，附加减隔震功能的装置或措施。

优先考虑振动控制的振震双控设计方法是根据工程振动影响的特征，采用低频钢弹簧隔振装置等措施解决竖向振动控制问题，附加水平向小行程、大出力黏滞阻尼器和防撞耗能材料，综合解决振震双控问题。

主要有以下两种设计方案：

1）钢弹簧隔振装置与水平向阻尼器联合；

2）弹性减振垫隔振附加减震功能。

以竖向隔振为主的设计方案要优先验证控制层的振动控制效果，再进行地震设防验算，不断完善双控优化设计。

3. 多维振震双控设计方案

当建筑处于既有工程振动的影响，同时又受到高地震烈度危害的环境中时，振、震控制同样重要，此时，必须采用多维振震双控的设计方案。多维振震双控方案要具有多方向、多自由度、多模态、多振源、多工况的特征，才能起到双控的效果和目标（图 2-3-3）。

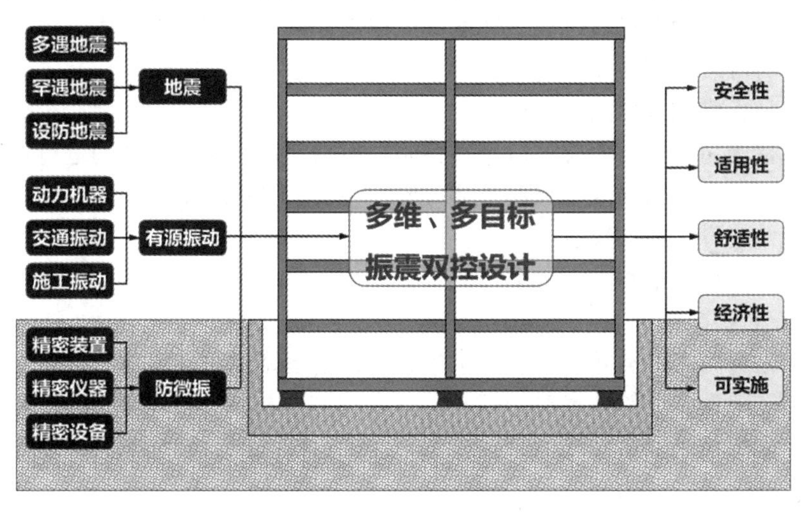

图 2-3-3　多维、多目标振震双控设计的基本原则

（1）叠层橡胶与钢弹簧串联多维控制——分离式串联双控设计

利用传统叠层橡胶水平向耗能减震，利用钢弹簧竖向隔振性能，通过两种装置进行分离式串联组合，形成分层振震双控设计方案，各自针对不同作用发挥减隔振（震）功能。

除层间组合，还可将叠层橡胶与钢弹簧作为建筑结构隔振层的组合节点进行串联实现振震双控，节点上部为钢弹簧、下部为叠层橡胶，中间可以利用阻尼器进行水平向的耗能控制。

（2）摩擦摆与钢弹簧串联控制——串联组合式振震双控装置

利用摩擦摆式结构与大负载钢弹簧元器件结合，形成可同时具有减隔振/震功能的复合型装置。其中，由摩擦板、转动摩擦板、滑动摩擦板、止动板发挥减震功能，由钢弹簧构成其中的隔振功能，形成振震双控的复合型装置。

(3) 消能减震装置与钢弹簧支座组合

为了弥补钢弹簧抗御地震能力的不足，在隔震控制层或结构基础的四周增设隔震、消能减振装置，或是钢弹簧与具有抗震性能的装置进行串、并联形成组合装置，从而达到振震双控的目的。

(4) 各向异性减振/震材料的多维控制技术

该技术方案的基本方法就是运用材料在竖向和水平向刚度不同的属性，分别起到竖向隔振和水平向减振作用，以达到振震双控的目的。

(5) 多维振震双控（钢弹簧橡胶三维复合）减振机架装置

多维振震双控减振机架装置的核心构成包括竖向螺旋钢弹簧和耐候性树脂耗能部件，也包括水平向滑移摩擦垫和错位限孔。该装置针对动力设备上楼所带来的振动危害，利用钢弹簧的竖向隔振特性，在常态激振时减振率达到 90%以上，运用橡胶复合材料可减轻地震作用破坏。

(6) 气浮式多维振动控制系统

气浮式减振的原理是运用空气弹簧气室的外壳上下运动，进而引发流体在气室内部流动。在此过程中，振动能量转化成气体的内能被消耗掉，起到隔振作用。

4. 辅助技术措施设计方案

(1) 辅助技术措施双控的设计理念

辅助技术措施主要针对振源进行振动控制，包括直接对振源的振动进行控制，以及从振动传递路径上进行阻断或改变振动传播方向。与上文设计方案不同的是，该方法不直接对被保护建筑结构设置减振装置。

(2) 辅助技术措施基本设计方案

1) 道路、轨道减振

振源减振是最为经济有效的一种技术措施，包括道路减振和轨道减振等。道路减振可采用柔性路面或隔振路面等技术对中高频振动实现削减控制；在对轨道进行减振控制时，可针对轨道不同部位采取多样化的减振方案，包括扣件减振、轨枕减振与道床减振等，其中浮置板道床减振技术较为有效。

2) 振动传递路径减振

传递路径减振是通过改变路径的传递关系或者改变振动传播方向实现隔振，能够逐级消减振动传递的能量。

5. 区域划分设计方法

对大型建筑群体进行振震双控设计时，需要根据群体中的不同需求采取整体或局部区域的划分，按照划分单元实施不同的设计方案。

例如，建筑群体内含有精密厂房、学校医院等重要工程，需考虑其振动、噪声、抗震设防双控的重点不同，有的侧重于水平向抗震需求，有的侧重于竖向隔振需求，有的侧重噪声控制需求，在进行振震双控设计前需要进行震、振、声等多元评估，根据不同的评估结果制定不同的振震控制方案，在不同的划分区域实施不同的方案，采用整体、局部或整体与局部联合控制的设计方案。

对大型建筑物可进行分段设计，对振动要求较高的区域的结构设置隔振层，增设弹簧隔振器，确保增设后整体建筑结构的基本频率低于某控制值，实现隔振的要求；同时，根据结构抗震要求，采用振震一体化设计，局部柱子断开并配置阻尼器，在分段结构部位采用隔振缝搭接技术，保证建筑结构在隔振设计时，依然满足抗震的要求。

第三章　振震双控作用分析与响应验算

第一节　地　震　作　用

一、结构计算分析的基本要求

1. 建筑结构抗震分析的主要内容

根据国家标准《建筑抗震设计标准》GB/T 50011—2010（2024 年版）的规定，建筑结构应进行多遇地震作用下的内力和变形分析，对于不规则且具有明显薄弱部位可能导致重大地震破坏的建筑结构，应按规范有关规定进行罕遇地震作用下的弹塑性变形分析。

（1）多遇地震作用下的内力和变形分析

多遇地震作用下的内力和变形分析是抗震规范对结构地震反应、截面承载力验算和变形验算的最基本要求，结构在多遇地震作用下的反应分析、截面抗震验算（按照国家标准《建筑结构可靠性设计统一标准》GB 50068—2018 的基本要求）以及层间弹性位移验算，都是以线弹性理论为基础的。因此，当进行多遇地震作用下建筑结构的内力和变形分析时，可假定结构与构件处于弹性工作状态。

（2）罕遇地震作用下的弹塑性变形分析

当建筑结构体型和抗侧力系统较复杂时，将在结构的薄弱部位发生应力集中和弹塑性变形集中，严重时会造成重大破坏甚至倒塌。因此，规范提出了采用弹塑性分析方法检验结构抗震薄弱部位的要求。由于非线性分析的难度较大，规范只规定对不规则并具有明显薄部位可能导致重大地震破坏，特别是有严重变形集中可能导致地震倒塌的结构，应按《建筑抗震设计标准》GB/T 50011—2010（2024 年版）第 5 章具体规定进行罕遇地震作用下的弹塑性变形分析。

2. 结构分析模型

国家标准《建筑抗震设计标准》GB/T 50011—2010（2024 年版）中规定：结构抗震分析时，应按照楼、屋盖的平面形状和平面内变形情况确定为刚性、分块刚性、半刚性、局部弹性和柔性等的横隔板，再按抗侧力系统的布置确定抗侧力构件间的共同工作并进行各构件间的地震内力分析。

从理论分析上看，楼盖的刚性决定着水平地震剪力在竖向抗侧力构件之间的分配方式。因此，也可以从水平力在竖向抗侧力构件之间的分配方式来判定楼盖的刚性。

（1）刚性楼盖：如果水平力可按各竖向抗侧力构件的刚度分配，楼板可看作是刚性楼板，这时楼板自身变形相对竖向抗侧力构件的变形来说比较小。

（2）柔性楼盖：如果水平力的分配与各竖向抗侧力构件间的相对刚度无关，楼板可看作是柔性楼板，此时楼板自身变形相对竖向抗侧力构件的变形来说比较大。柔性楼板传递水平力的机理是类似于一系列支撑于竖向抗侧力构件间的简支梁。

（3）半刚性楼盖：实际结构的楼板既不是完全刚性，也不是完全柔性，但为了简化计算，通常情况下是可以这样假定的。但是，如果楼板自身变形与竖向抗侧力构件的变形是同一个数量级，楼板体系不可假定为完全刚性或柔性，而应为半刚性楼板。

关于楼盖刚性与柔性的界定，美国标准“Minimum Design Loads for Buildings and Other Structures”(SEI/ASCE7-05) 给出了明确的规定：当两相邻抗侧力构件之间的楼板在地震作用下的最大变形量超过两端抗侧力构件侧向位移平均值的 2 倍时，该楼板即定义为柔性楼板（图 3-1-1）。我国工程设计人员在进行结构计算时可以参考使用。

3. P-Δ 效应

建筑结构在外力作用下发生变形，结构质量位置发生变化，会产生二阶倾覆力矩，该倾覆力矩的数值等于层总重量 P 与层侧移 Δ 的乘积，一般称为P-Δ效应(重力二阶效应)。

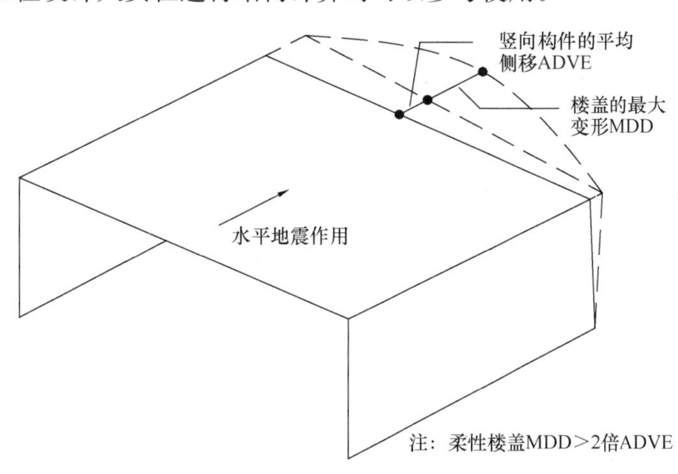

图 3-1-1 美国规范关于柔性楼盖的定义

影响重力二阶效应的关键因素有两个，即结构的侧向刚度和结构的重力荷载；因此，国家标准《高层建筑混凝土结构技术规程》JGJ 3—2010 对结构的弹性刚度和重力荷载的相互关系做出了规定，当结构的刚度与重力荷载的相对比值（即刚重比）满足一定条件时，可不考虑重力二阶效应的影响，刚重比可定义为：

剪力墙结构、框架-剪力墙结构、筒体结构：

$$R=\frac{EJ_{\mathrm{d}}}{H^2\sum_{i=1}^{n}G_i}(i=1,2,\cdots,n) \tag{3-1-1}$$

框架结构：

$$R=\frac{D_i}{\sum_{j=i}^{n}G_j/h_i}(i=1,2,\cdots,n) \tag{3-1-2}$$

式中：EJ_{d}——结构一个主轴方向的弹性等效侧向刚度，可按倒三角形分布荷载作用下结构顶点位移相等的原则，将结构的侧向刚度折算为竖向悬臂受弯构件的等效侧向刚度；

H——房屋高度；

G_i、G_j——分别为第 i、j 楼层重力荷载设计值，取 1.2 倍的永久荷载标准值与 1.4 倍的楼面可变荷载标准值的组合值；

h_i——第 i 楼层层高；

D_i——第 i 楼层的弹性等效侧向刚度，可取该层剪力与层间位移的比值；

n——结构计算总层数。

考虑重力二阶效应影响的不同结构形式刚重比取值范围可参考表 3-1-1，当结构稳定性不满足要求时，需要对建筑结构的整体布局进行调整。

考虑重力二阶效应的刚重比界限　　表 3-1-1

结构类型	刚重比计算值 R	稳定性	重力二阶效应
剪力墙结构、框架-剪力墙结构、筒体结构	≥2.7	满足	不考虑
	1.4～2.7	满足	考虑
	<1.4	不满足	
框架结构	≥20	满足	不考虑
	10～20	满足	考虑
	<10	不满足	

4. 计算要求

（1）结构计算模型应符合结构的实际工作情况

模型的建立、简化计算与处理应符合结构的实际工作状况，国家标准《建筑抗震设计标准》GB/T 50011—2010（2024 年版）规定：结构抗震分析计算中，应考虑楼梯构件的影响。实际工程中，楼梯构件与主体结构整浇施工，楼梯构件对主体结构，尤其是刚度相对较小的框架结构影响不可忽略，结构的计算模型应考虑楼梯构件影响。

（2）复杂结构类型

国家标准《建筑抗震设计标准》GB/T 50011—2010（2024 年版）规定：当复杂结构进行多遇地震作用下的内力和变形分析时，应采用至少两个力学模型进行对比计算，并对其计算结果进行分析比较。国家标准《高层建筑混凝土结构技术规程》JGJ 3—2010 给出了高层建筑的结构设计规定，一般来说，复杂结构主要有以下几种：带转换层结构、带加强层结构、连体结构、竖向收进和悬挑结构、平面不规则结构、大跨空间结构、错层结构、大底盘多塔结构以及多重复杂组合的结构（图 3-1-2～图 3-1-7）。

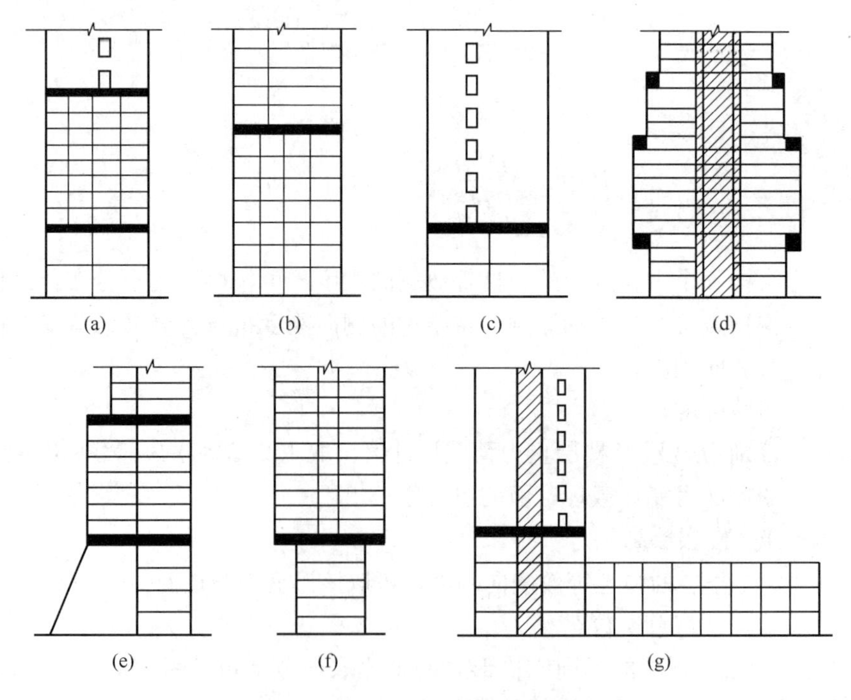

图 3-1-2　带转换层结构

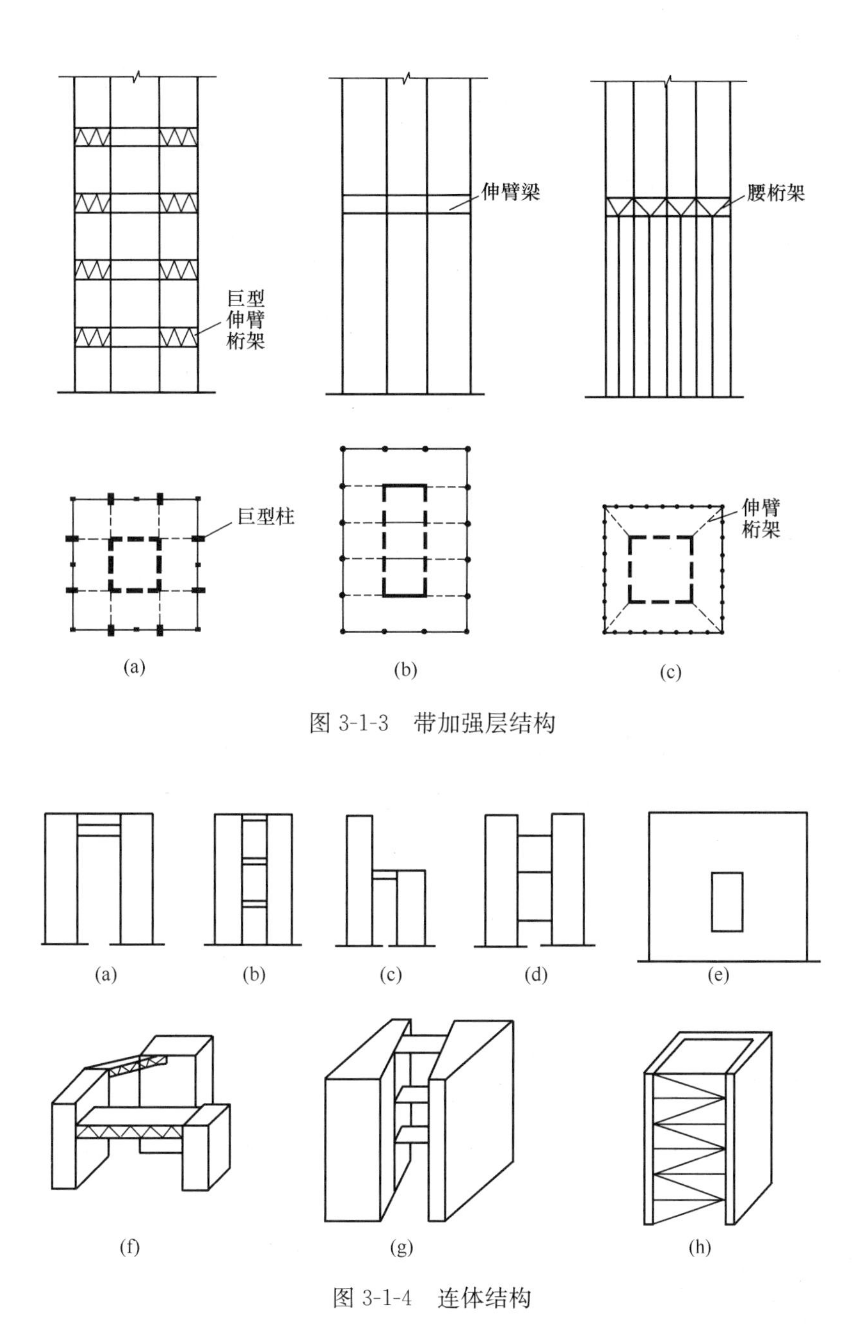

图 3-1-3　带加强层结构

图 3-1-4　连体结构

对于软件的计算结果，应经分析判断，确认其合理、有效后，方可作为工程设计的依据。

二、地震作用计算的基本原则

1. 水平地震作用的计算方向

一般情况下，应沿结构两个主轴方向分别考虑水平地震作用。由于地震可能来自任意方向，当有斜交抗侧力构件时，应考虑对各构件最不利方向的水平地震作用，即与该构件平行方向的水平地震作用。

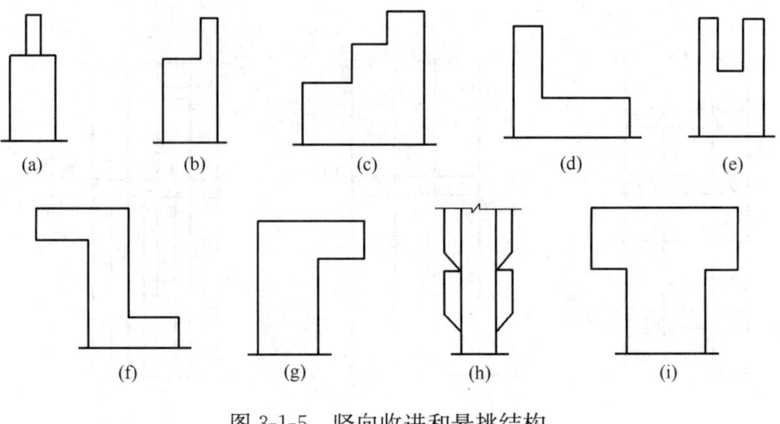

图 3-1-5　竖向收进和悬挑结构

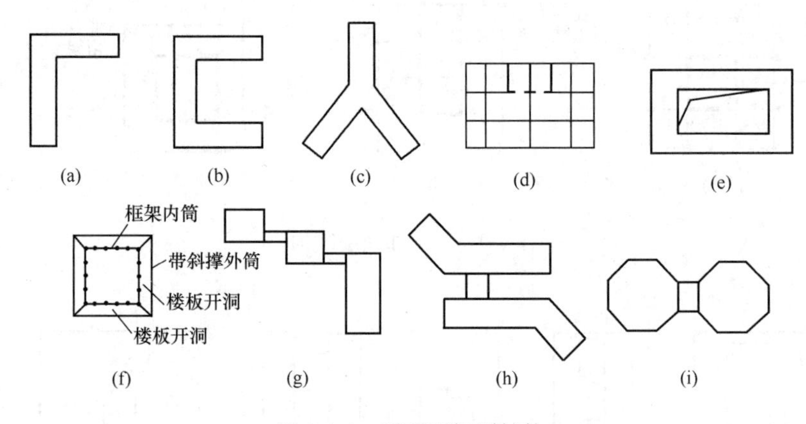

图 3-1-6　平面不规则结构

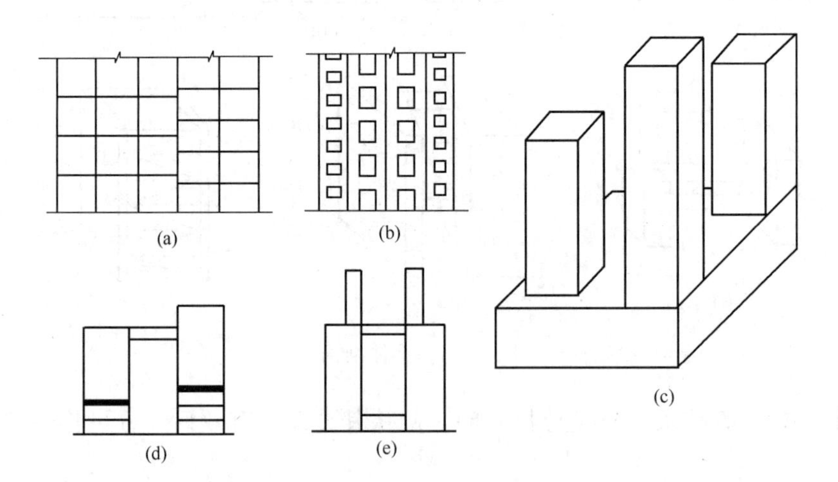

图 3-1-7　错层、多塔及多重复杂结构

2. 扭转效应

对于“质量和刚度分布明显不对称的结构”，应考虑双向水平地震作用下的扭转效应；对于其他结构，按抗震规范规定，可以采用调整地震作用效应的简化方法来考虑扭转效应。

3. 竖向地震作用的计算

如表 3-1-2 所示，大跨度、长悬臂结构，7 度（0.15g）、8 度、9 度抗震设计时应考虑竖向地震作用，9 度地区高层建筑应计算竖向地震作用。

大跨度和长悬臂结构　　表 3-1-2

设防烈度	大跨度	长悬臂
7 度（0.15g）、8 度	≥24m	≥2.0m
9 度	≥18m	≥1.5m

三、结构抗震计算方法

不同的结构采用不同的分析方法，这在各国抗震规范中均有体现，底部剪力法和振型分解反应谱法仍是基本方法，时程分析法作为补充计算方法，对特别不规则、特别重要的和较高的高层建筑才要求采用。

1. 底部剪力法

底部剪力法的基本原理和方法是：首先计算出结构在第一振型下的底部总剪力，然后按倒三角分布的原则计算竖向各质点的地震作用，继而计算结构构件的内力和变形。因此，底部剪力法的应用前提是，结构在地震作用下的振动反应要以第一振型为主。国家标准《建筑抗震设计标准》GB/T 50011—2010（2024 年版）中规定高度不超过 40m、以剪切变形为主且质量和刚度沿高度分布比较均匀的结构，以及近似于单质点体系的结构可采用底部剪力法等简化方法。

2. 振型分解反应谱法

振型分解反应谱法是利用单自由度体系反应谱和振型分解原理，解决多自由度体系地震反应的计算方法。由于它考虑了结构的动力特性，除了很不规则和不均匀的结构外，能够得到比较满意的结果；而且它能够解决其他方法难以解决的非刚性楼盖空间结构的计算，是当前确定结构地震反应的主导方法。

3. 时程分析法

时程分析法又称动态分析法，它将地震波按时段进行数值化后，输入结构体系的振动微分方程，采用逐步积分法进行结构弹塑性动力反应分析，计算出结构在整个强震时域中的振动状态全过程，给出各个时刻、各杆件的内力和变形，以及各杆件出现塑性铰的顺序。它从强度和变形两个方面来检验结构的安全性和抗震可靠度，并判明结构屈服机制和类型。国家标准《建筑抗震设计标准》GB/T 50011—2010（2024 年版）中规定特别不规则的建筑、甲类建筑和表 3-1-3 所列高度范围的高层建筑，应采用时程分析法进行多遇地震下的补充计算。

采用时程分析的房屋高度范围　　表 3-1-3

烈度、场地类别	房屋高度范围（m）
8 度Ⅰ、Ⅱ类场地和 7 度	>100
8 度Ⅲ、Ⅳ类场地	>80
9 度	>60

四、设计反应谱

弹性反应谱理论仍是现阶段抗震设计的最基本理论，抗震规范所采用的设计反应谱以地震影响系数曲线的形式给出，国家标准《建筑抗震设计标准》GB/T 50011—2010（2024 年版）给出了建筑结构地震影响系数曲线（图 3-1-8）的阻尼调整和形状参数的要求：

1. 除有专门规定外，建筑结构的阻尼比应取 0.05，地震影响系数曲线的阻尼调整系数应按 1.0 采用，形状参数应符合下列规定：

（1）直线上升段，周期小于 0.1s 的区段；

（2）水平段，自 0.1s 至特征周期区段，应取最大值（α_{max}）；

（3）曲线下降段，自特征周期至 5 倍特征周期区段，衰减指数应取 0.9；

（4）直线下降段，自 5 倍特征周期至 6s 区段，下降斜率调整系数应取 0.02。

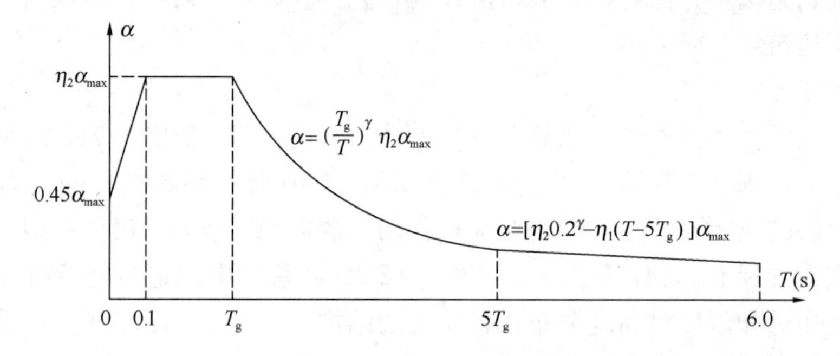

α—地震影响系数；α_{max}—地震影响系数最大值；η_1—直线下降段的下降斜率调整系数；γ—衰减指数；T_g—特征周期；η_2—阻尼调整系数；T—结构自振周期

图 3-1-8 地震影响系数曲线

2. 当建筑结构的阻尼比按有关规定不等于 0.05 时，地震影响系数曲线的阻尼调整系数和形状参数应符合下列规定：

（1）曲线下降段的衰减指数应按下式确定：

$$\gamma = 0.9 + \frac{0.05 - \zeta}{0.3 + 6\zeta} \tag{3-1-3}$$

式中：γ——曲线下降段的衰减指数；

ζ——阻尼比。

（2）直线下降段的下降斜率调整系数应按下式确定：

$$\eta_1 = 0.02 + \frac{0.05 - \zeta}{4 + 32\zeta} \tag{3-1-4}$$

式中：η_1——直线下降段的下降斜率调整系数，小于 0 时取 0。

（3）阻尼调整系数应按下式确定：

$$\eta_2 = 1 + \frac{0.05 - \zeta}{0.08 + 1.6\zeta} \tag{3-1-5}$$

式中：η_2——阻尼调整系数，当小于 0.55 时，应取 0.55。

五、水平地震作用计算

1. 鞭梢效应

一些建筑常因功能上的需要，在屋顶上面设置比较细高的小塔楼。这些屋顶小塔楼在风荷载等常规荷载下都表现良好；然而在地震作用下，即使在楼房上体结构无震害或震害很轻的情况下，屋顶小塔楼也可能发生严重破坏，当建筑在地震动作用下产生振动时，屋顶小塔楼不是作为主楼的一部分，与主楼一起作整体振动；而是在建筑屋顶层振动的激励下，产生二次型振动，屋顶塔楼的振动得到了两次放大（图 3-1-9），这种现象就是鞭梢效应。

在结构设计中应充分考虑鞭梢效应，国家标准《建筑抗震设计标准》GB/T 50011—2010（2024 年版）指出“采用底部剪力法时，突出屋面的屋顶间、女儿墙、烟囱等的地震作用效应，宜乘以增大系数 3，此增大部分不应往下传递，但与该突出部分相连的构件应予计入；采用振型分解法时，突出屋面部分可作为一个质点；单层厂房突出屋面天窗架的地震作用效应的增大系数，应按本规范第 9 章的有关规定采用”。国家标准《高层建筑混凝土结构技术规程》JGJ 3—2010 对屋顶小塔楼地震作用效应增大系数也做出了明确规定。根据屋顶小塔楼与主体结构的楼层抗推刚度比值，以及楼层重力荷载的比值，给出增大系数的具体数值，需要说明的是，放大后的小塔楼地震作用，仅用于设计小塔楼自身以及与小塔楼直接连接的主体结构的构件。

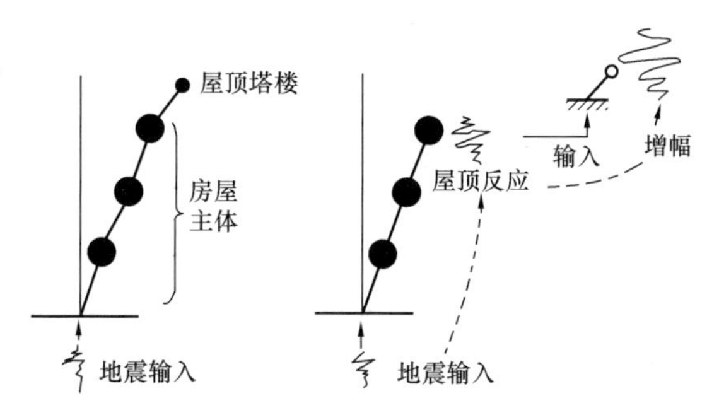

图 3-1-9　地震时屋顶小塔楼的两次振动放大

2. 最小地震作用控制

进行抗震验算时，国家标准《建筑抗震设计标准》GB/T 50011—2010（2024 年版）和行业标准《高层建筑混凝土结构技术规程》JGJ 3—2010 对结构任一楼层的水平地震剪力有如下要求：

$$V_{\mathrm{Ek}i} > \lambda \sum_{j=i}^{n} G_j \tag{3-1-6}$$

式中：$V_{\mathrm{Ek}i}$——第 i 层对应于水平地震作用标准值的楼层剪力；

λ ——剪力系数，不应小于表 3-1-4 规定的楼层最小地震剪力系数值，对竖向不规则结构的薄弱层，表中数值尚应乘以 1.15 的增大系数。

楼层最小地震剪力系数值　　　　**表 3-1-4**

类别	6 度	7 度	8 度	9 度
扭转效应明显或基本周期小于 3.5s 的结构	0.008	0.016（0.024）	0.032（0.048）	0.064
基本周期大于 5.0s 的结构	0.006	0.012（0.018）	0.024（0.036）	0.048

注：1. 基本周期介于 3.5s 和 5.0s 之间的结构，按线性插入法取值；

2. 括号内数值分别用于设计基本地震加速度为 0.15g 和 0.30g 的地区。

六、土-结构相互作用

由于地基和结构动力相互作用的影响，按刚性地基分析的水平地震作用在一定范围内有明显的折减。研究表明，水平地震作用的折减系数主要与场地条件、结构自振周期、上部结构和地基的阻尼特性等因素有关，图 3-1-10 是根据国家标准《建筑抗震设计标准》GB/T 50011—2010（2024 年版）相关规定绘制的地震剪力折减系数与结构自振周期的关系曲线。

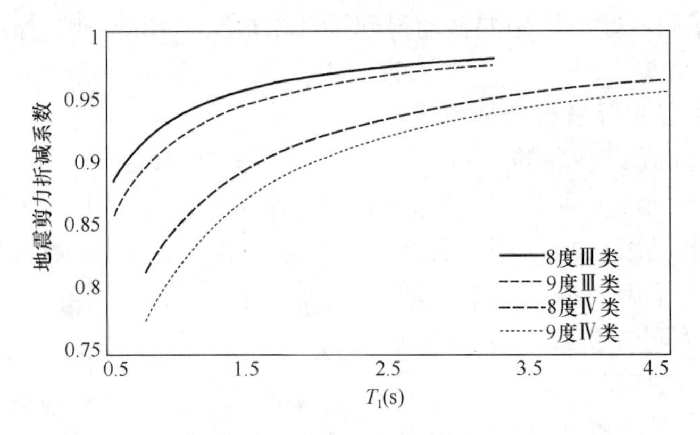

图 3-1-10　地震剪力折减系数与结构自振周期的关系曲线

结构抗震计算，一般情况下可不计入地基与结构相互作用的影响。对于 8 度和 9 度，Ⅲ、Ⅳ类场地，采用箱形基础、刚性较好的筏形基础和桩箱联合基础的钢筋混凝土高层建筑，当结构基本自振周期处于特征周期的 1.2 倍至 5 倍范围时，若计入地基与结构动力相互作用的影响，对刚性地基假定计算的水平地震剪力可按下列规定折减，其层间变形可按折减后的楼层剪力计算：

1. 高宽比小于 3 的结构，各楼层水平地震剪力的折减系数，可按下式计算：

$$\psi = \left(\frac{T_1}{T_1 + \Delta T}\right)^{0.9} \tag{3-1-7}$$

式中：ψ——计入地基与结构动力相互作用后的地震剪力折减系数；

T_1——按刚性地基假定确定的结构基本自振周期（s）；

ΔT——计入地基与结构动力相互作用的附加周期（s），可按表 3-1-5 采用。

附加周期（单位：s）　　**表 3-1-5**

烈度	场地类别	
	Ⅲ类	Ⅳ类
8	0.08	0.20
9	0.10	0.25

2. 高宽比不小于 3 的结构，底部的地震剪力按第 1 条规定折减，顶部不折减，中间各层按线性插入值折减。

3. 折减后，楼层地震剪力还应满足最小剪重比的控制要求。

七、竖向地震作用计算

结构竖向地震作用计算简图如图 3-1-11 所示。

1. 底部剪力法

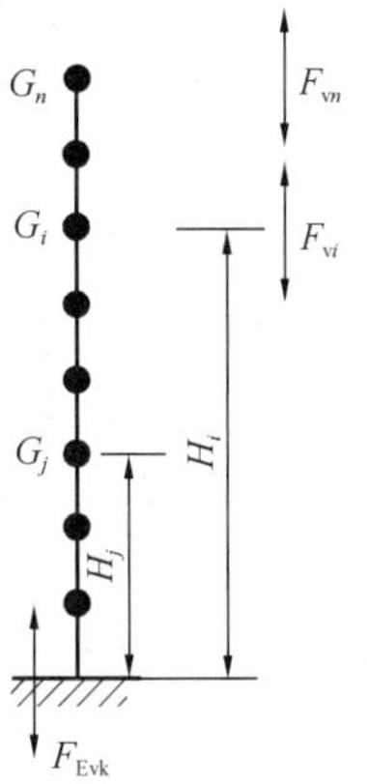

计算竖向地震作用采用的底部剪力法实际上是一种简化方法，原则上与水平地震作用的底部剪力法类似：结构竖向振动的基本周期较短，总竖向地震作用可表示为竖向地震影响系数最大值和等效总重力荷载代表值的乘积；沿高度分布按第一振型考虑，也采用倒三角形分布；在楼层平面内的分布，则按构件所承受的重力荷载代表值分配。

国家标准《建筑抗震设计标准》GB/T 50011—2010（2024 年版）中建议高层建筑楼层各构件的竖向地震作用效应宜乘以增大系数 1.5，结构质点 i 的竖向地震作用标准值可按下式计算：

$$F_{\mathrm{Evk}} = \alpha_{\mathrm{vmax}} G_{\mathrm{eq}} \tag{3-1-8}$$

$$F_{\mathrm{v}i} = \frac{G_i H_i}{\sum G_j H_j} F_{\mathrm{Evk}} \tag{3-1-9}$$

图 3-1-11　结构竖向地震作用计算简图

式中：F_{Evk}——结构总竖向地震作用标准值；

$F_{\mathrm{v}i}$——质点 i 的竖向地震作用标准值；

α_{vmax}——竖向地震影响系数的最大值，可取水平地震影响系数最大值的 65%；

G_{eq}——结构等效总重力荷载，可取其重力荷载代表值的 75%。

2. 简化方法

对于平板型跨度不大于 120m、长度不大于 300m 且平面形状规则的网架屋盖和跨度大于 24m 的屋架、屋盖横梁及托架的竖向地震作用标准值，宜取其重力荷载代表值和竖向地震作用系数的乘积；竖向地震作用系数可按表 3-1-6 采用。

竖向地震作用系数　　**表 3-1-6**

结构类型	烈度	场地类别		
		Ⅰ	Ⅱ	Ⅲ、Ⅳ
平板型网架、钢屋架	8	可不计算（0.10）	0.08（0.12）	0.10（0.15）
	9	0.15	0.15	0.20
钢筋混凝土屋架	8	0.10（0.15）	0.13（0.19）	0.13（0.19）
	9	0.20	0.25	0.25

注：括号中数值用于设计基本地震加速度为 0.30g 的地区。

对于 7 度（0.15g）、8 度悬挑长度≥2.0m、9 度悬挑长度≥1.5m 的长悬臂构件和跨度大于 120m 或长度大于 300m 或悬臂大于 40m 的空间大跨度结构，8 度和 9 度可分别取该结构、构件重力荷载代表值的 10% 和 20%，设计基本地震加速度为 0.30g 时，可取该结构、构件重力荷载代表值的 15%。

3. 振型分解反应谱法和时程分析法

理论上，不管结构的跨度及形式如何，竖向地震作用的计算均可采用相对精准的动力分析方法，如动力时程分析法或基于结构动力特性的振型分解反应谱法。目前，国内外学者关于竖向地震动特性，尤其是竖向地震反应谱特征的研究成果存在较大差异，相关研究成果纳入规范的不多。因此，我国的抗震规范关于竖向地震作用的计算仍以底部剪力法和简化方法为主，在各方面条件许可的情况下，也可采用较为精细的分析方法。

行业标准《高层建筑混凝土结构技术规程》JGJ 3—2010 中建议跨度大于 24m 的楼盖结构、跨度大于 12m 的转换结构和连体结构、悬挑长度大于 5m 的悬挑结构，结构竖向地震作用标准值宜采用动力时程分析方法或反应谱方法进行计算。时程分析计算时输入的地震加速度最大值可按规定的水平输入最大值的 65%采用，反应谱分析时结构竖向地震影响系数最大值可按水平地震影响系数最大值的 65%采用，但设计地震分组可按第一组采用。高层建筑中，大跨度结构、悬挑结构、转换结构、连体结构的连接体竖向地震作用标准值，不宜小于结构或构件承受的重力荷载代表值与表 3-1-7 所规定的竖向地震作用系数的乘积。

竖向地震作用系数 **表 3-1-7**

设防烈度	7 度	8 度		9 度
设计基本地震加速度	0.15g	0.20g	0.30g	0.40g
竖向地震作用系数	0.08	0.10	0.15	0.20

注：g 为重力加速度。

八、截面抗震验算

1. 验算范围

国家标准《建筑抗震设计标准》GB/T 50011—2010（2024 年版）规定了不需验算和需要进行抗震承载力验算的范围：

（1）6 度时的建筑（不规则建筑及建造于Ⅳ类场地上较高的高层建筑除外），生土房屋和木结构房屋等可不进行抗震验算；

（2）6 度时不规则建筑以及建造于Ⅳ类场地上较高的高层建筑，7 度和 7 度以上的建筑结构（生土房屋和木结构房屋等除外）应进行抗震验算；

（3）隔震建筑结构，抗震验算应符合国家标准《建筑抗震设计标准》GB/T 50011—2010（2024 年版）中第 12 章的规定。

2. 荷载组合

地震作用效应组合是结构构件抗震设计的重要内容，国家标准《建筑与市政工程抗震通用规范》GB 55002—2021 及相关规范将此列为强制性条文，要求设计人员严格执行。结构构件的地震作用效应和其他荷载效应的基本组合，应按下式计算：

$$S = \gamma_G S_{GE} + \gamma_{Eh} S_{Ehk} + \gamma_{Ev} S_{Evk} + \sum \gamma_{Di} S_{Dik} + \sum \psi_i \gamma_i S_{ik} \tag{3-1-10}$$

式中：S——结构构件地震组合内力设计值，包括组合的弯矩、轴向力和剪力设计值等；

γ_G——重力荷载分项系数，按表 3-1-8 采用；

γ_{Eh}、γ_{Ev}——分别为水平、竖向地震作用分项系数，其取值不应低于表 3-1-9 的规定；

γ_{Di}——不包括在重力荷载内的第 i 个永久荷载的分项系数，应按表 3-1-8 采用；

γ_i——不包括在重力荷载内的第 i 个可变荷载的分项系数，不应小于 1.5；

S_{GE}——重力荷载代表值的效应，有吊车时，尚应包括悬吊物重力标准值的效应；

S_{Ehk}——水平地震作用标准值的效应；

S_{Evk}——竖向地震作用标准值的效应；

S_{Dik}——不包括在重力荷载内的第 i 个永久荷载标准值的效应；

S_{ik}——不包括在重力荷载内的第 i 个可变荷载标准值的效应；

ψ_i——不包括在重力荷载内的第 i 个可变荷载的组合值系数，应按表 3-1-8 采用。

各荷载分项系数及组合系数　　　　表 3-1-8

荷载类别、分项系数、组合系数			对承载力不利	对承载力有利	适用对象
永久荷载	重力荷载	γ_G	≥1.3	≤1.0	所有工程
	预应力	γ_{Dy}			
	土压力	γ_{Ds}	≥1.3	≤1.0	市政工程、地下结构
	水压力	γ_{Dw}			
可变荷载	风荷载	ψ_w	0.0		一般的建筑结构
			0.2		风荷载起控制作用的建筑结构
	温度作用	ψ_t	0.65		市政工程

地震作用分项系数　　　　表 3-1-9

地震作用	γ_{Eh}	γ_{Ev}
仅计算水平地震作用	1.4	0.0
仅计算竖向地震作用	0.0	1.4
同时计算水平与竖向地震作用（水平地震为主）	1.4	0.5
同时计算水平与竖向地震作用（竖向地震为主）	0.5	1.4

3. 承载力验算

结构在设防烈度下的抗震验算应是弹塑性变形验算，但为减少验算工作量并符合设计习惯，对大部分结构，将变形验算转换为众值烈度地震（多遇地震）作用下构件承载力验算的形式来表现。国家标准《建筑抗震设计标准》GB/T 50011—2010（2024 年版）中规定：当仅计算竖向地震作用时，各类结构构件承载力抗震调整系数均应采用 1.0；结构构件的截面抗震验算，应采用下式：

$$S \leqslant R/\gamma_{RE} \tag{3-1-11}$$

式中：γ_{RE}——承载力抗震调整系数，除另有规定外，应按表 3-1-10 采用；

R——结构构件承载力设计值。

承载力抗震调整系数　　　　表 3-1-10

材料	结构构件	受力状态	γ_{RE}
钢	柱，梁，支撑，节点板件，螺栓，焊缝	强度	0.75
	柱，支撑	稳定	0.80
砌体	两端均有构造柱、芯柱的抗震墙	受剪	0.9
	其他抗震墙	受剪	1.0
混凝土	梁	受弯	0.75
	轴压比小于 0.15 的柱	偏压	0.75
	轴压比不小于 0.15 的柱	偏压	0.80
	抗震墙	偏压	0.85
	各类构件	受剪、偏拉	0.85

九、抗震变形验算

1. 多遇地震的弹性变形验算

多遇地震作用下结构应处于弹性状态，为此，抗震规范及相关技术标准均规定，除要对多遇地震下结构构件截面的抗震承载力进行验算外，尚应进行多遇地震下的弹性变形验算，结构楼层内最大弹性层间位移应符合下式要求：

$$\Delta u_e \leqslant [\theta_e]h \tag{3-1-12}$$

式中：Δu_e——多遇地震作用标准值产生的楼层内最大的弹性层间位移；计算时，除以弯曲变形为主的高层建筑外，可不扣除结构整体弯曲变形；应计入扭转变形，各作用分项系数均应采用 1.0；钢筋混凝土结构构件的截面刚度可采用弹性刚度；

$[\theta_e]$——弹性层间位移角限值，宜按表 3-1-11 采用；

h——计算楼层层高。

弹性层间位移角限值 **表 3-1-11**

结构类型	$[\theta_e]$
钢筋混凝土框架	1/550
钢筋混凝土框架-抗震墙、板柱-抗震墙、框架-核心筒	1/800
钢筋混凝土抗震墙、筒中筒	1/1000
钢筋混凝土框支层	1/1000
多、高层钢结构	1/250

由于层间位移控制实质上是宏观的侧向刚度控制，为便于设计人员在工程实践中的应用和操作，行业标准《高层建筑混凝土结构技术规程》JGJ 3—2010 采用不扣除整体弯曲变形的层间位移作为刚度控制指标。为此，对相应的层间位移角限值进行了适当调整：

（1）高度不大于 150m 的高层建筑，整体弯曲变形的相对影响较小，层间位移角限值按不同结构体系在 1/550～1/1000 之间取用。

（2）高度不小于 250m 的高层建筑，其楼层层间最大位移与层高之比 $\Delta u/h$ 不宜大于 1/500。

（3）高度在 150～250m 之间的高层建筑按以上 2 项的限值线性插入取用。

2. 罕遇地震的弹性变形验算

（1）验算范围

根据国家标准《建筑抗震设计标准》GB/T 50011—2010（2024 年版）三水准抗震设防要求，当建筑物遭遇到高于本地区抗震设防烈度的罕遇地震影响时，不至于倒塌或发生危及生命安全的严重破坏。因此，建筑物在大震作用下，虽然破坏比较严重，但整个结构的非弹性变形仍受到控制，与结构倒塌的临界变形尚有一段距离，从而保障建筑物内部人员的安全。由于结构弹塑性变形计算复杂，目前的规范针对不同的建筑结构提出了不同的要求（详见规范相关条文），具体实施时应注意：

1）应进行弹塑性变形验算的建筑结构

甲类建筑结构；9 度设防的乙类建筑结构；隔震和消能减震设计的建筑结构；高度超过 150m 的各类建筑结构，包括混凝土结构、钢结构以及各种混合结构；7～9 度抗震设防，且楼层屈服强度系数小于 0.5 的钢筋混凝土框架结构和框排架结构；8 度抗震设防且位于Ⅲ、Ⅳ类场地和 9 度抗震设防的高大单层钢筋混凝土柱厂房的横向排架（注：高大的单层钢筋混凝土柱厂房，指按平面排架计算时，基本周期 $T_1>1.5s$ 的厂房）。

2）宜进行弹塑性变形验算的建筑结构

符合下列条件之一的竖向不规则建筑结构：7 度抗震设防，高度超过 100m；8 度抗震设防，Ⅰ、Ⅱ类场地，高度超过 100m；8 度抗震设防，Ⅲ、Ⅳ类场地，高度超过 80m；9 度抗震设防，高度超过 60m。

符合下列条件的乙类建筑结构：7 度抗震设防且位于Ⅲ、Ⅳ类场地；8 度抗震设防；板柱-抗震墙结构；底部框架-抗震墙砌体房屋；高度不大于 150m 的钢结构；不规则的地下建筑结构（注：地下建筑结构的规则性界定应符合国家标准《建筑抗震设计标准》GB/T 50011—2010（2024 年版）第 14.1.3 条的要求）。

3）楼层屈服强度系数的计算

楼层屈服强度系数应按下式计算：

$$\xi_y = V_y/V_e \tag{3-1-13}$$

对排架柱：

$$\xi_y = M_y/M_e \tag{3-1-14}$$

式中：V_y——按构件实际配筋和材料强度标准值计算的楼层受剪承载力；

V_e——按罕遇地震作用标准值计算的楼层弹性地震剪力；

M_y——按实际配筋面积、材料强度标准值和轴向力计算的正截面受弯承载力；

M_e——按罕遇地震作用标准值计算的弹性地震弯矩。

（2）计算方法

根据国家标准《建筑抗震设计标准》GB/T 50011—2010（2024 年版）的规定，建筑结构罕遇地震作用下薄弱楼层弹塑性变形计算方法主要有以下三种：

1）简化方法

在大量剪切型结构薄弱楼层弹塑性层间位移反应的特点和规律研究的基础上，国家标准《建筑抗震设计标准》GB/T 50011—2010（2024 年版）提出了一种薄弱楼层弹塑性变形估计方法，主要适用于 12 层以下且层刚度无突变的钢筋混凝土框架和框排架结构以及单层钢筋混凝土柱厂房。

2）静力弹塑性方法

静力弹塑性方法是近年来国内外广泛应用于结构抗震能力评价的一种新方法，其核心思想是：采用一系列连续的线弹性分析结果来估计结构的非线性性能，基本过程如下：

① 根据建筑的具体情况建立相应的结构计算模型；

② 在结构计算模型上施加必要的竖向荷载；

③ 按照一定的加载模式，在结构模型上施加一定的水平荷载，使一个或一批构件进入屈服状态；

④ 修改上一步屈服构件的刚度（或使其退出工作状态），再在结构模型上施加一定量的水平荷载，使另一个或一批构件进入屈服状态；

⑤ 不断重复第④步，直到结构达到预定的破坏状态，记录结构每次屈服的基底剪力、结构顶部位移；

⑥ 以基底剪力、结构顶部位移为坐标绘制结构的荷载-位移曲线；

⑦ 采用能力谱方法或位移系数法确定结构在相应地震动水准下的位移，对结构性能进行评价。

静力弹塑性分析作为一种结构非线性响应的简化计算方法，在多数情况下能够得出比静力甚至动力弹性分析更多的重要信息，而且操作简便。但是由于这种分析方法是在假定结构响应是以第一阶振型为主的基础上进行的，因此，按上述方法得到的荷载-位移曲线基本上只能够反映结构的一阶模态响应。对基本周期在 1.0s 以内的结构，这种方法通常是有效的；而对于基本周期大于 1.0s 的柔性结构来说，就必须在分析的过程中考虑高阶振型的影响。

3）弹塑性时程分析方法

又称为动态分析方法，它是将数值化的地震波输入到结构体系的振动微分方程，采用逐步积分法进行结构弹塑性动力分析，计算出结构在整个强震时域中的震动状态全过程，给出各时刻、各杆件的内力和变形，以及各杆件出现塑性铰的顺序。

（3）位移限值

在罕遇地震作用下，结构要进入弹塑性变形状态。根据震害经验、试验研究和计算分析结果，提出以构件（梁、柱、墙）和节点达到极限变形时的层间极限位移角作为罕遇地震作用下结构弹塑性层间位移角限值的依据。国家标准《建筑抗震设计标准》GB/T 50011—2010（2024 年版）要求薄弱层（部位）弹塑性层间位移应符合下式：

$$\Delta u_{\mathrm{p}} \leqslant [\theta_{\mathrm{p}}]h \tag{3-1-15}$$

式中：$[\theta_{\mathrm{p}}]$——弹塑性层间位移角限值，可按表 3-1-12 采用；对钢筋混凝土框架结构，当轴压比小于 0.40 时，可提高 10%；当柱子全高的箍筋构造比《建筑抗震设计标准》GB/T 50011—2010（2024 年版）第 6.3.9 条规定的体积配箍率大 30%时，可提高 20%，但累计不超过 25%；

h——薄弱层楼层高度或单层厂房上柱高度。

弹塑性层间位移角限值 **表 3-1-12**

结构类型	$[\theta_{\mathrm{p}}]$
单层钢筋混凝土柱排架	1/30
钢筋混凝土框架	1/50
底部框架砌体房屋中的框架-抗震墙	1/100
钢筋混凝土框架-抗震墙、板柱-抗震墙、框架-核心筒	1/100
钢筋混凝土抗震墙、筒中筒	1/120
多、高层钢结构	1/50

第二节 振动荷载

一、一般要求

在建筑工程的振震双控设计中，需要分别计算振动和地震作用。这两个方面的计算是为了综合考虑结构的正常振动和地震作用，以确保结构在正常工作状态和地震发生时的安全性能。

1. 振动计算：指计算结构在正常工作状态下的振动特性，包括计算结构的固有频率、振型和振动响应等。通过振动计算，评估结构的舒适性和稳定性。这些计算通常会考虑结构的质量、刚度、阻尼等因素。

2. 地震作用计算：指计算结构在地震发生时所受到的地震作用和地震位移，需要考虑地震参数，如设计地震加速度、地震频谱等。通过地震作用计算，可以评估结构在地震发生时的抗震性能。这些计算通常会考虑结构的质量、刚度、阻尼以及地震波的特性等因素。

3. 振震双控设计中，振动计算和地震作用计算：结构的正常振动特性可以影响其在地震作用下的响应，而地震作用也可以影响结构的振动特性。因此，需要分别计算这两个方面，并通过合理的设计和验算来实现振震双控的目标（图 3-2-1）。

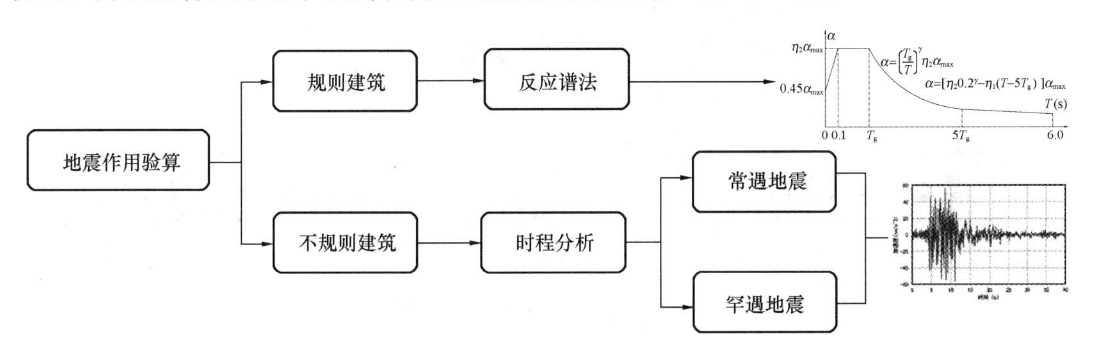

图 3-2-1　地震作用分析

（1）建筑工程的振震双控设计中，地震作用的计算依据国家标准《建筑抗震设计标准》GB/T 50011—2010（2024 年版）有关规定：对于一般建筑规则结构，采用振型分解反应谱法；对于特别不规则的建筑、甲类建筑和超限高层建筑，采用时程分析法进行多遇地震下的补充计算；当取三组加速度时程曲线输入时，计算结果取时程分析法的包络值和振型分解反应谱法的较大值；当取七组及七组以上的时程曲线时，计算结果可取时程分析法的平均值和振型分解反应谱法的较大值。

（2）建筑工程的振震双控设计中，振动作用计算采用下列规定：

1）振动分析宜采用时程分析法：在振动分析中，建议采用时程分析法。时程分析是一种基于时间历程的分析方法，可以考虑非线性效应和时间变化的振动激励，能够更准确地预测结构的振动响应。

2）结构的振动作用计算宜计入交通振动、设备或人致振动等环境激励引起的振动响应：在计算结构的振动作用时，应考虑交通振动、设备振动或人致振动等环境激励引起的振动响应。交通振动是指交通运输车辆引起的振动，设备振动是指建筑内部或外部设备引起的振动，人致振动是指由人类活动引起的振动。这些环境激励可以对结构产生一定的振动影响，在振动作用计算中应予以考虑。

当建筑工程振震双控采用非隔振设计时，其设备基础、建筑结构和振动控制部位的振动响应计算应符合现行国家标准《动力机器基础设计标准》GB 50040 和《工业建筑振动控制设计标准》GB 50190 的规定。《动力机器基础设计标准》GB 50040 主要用于指导动力机器基础的设计和计算，该标准包含了关于基础材料、基础结构、荷载计算、动力机器振动、基础抗震设计等方面的要求和规范。《工业建筑振动控制设计标准》GB 50190 主要用于指导工业建筑振动控制设计，该标准包括了建筑物的振动控制、振动测量、振动限值等方面的规定。

当振震双控采用隔振设计时，应符合现行国家标准《工程隔振设计标准》GB 50463 的规定，该标准包含了隔振系统设计、隔振材料选择、隔振效果评价等方面的要求和规范，用于指导工程中隔振设计的实施。

二、振动作用

振动作用和地震作用都属于动力荷载作用，这些作用可以引起结构的振动和变形，振动作用原理如图 3-2-2 所示。

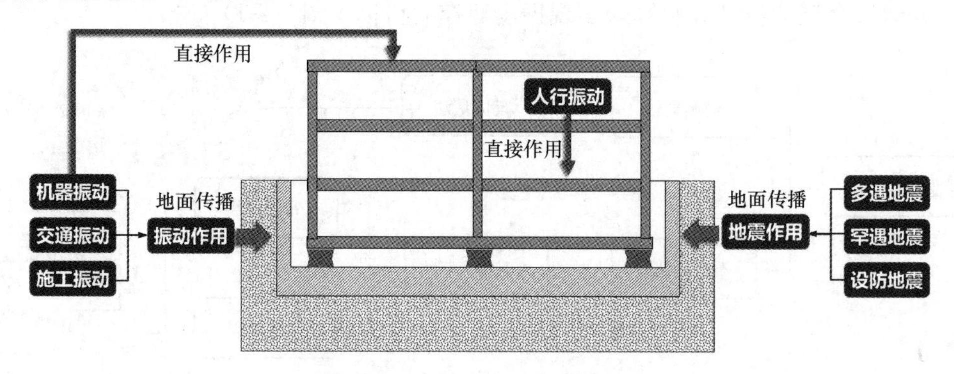

图 3-2-2　地震和振动作用示意

1. 振动作用的类型

振动作用包括各种类型的振动，如机器振动、交通振动、施工振动和人行振动。机器振动是由机械设备或机器引起的振动，如发动机、电动机或其他运行中的设备。交通振动是由交通运输工具引起的振动，如车辆行驶时产生的振动。施工振动是在建筑施工过程中由施工机械或爆破等引起的振动。人行振动是由人们步行或奔跑引起的振动。

地震作用是由地震引起的振动作用。地震是地球内部的地壳运动引起的自然现象，它会释放巨大的能量，产生地震波。地震波在地球内部传播，并通过地表传播到结构物上，引起结构振动。

这些振动作用和地震作用都可能对结构产生影响，因此，在设计和施工过程中需要考虑这些动力荷载作用，以确保结构的安全性、适用性、舒适性和稳定性。

2. 振动作用特性和位置

振动作用是指对物体施加周期性、随机性或冲击性的振动力。这些振动力可以通过不同的方式作用在物体上，而作用位置则取决于振动力的来源和传递途径。

（1）周期振动：周期振动是指具有固定周期的振动力作用在物体上。这种振动力可以通过不同的机制引起，如机械振动器、振动设备或其他周期性力的作用。在建筑结构中，周期振动主要为机械设备的振动，例如，电机、风机、水泵和发动机等。

（2）随机振动：随机振动是指没有明确的周期性振动力作用在物体上。这种振动力通常是由不规则的外部力引起，如交通振动、人行振动、地面振动等。在建筑结构中，随机振动可以导致结构的动态响应。

（3）冲击振动：冲击振动是指短暂而突然的振动力作用在物体上，这种振动通常是由突发事件、冲击载荷或其他突然产生的力引起，如锻锤、压力机、压铸机、打桩和爆破等。冲击振动对建筑结构的影响较大，可能引发结构的损坏或破坏。

（4）振动作用的位置取决于振动荷载的来源和传递途径：

1）通过地基传递到建筑上部结构：当振动荷载通过地基传递到建筑物的上部结构时，地基的特性起到了重要的作用。地震、机械设备振动等周期性振动荷载会通过地基传递到建筑物的上部，导致建筑结构产生振动响应。

2）直接作用在上部结构上：有些振动荷载可以直接作用在建筑物的上部结构上，而不经过地基传递。例如，上楼机器、人行振动和其他与建筑物直接相连的振动源可以直接作用在结构上，引起结构的振动响应。

因此，振动作用的特性和作用位置取决于振动荷载的类型、来源和传递途径，对建筑结构的影响可以通过结构的动态响应和振动来评估。

3. 振动荷载的确定

振动荷载的确定，主要有以下方式：

（1）振动作用力的直接测试：通过在振动源或结构上安装传感器，测量振动作用力的大小和频率，这种方法可以直接获取振动数据，但需要合适的测试设备和技术。

（2）根据振源对象的结构特性分析：通过对振源对象进行分析（包括材料特性、几何形状、固有频率等），推断振动荷载的大小和频率。这种方法适用于已知结构特性的振源对象。

（3）根据国家标准《建筑振动荷载标准》GB/T 51228—2017 确定：结合对振源对象的现场实测，确定振动荷载的大小和频率，建筑振动荷载标准通常包含了各种类型振动荷载的分类和计算方法。

上述方法可以单独或组合使用，以确定振动荷载对结构或设备的影响，如何使用取决于振动源的特性、可用的资源和实际需求。

对于通过地基传入建筑结构的振动作用，可选择建筑场地基坑底部的振动测试确定。选择基坑底部实测振动激励作为输入建筑的振动作用是一种常见的做法，可测得基坑底部实测振动频率、振幅和持续时间等方面的信息，这对于工程设计和结构分析十分重要。

在进行无条件测试时，如果没有可用的实测振动数据，可以考虑采用相似场地和工况条件下的实测振动数据进行等效激励模拟，例如，可考虑相同的地质条件、相似的施工工艺、类似的土层特性等。通过这种方法找到与目标工程相似的已有工程或实测数据，将其振动特征应用到目标工程中。这样做的目的是尽可能接近实际情况，以便进行可靠的工程分析和评估。但为确保准确性，需要注意以下几点：

（1）测试条件：确保测试条件符合要求。例如，测试时的环境温度、湿度等应在可接受范围内，以确保数据的准确性。

（2）测点放置位置：选择合适的测点放置位置非常重要。测点应位于需要评估的关键部位，以获得代表性的数据。

（3）数据准确性：确保测试数据的准确性，可以通过校准测试设备、验证测试方法等方式来实现。

建筑结构振震双控的输入主要采用实际测试数据。如果因为测试原因导致数据不准确，将对建筑结构振动评价以及后续的振震双控措施产生影响。对于建筑结构内部的精密设备，应该考虑人致振动、设备振动等因素对其产生的影响。在这种情况下，可以输入楼盖振动。通过在楼盖上施加振动激励，模拟实际振动情况，以评估内部设备的影响。

在实际工程中，可以采用模拟与实测相结合的方式确定振动输入，通过数值模拟等方法预测振动输入，然后与实测数据进行对比和修正，以更准确地确定振动输入。获得的振动输入数据应根据实际情况进行修正，并应考虑不同因素的影响，例如，结构的非线性行为、土-结构相互作用等。修正后的振动输入将更符合实际情况，可用于建筑结构的振动评价和振震双控措施的制定。

三、振动荷载组合

振动荷载与静力荷载不同，荷载在振动方向、振幅大小和振动频率等方面应能包络振动激励的所有工况。在考虑结构安全和适用的前提下，尚需考虑结构的经济性。因此，根据振动荷载变异性的特点，在确定振动荷载参数值时，应当满足合理的保证概率。

根据国家标准《建筑结构可靠性设计统一标准》GB 50068—2018 的规定，振动作用可靠性设计如图 3-2-3 所示。

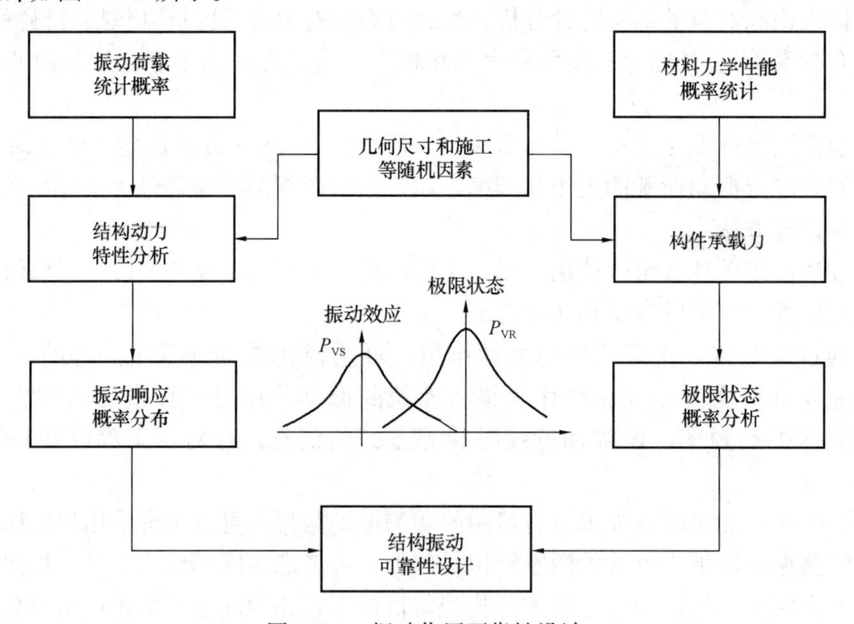

图 3-2-3　振动作用可靠性设计

根据数理统计的概念，两个正态分布过程，不论是否独立，其组合依然服从正态分布。振动荷载组合包括两部分：正常使用极限状态设计和承载能力极限状态设计。

1. 正常使用极限状态设计时，荷载代表值应符合下列规定：

（1）计算结构振动加速度、速度和位移等振动响应与结构变形时，宜采用振动荷载效应标准值或标准组合值。

（2）验算结构裂缝时，宜采用等效静力荷载效应的标准组合值。

2. 承载能力极限状态设计时，荷载代表值应符合下列规定：

验算结构承载力和疲劳强度时，静力荷载与等效静力荷载效应组合、静力荷载与振动荷载效应组合时，应采用基本组合。

在考虑多振源振动效应时，由于振动相位的随机性，振动相遇时组合振动的分布特性就具有随机振动的特性，多数情况接近正态分布，因此可按正态分布函数基本特性来分析多振源振动荷载的组合效应。

多振源振动荷载作用效应组合，应符合下列规定：

1. 当多个周期性振动荷载或稳态随机振动荷载组合时，振动荷载均方根效应组合值，宜按下式计算：

$$S_{v\sigma}=\sqrt{\sum_{i=1}^{n}S_{v\sigma i}^{2}} \tag{3-2-1}$$

式中：$S_{v\sigma}$ ——n 个振动荷载均方根效应的组合值；

$S_{v\sigma i}$ ——第 i 个振动荷载效应的均方根值；

n ——振动荷载的总数量。

2. 当两个周期性振动荷载作用时，振动荷载效应组合的最大值，宜按下式计算：

$$S_{vmax}=S_{v1max}+S_{v2max} \tag{3-2-2}$$

式中：S_{vmax} ——两个振动荷载效应组合的最大值；

S_{v1max} ——第 1 个振动荷载效应的最大值；

S_{v2max} ——第 2 个振动荷载效应的最大值。

3. 当冲击荷载起控制作用时，振动荷载效应组合，宜按下式计算：

$$S_{Vp}=S_{vmax}+\alpha_{k}\sqrt{\sum_{i=1}^{n}S_{v\sigma i}^{2}} \tag{3-2-3}$$

式中：S_{Vp} ——当冲击荷载控制时，在时域范围上效应的组合值；

S_{vmax} ——冲击荷载效应在时域上的最大值；

α_{k} ——冲击作用下的荷载组合系数，可取 1.0。

四、参数确定

在建筑工程振震双控计算时，需要确定结构动态参数，包括结构阻尼比、动刚度等。应当根据实测结果来确定结构的阻尼比。实测结果能够提供准确的数据，以确保振动控制措施的有效性。

在缺少实测数据时，可以按照现行的国家标准《动力机器基础设计标准》GB 50040—2020、《工业建筑振动控制设计标准》GB 50190—2020 和《工程隔振设计标准》GB 50463—2019 的规定确定结构阻尼比。

对于多高层钢结构和钢筋混凝土结构的阻尼比，可依据《建筑楼盖结构振动舒适度技术标准》JGJ/T 441—2019、《高层建筑混凝土结构技术规程》JGJ 3—2010、美国标准“AISC Design Guide 11-Floor Vibrations Due To Human Activity”、德国人行桥设计指南“Footbridge Guidelines EN03”、国际标准“Bases for design of structures-Serviceability of buildings and walkways against vibrations" ISO 10137 进行综合取值。

对于钢结构的阻尼比，取值区间相对较大，对于行走激励为主的钢结构连廊、室内天桥，《建筑楼盖结构振动舒适度技术标准》JGJ/T 441—2019 规定阻尼比取 0.005；德国人行桥设计指南"Footbridge Guidelines EN03"给出的钢结构阻尼比最小值为 0.002，平均值 0.004，但考虑大幅值振动荷载造成的较大阻尼比，其阻尼比建议为 0.04；"Bases for design of structures-Serviceability of buildings and walkways against vibrations" ISO 10137 规定：结构高度 h 为 40m 时钢结构阻尼比取 0.018，h 大于 80m 时取 0.01，中间可插值。我国标准《高层民用建筑钢结构技术规程》JGJ 99—2015 建议的阻尼比区间为 0.01～0.02；美国标准"AISC Design Guide 11-Floor Vibrations Due To Human Activity"给出的较有代表性的阻尼比取值为 0.01～0.02。

当建筑结构的基础和基底土体介质不均匀时，混凝土和土体可以采用动弹性模量。动弹性模量是衡量动力作用下，结构或基础抵抗变形的能力，获取的方法主要为现场测试。其中，混凝土的动弹性模量可以通过预制试验基础或同质类比选择参数，土体介质的动弹性模量可以通过锤击动弹模测试获取，而且在动弹模试验前宜进行同体模型数值仿真，对于激励荷载和响应特征需要进行详细评估。需要注意的是，动弹性模量的测试激励荷载也属于三角函数荷载合成，与白噪声不同的是，锤击具有一定的瞬时效应，具有冲击荷载的波形特征，在进行荷载构成组合时，应充分考虑有限频带宽度下的变幅组合。

对于模型的网格，通常情况下，网格尺寸越小，数值模拟的计算精度会越高，但计算时间成本也显著增加，实际工程中，考虑计算精度兼顾计算效率，重点区域的网格尺寸不宜超过振动最小波长的 1/10，非重点区域的网格尺寸不宜超过振动最小波长的 1/6。重点区域指直接受振动影响或人员活动频繁的区域；非重点区域指距离振源较远或者对振动不敏感的区域。

振动作用计算结果拾取点应能反映具有相似振源的振动作用分析结果的一般规律（如振动作用计算结果拾取点可取单跨楼板中心等），应能准确评价建筑结构的振动影响，结果应包括峰值加速度、加速度分布、位移分布、加速度时程、位移时程、加速度频谱等。

第三节 振 动 响 应

一、分析要求

建筑工程振动响应分析采用三维有限元弹性时程分析。分析过程中的总体要求如下：

（1）结构三维有限元振动响应分析模型

有限元模型应实际反映真实结构的构件位置、截面尺寸和材料性能。有限元模型中应正确反映次梁对楼板面外振动的影响，次梁不可省略。内部存在横向开孔的预制楼板应考虑开孔方向引起的楼板各向异性。

有限元模型应真实反映实际结构的自重和非结构荷载信息，真实反映楼板荷载分布情况，不应将楼板面分布荷载简化为梁荷载。

（2）结构内振动分析测点

在结构三维有限元振动响应分析模型中的振动响应测点处，提取该类测点在振动荷载作用下的振动时程数据。分析测点应包含如下类型：

1）房间中心点；

2）被次梁分割出且位于主要功能房间内的各小块楼板的中心点。

除以上两类测点外，应结合功能需求在关键位置布置振动分析测点。

（3）振动控制装置模拟

振动控制装置以支座为主，结构三维有限元振动响应分析模型中的振震双控支座应正确反映支座在实际工作荷载和高频微幅值振动下各自由度方向的刚度和阻尼等性能。

基本流程包括：在结构三维有限元振动响应分析模型中进行重力荷载作用分析，获得模型中各振震双控支座在准永久荷载工况下的支座受压荷载分配情况；根据支座受压荷载确定模型中各振震双控支座的各自由度方向的刚度和阻尼；根据调整后的支座刚度重新进行重力荷载作用分析，检查支座刚度变化后支座受压荷载分配情况，重复此步骤使支座受压荷载分配情况达到稳定水平，模型中的支座荷载分配可正确反映实际工程中的荷载分配情况。

（4）有限元模拟分析要求

有限元模拟分析的采样频率和分析工况时间长度应满足关注频率段的要求。评估振动对人体影响的分析中，主要关注频率为4～80Hz，因此，为获得频率80Hz以下的振动响应信息，有限元模拟分析采样频率不低于200Hz，宜在500Hz以上。为充分测量4Hz以上频段的振动响应，有限元模型分析工况时间不宜小于4s。

二、分析案例

以某地铁上盖幼儿园项目为例（图3-3-1），幼儿园为地下1层、地上2层的混凝土框架结构，该项目建筑东西侧均有地下隧道。在幼儿园的B1层及F1层下部分别布置隔振支座（图3-3-2），分析西侧隧道地铁运行时的振动响应。

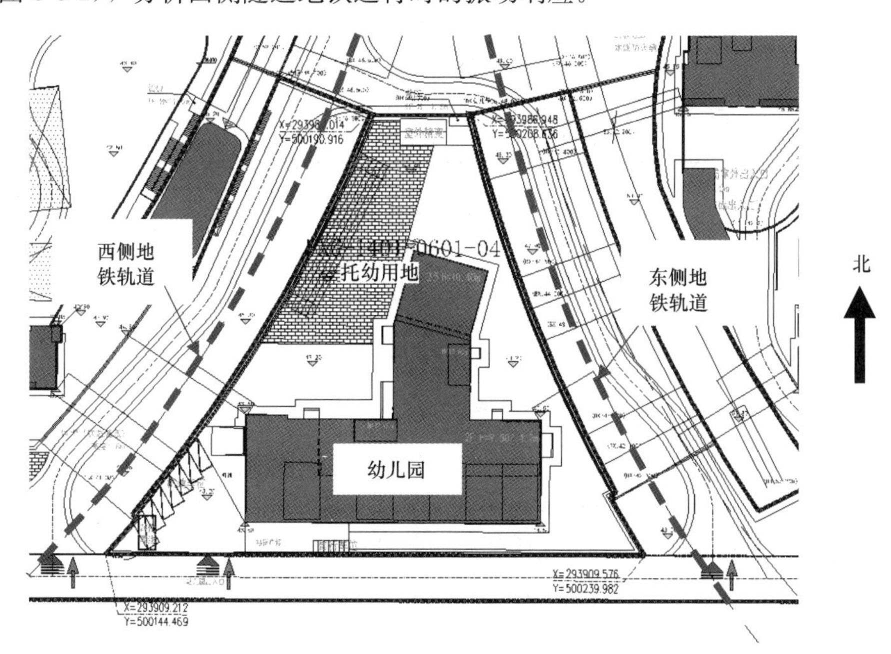

图3-3-1 项目平面图

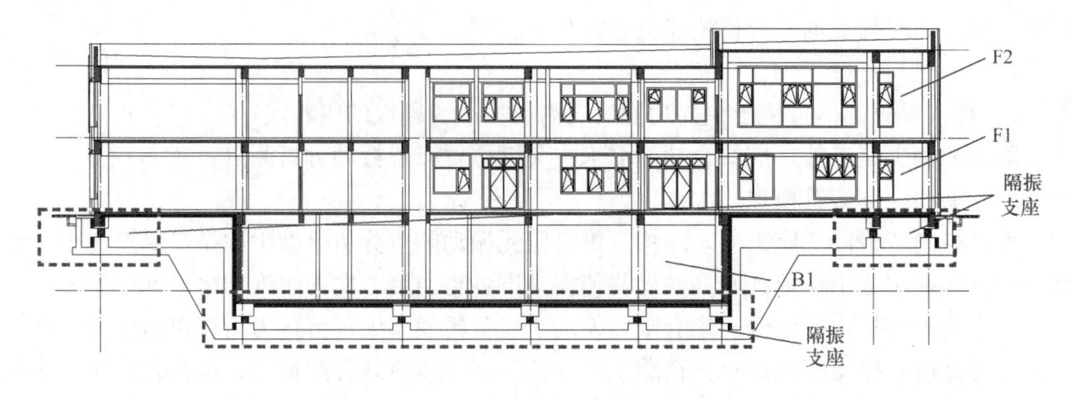

(a) B1、F1层柱底支座布置

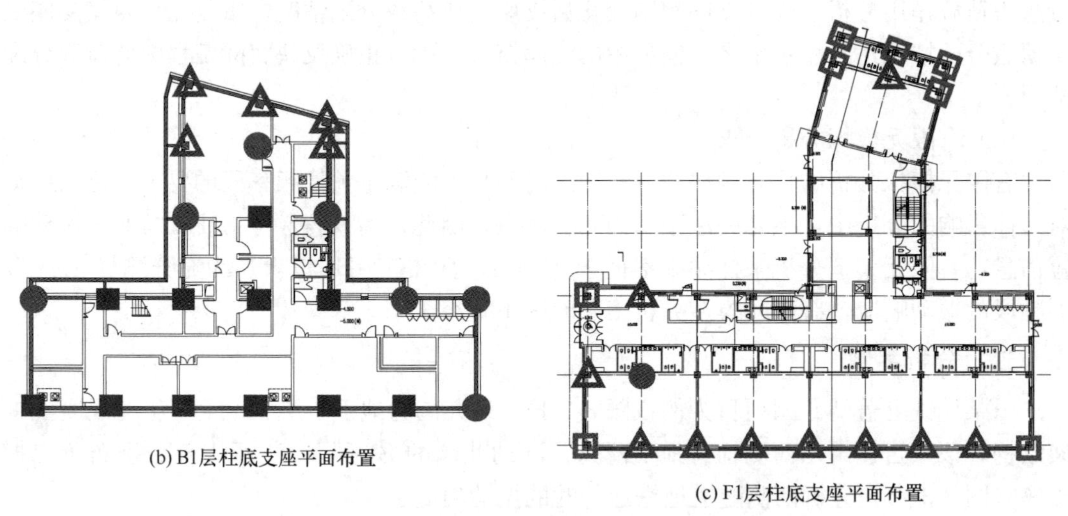

(b) B1层柱底支座平面布置

(c) F1层柱底支座平面布置

编号	标记	支座正常工作设计压力	数量
1	□	1000kN	8
2	△	1500kN	15
3	●	2500kN	8
4	■	3500kN	11

(d) 支座标记类型

图 3-3-2　结构支座布置位置信息

图 3-3-3 给出了项目的三维有限元模型，包含土体、地铁隧道和建筑结构，地铁轨道振动从地铁隧道处通过土体传递至建筑结构。幼儿园结构模型的构件、荷载和材料信息来自于建筑设计模型，土体侧面与底面设置无限元边界；建筑结构阻尼通过材料的瑞利阻尼模拟，下限频率为 4Hz，上限频率为 80Hz；隔振支座通过竖向布置的弹簧单元模拟。表 3-3-1 给出了隔振支座的参数，根据支座荷载分配情况，计算模型中支座在准永久荷载作用下的支座压力，如图 3-3-4 所示。以 F1 层下方支座为例，所有支座压力值和正常工作设计压力基本一

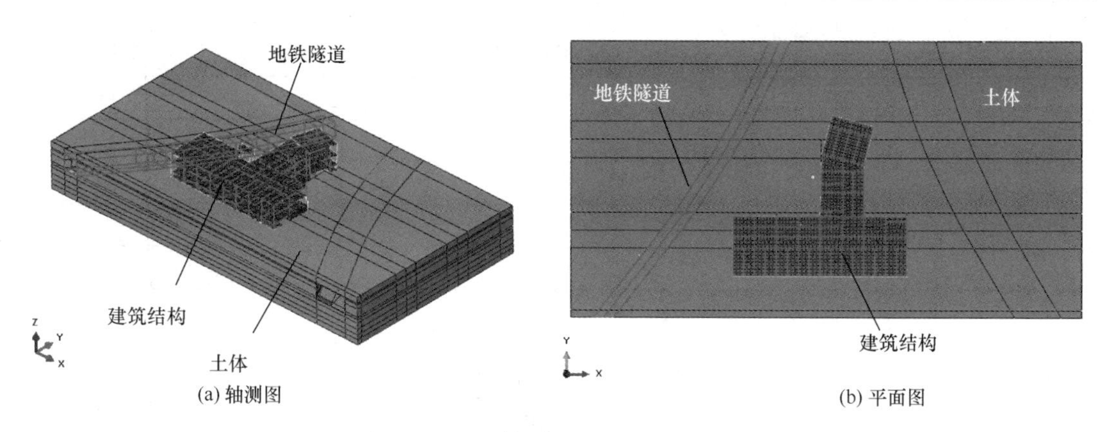

(a) 轴测图　　(b) 平面图

图 3-3-3　土体-建筑三维有限元模型

致，支座刚度和压力协调。结构各层测点布置如图 3-3-5 所示，包括房间中心点以及被次梁分割且位于主要功能房间内的各小块楼板中心点。地铁运行激励施加于西侧地铁隧道轨道位置，进行 8s 的弹性时程分析，采样频率为 1024Hz，获得各测点振动响应时程。图 3-3-6 给出了 F1 层地板角部房间中心测点的振动响应时程和 1/3 倍频程频谱曲线。

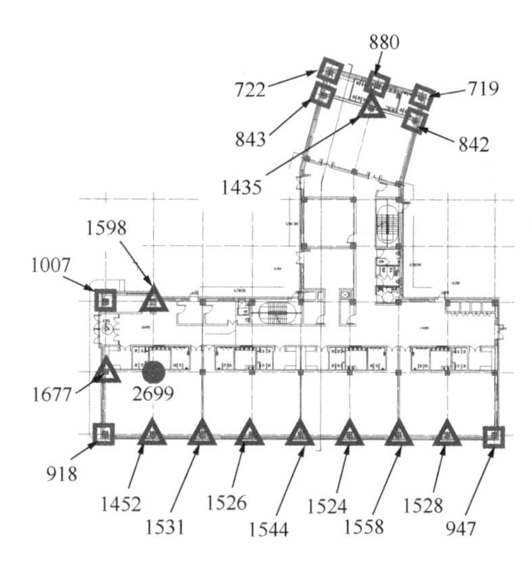

图 3-3-4　土体-建筑三维有限元模型中支座压力（单位：kN）

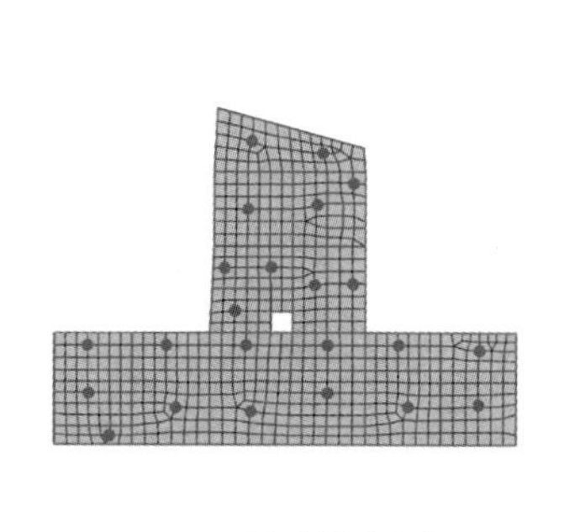

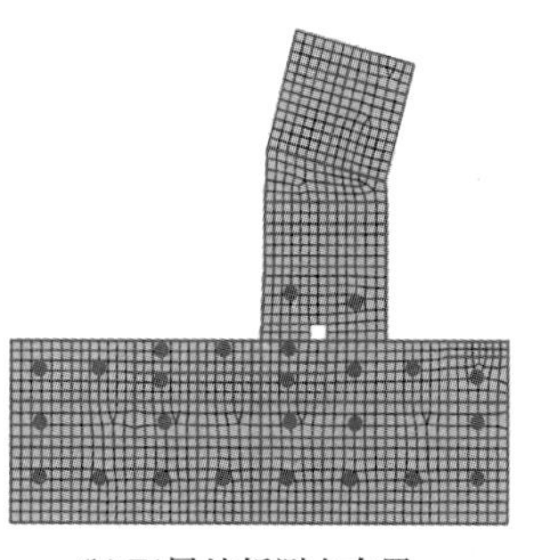

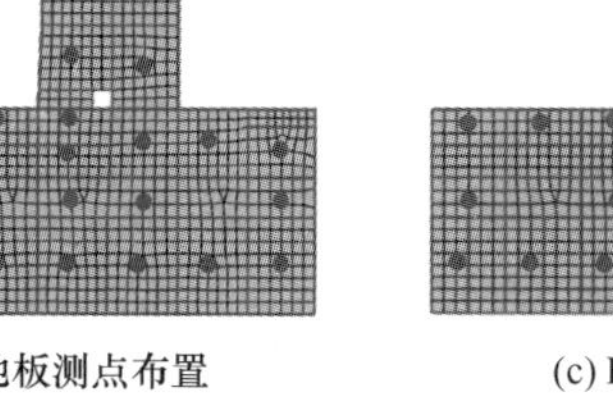

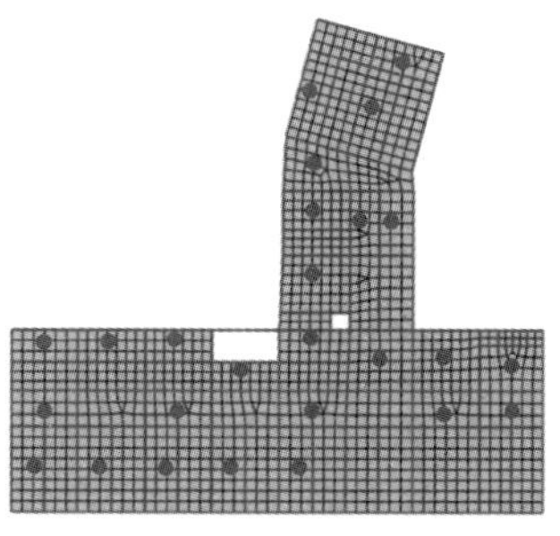

(a) B1层地板测点布置　　(b) F1层地板测点布置　　(c) F2层地板测点布置

图 3-3-5　幼儿园楼板测点布置

有限元模型中支座轴向参数 表 3-3-1

编号	支座正常工作设计压力（kN）	刚度（kN/mm）	阻尼系数（kN·s/mm）
1	1000	142	0.452
2	1500	213	0.678
3	2500	355	1.13
4	3500	497	1.58

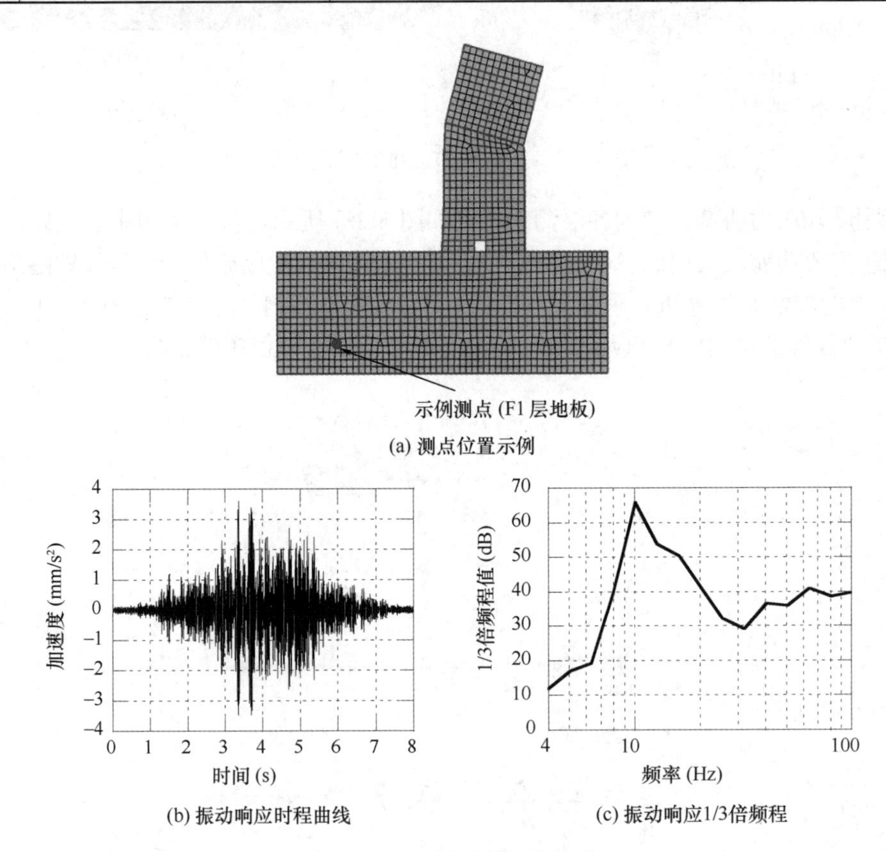

图 3-3-6 示例测点振动响应

第四章　地震设防为优先目标的振震双控

第一节　叠层橡胶隔震附加减振功能

地震设防为优先目标的振震双控技术，是在传统隔震技术基础上，增加竖向隔振功能。因此，工程人员宜熟悉国家标准《建筑隔震设计标准》GB/T 51408—2021、《橡胶支座　第1部分：隔震橡胶支座试验方法》GB/T 20688.1—2007和《橡胶支座　第3部分：建筑隔震橡胶支座》GB 20688.3—2006等隔震技术及橡胶支座的规定。在此基础上，增设了竖向隔振功能以后带来的技术要点是本章侧重的内容。总体上，与传统隔震技术相比，地震设防为优先目标的振震双控技术，需要注意隔振（震）装置、隔振（震）层和上部结构性能三方面的技术要点。

一、隔振（震）装置

对于以地震设防为优先目标的振震双控技术，最具代表性的隔振（震）装置是采用水平隔震橡胶支座与竖向隔振支座串联而成的组合式支座（图4-1-1）。水平隔震支座通常采用传统成熟的天然橡胶支座（LNR）、铅芯橡胶支座（LRB）或高阻尼橡胶支座（HDR）等，使该组合式支座的水平隔震变形能力与传统橡胶隔震支座相当，竖向隔振功能则由竖向隔振支座实现，早在2000年北京地铁四惠车辆段上盖后开发住宅项目中，该类技术就开始应用。

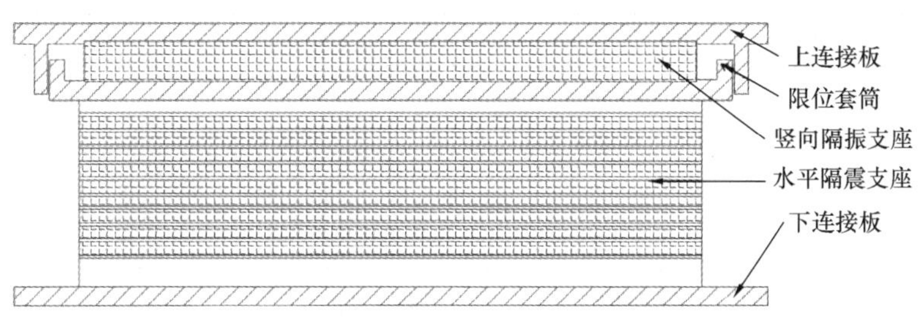

(a) 支座设计剖面

(b) 支座照片（不带上侧限位套筒）

(c) 支座照片（组装完成）

图4-1-1　附加了隔振功能的隔震支座典型形式

如图 4-1-1 所示，增设的竖向隔振支座通常串联固定于所述水平隔震支座的上方或下方，通常采用相对成熟的厚叠层橡胶制成，也可采用聚氨酯等其他弹性材料制成。以厚叠层橡胶制成竖向隔振支座的目的是在保持一定橡胶总厚的同时，通过降低橡胶层的第一形状系数来降低支座的竖向刚度。该做法通常可以使橡胶垫的竖向隔振频率降至 10Hz 以下，可以有效隔离大多数情况下轨道交通的卓越频段。

橡胶或弹性材料层厚的增加带来两方面问题：首先是支座承压状态下稳定性降低的问题，力学分析和试验验证均证明，随着第一形状系数的降低，支座承压状态下稳定性和压剪变形能力也将显著降低，这也是传统隔震橡胶支座的第一形状系数不宜低于 15 的原因。大多数情况下，满足竖向隔振刚度设计的厚叠层橡胶的第一形状系数又不得不低于 15 的限值。基于上述考虑，串联式组合支座，竖向隔振支座部分通常增设限位套筒等水平限位构造措施，约束竖向隔振支座的水平变形，避免支座失稳破坏，在很大程度上实现支座竖向性能与水平性能的解耦，这也是《建筑工程振震双控技术标准》T/CECS 1234—2023 第 5.2.4 条第 1 款做出规定的原因，必须在产品开发或结构设计时予以重视。

橡胶或弹性材料层厚度增加，其竖向承载的破坏面压也将随之降低。一般而言，传统隔震橡胶支座竖向纯压状态下可以达到超过 90MPa 的极限破坏面压，而当第一形状系数降低一半以后，极限面压也随之降低一半左右。此外，橡胶层竖向压缩过程呈硬弹簧特性，合理的面压控制能够得到优良的隔振效果。因此，如表 4-1-1 所示，协会标准《建筑工程振震双控技术标准》T/CECS 1234—2023 第 5.2.5 条对叠层厚橡胶隔振支座面压给出了比传统橡胶支座更为严格的限值，分别在重力荷载代表值作用和罕遇地震作用下对支座面压进行控制。

摩擦摆隔震支座摩擦材料的压应力限值（单位：MPa）　　**表 4-1-1**

支座类别	特殊设防类建筑	重点设防类建筑	标准设防类建筑
叠层厚橡胶隔振支座	6（16）	8（20）	8（20）
橡胶隔震支座	10（20）	12（25）	15（30）
弹性滑板隔震支座	12（25）	15（30）	20（40）
摩擦摆隔震支座	20（40）	25（50）	30（60）

注：1. 表中括号外数值为隔振支座与减隔振装置在重力荷载代表值作用下的压应力设计值限值，括号内数值为隔震支座与减隔振装置在罕遇地震作用下的最大竖向压应力限值；
2. 标准设防类建筑隔震支座或减隔振装置外径或外轮廓尺寸不得小于 400mm。

为进一步对竖向隔振橡胶支座的稳定性进行严格控制，还规定隔振支座的第二形状系数与支座面压的相关性控制指标：橡胶隔震支座的第二形状系数不宜小于 5.0；当第二形状系数小于 5.0 且不小于 4.0 时，平均压应力限值应降低 20%；第二形状系数小于 4.0 且不小于 3.0 时，平均压应力限值应降低 40%，并对支座稳定性进行专门研究。

在受拉性能方面，协会标准《建筑工程振震双控技术标准》T/CECS 1234—2023 对于水平隔震支座部分的规定与已有隔震技术相关标准是一致的。而对于竖向隔振支座部分，开发和设计人员需要更加重视，相关规定见协会标准《建筑工程振震双控技术标准》T/CECS 1234—2023 第 5.2.6 条。罕遇地震作用下，支座将会在重力荷载代表值产生的竖向压应力基础上叠加较大的竖向拉、压应力，而且竖向隔振措施的增设可能会进一步增加这种倾覆效应，进而增加其竖向压应力。因此，需要分别设定竖向压应力限值及竖向拉应力限值。可以认为，竖向隔振支座基本没有竖向受拉能力，在设计上也要控制出现拉应力，通过限位套筒或限位装置的构造设计很容易实现。对于叠层厚橡胶，其抗拉性能较弱，特殊设防类建筑的支座不应出现拉应力，重点设防和标准设防类建筑的支座拉应力也不应大于 0.5MPa。当时程分析手段或软件不能一次性输出三向地震波作用下考虑结构重力荷载代表值和倾覆效应耦合作用的最大、最小轴力结果时，可以按以下方法计算支座最大压应力和最小压应力：

最大压应力＝1.0×恒荷载＋0.5×活荷载＋1.0×罕遇水平地震作用产生的最大轴力＋0.4×竖向地震作用产生的轴力；

最小压应力＝1.0×恒荷载－1.0×罕遇水平地震作用产生的最大轴力－0.5×竖向地震作用产生的轴力。

多层尤其是高层建筑进行振震双控设计，应重点关注增加了竖向隔振功能的支座受拉问题。罕遇地震作用下，支座的最大拉应力应满足协会标准《建筑工程振震双控技术标准》T/CECS 1234—2023 的规定，且出现拉应力的支座数量不宜过多，不应超过支座总数的 30%。对于特殊设防类建筑，应满足极罕遇地震作用下抗拉装置及其连接件均处于弹性状态的要求。

二、隔振（震）层（控制层）

隔振（震）层是指隔震建筑设置在基础、底部或下部结构与上部结构之间的全部部件的总称，包括隔振（震）支座、阻尼装置、抗风装置、限位装置、抗拉装置、附属装置及相关的支承或连接构件等。以地震设防为优先目标的振震双控技术，其隔振（震）层的水平刚度、水平向承载力及阻尼，应首先符合国家标准《建筑隔震设计标准》GB/T 51408—2021 的规定。在此基础上，协会标准《建筑工程振震双控技术标准》T/CECS 1234—2023 第 5.2.3 条对隔振（震）层布置给出了原则性规定，隔振（震）层宜优先考虑布置在建筑物的底部，也可布置在层间，支座应与结构竖向构件的位置相对应，当不能对应时应采取可靠的结构转换措施；控制层中隔震支座的规格、数量和分布应根据竖向承载力、竖向刚度、水平刚度和阻尼要求经计算确定；当支座的底面标高不同时，应采取有效措施保证隔震装置共同工作。在此基础上，对于以地震设防为优先目标的振震双控技术，在具备隔震和隔振功能前提下，隔振（震）层还必须注意如下三方面问题，即隔振（震）层整体变形和受力的协调性、隔振（震）层变形控制、隔振（层）抗倾覆控制。

首先是隔振（震）层整体变形和受力的协调性，同一隔振（震）层中所有隔振（震）装置的竖向变形应保持一致，这具有重要意义。隔震装置安装时，应严格控制竖向变形的一致性和协调性，对于因施工或安装偏差导致的变形不一致，应及时采用垫片等方式进行调整，避免因变形不一致导致的竖向受力发生变化、隔震支座性能无法正常发挥，实际工程中应予以足够重视。此外，隔振（震）层中各支座，由于具有竖向弹性变形功能，因此还应控制竖向偏心率，避免竖向偏心运动对振震双控支座和上部结构的不利作用。由于其竖向变形随上部结构施工过程逐步累积，该变形必须在结构施工与运营阶段予以考虑，避免对施工质量、结构变形和构造造成不利影响。同一隔振（震）层中不应将橡胶支座与摩擦摆式支座混用。

对于隔振（震）层变形控制，协会标准《建筑工程振震双控技术标准》T/CECS

1234—2023 第 5.2.4 条对此也做了相应规定。如前所述，隔振（震）层中的串联组合式支座，应严格限制竖向隔振支座在地震作用下的水平变形，考虑设置限位、抗拉装置；振震双控装置中的隔震支座和隔振支座可与阻尼装置、抗拉装置或限位装置组合设置，从而实现整体隔振（震）层在罕遇地震作用下水平向和竖向的极限变形。此外，为了确保隔振（震）层在震后具有一定的自复位能力，还规定罕遇地震作用下控制层最大水平位移对应的恢复力，不宜小于控制层屈服力与摩阻力之和的 1.2 倍。

对于隔振（震）层的抗倾覆功能设计，主要通过增设抗拉措施实现，由于增设了竖向隔振支座，隔振（震）层的倾覆效应可能比传统隔震建筑更加严重。协会标准《建筑工程振震双控技术标准》T/CECS 1234—2023 第 5.2.7 条要求，计算分析模型应能合理反映增设竖向隔振措施和抗拉装置的影响，当增设抗拉装置时，罕遇地震作用下抗拉装置及其连接件应处于弹性状态；对于特殊设防类建筑，极罕遇地震作用下抗拉装置及其连接件应处于弹性状态。

三、上部结构

对于以地震设防为优先目标的振震双控结构设计，其上部结构必须控制好抗震性能、振动控制性能，以满足性能目标，同时控制好整体抗倾覆性能。

以地震设防为优先目标的设计，上部结构性能目标和验算指标，在国家标准《建筑隔震设计标准》GB/T 51408—2021 中已有详细规定。总体上，应进行设防、罕遇、极罕遇地震作用（特殊设防类建筑）下结构及控制层验算，协会标准《建筑工程振震双控技术标准》T/CECS 1234—2023 第 5.2.1 条的规定与其一致。设防地震作用下，应进行结构及控制层的承载力与变形验算；罕遇地震作用下，应进行结构及控制层的变形验算，并应对控制层的承载力进行验算；极罕遇地震作用下，特殊设防类建筑应进行结构及控制层的变形验算。根据国家标准《建筑隔震设计标准》GB/T 51408—2021 的规定，应对建筑物水平抗震性能进行“中震设计”，满足“中震不坏、大震可修、巨震不倒”。在设防地震用下进行截面设计和配筋验算，结构采用线弹性模型；罕遇地震作用下，允许结构进入损伤程度轻微到中度的弹塑性状态，采用弹塑性模型进行分析，验算结构和支座的变形，应同时进行支座的承载力验算。对于大多数隔震建筑，一般情况下只需增加特殊设防类建筑在极罕遇地震作用下的支座变形验算。对于特殊设防类和房屋高度超过 24m 的重点设防类建筑或有较高要求的建筑，应对结构进行极罕遇地震作用下的变形验算。在结构满足上述抗震性能水准的前提下，应对其正常使用极限状态下受环境振动作用的响应进行验算，结构采用可合理考虑竖向振型的线弹性模型。

在满足上部结构抗震设防目标以后，应进行正常使用极限状态下的振动控制效果验算。协会标准《建筑工程振震双控技术标准》T/CECS 1234—2023 第 5.2.2 条规定，上部结构振动响应的限值，可根据建筑物内附属设备、精密仪器和振动敏感设备的类型，由制造部门提供或由试验确定容许振动值，当无法提供或不具备试验条件时，应按国家标准《建筑工程容许振动标准》GB 50868—2013 的规定采用；对具有人体舒适性需求的建筑，可由实际需求或试验确定，当无法提供或不具备试验条件时，按《机械振动与冲击：人体暴露于全身振动的评价》GB/T 13441 系列标准和国家标准《住宅建筑室内振动限值及其测量方法标准》GB/T 50355—2018 采用。近年来，随着地铁上盖建筑日益增多，地铁上盖建筑的容许振动限值，除应满足上述标准外，尚应符合行业标准《城市轨道交通引起建筑物振动与二次辐射噪声限值及其测量方法标准》JGJ/T 170—2009 等标准关于噪声的规定。

由于设置竖向隔振装置，振震双控控制层的竖向刚度比传统控制层要低得多，使建筑结构的整体倾覆运动更不利，主要通过支座的抗拉验算以及上部结构整体抗倾覆力矩的验算来加以控制。因此，协会标准《建筑工程振震双控技术标准》T/CECS 1234—2023 第5.2.7 条对上部结构抗倾覆力矩专门进行规定，规定将抗倾覆力矩与倾覆力矩之比提升至1.4，以确保结构的抗倾覆能力。在计算抗倾覆力矩时，可计入抗拉装置等抗倾覆措施的抗力作用。

第二节　工　程　实　例

1. 项目概况

某公共建筑地上 5 层，局部设地下 2 层，建筑高度为 23.8m，项目总用地面积 3223m²，总建筑面积 12772m²，其中地上建筑面积 10277m²，地下建筑面积 2495m²（图 4-2-1）。地上建筑长 64m，宽 39.1m，结构体系为钢框架中心支撑结构，基础采用灌注桩。工程抗震设防烈度为 7 度，设计基本地震加速度值 0.10g，设计地震分组为第一组，场地土类别为Ⅱ类，场地特征周期为 0.35s。

图 4-2-1　某公共建筑效果图

由于该建筑功能的需求存在结构超限问题，上部结构多层存在严重的结构偏心，局部采用大跨度楼板，且建筑横跨地铁隧道正上方已有的地铁隧道从该项目正下方穿过（图 4-2-2），地铁振动的影响不可忽视。因此，设防目标是通过隔震设计使超限结构抗震性能大幅度提升，达到大震弹性水平以满足结构超限审查的性能目标，另一方面，还需满足地铁运行状态下上部各层楼板计权 Z 振级小于 67dB，以同时满足协会标准《建筑工程振震双控技术标准》T/CECS 1234—2023 的要求，并满足国家标准《建筑隔震设计标准》GB/T 51408—2021、《城市区域环境振动标准》GB 10070—1988 和《城市区域环境振动测量方法》GB 10071—1988 的相关规定。

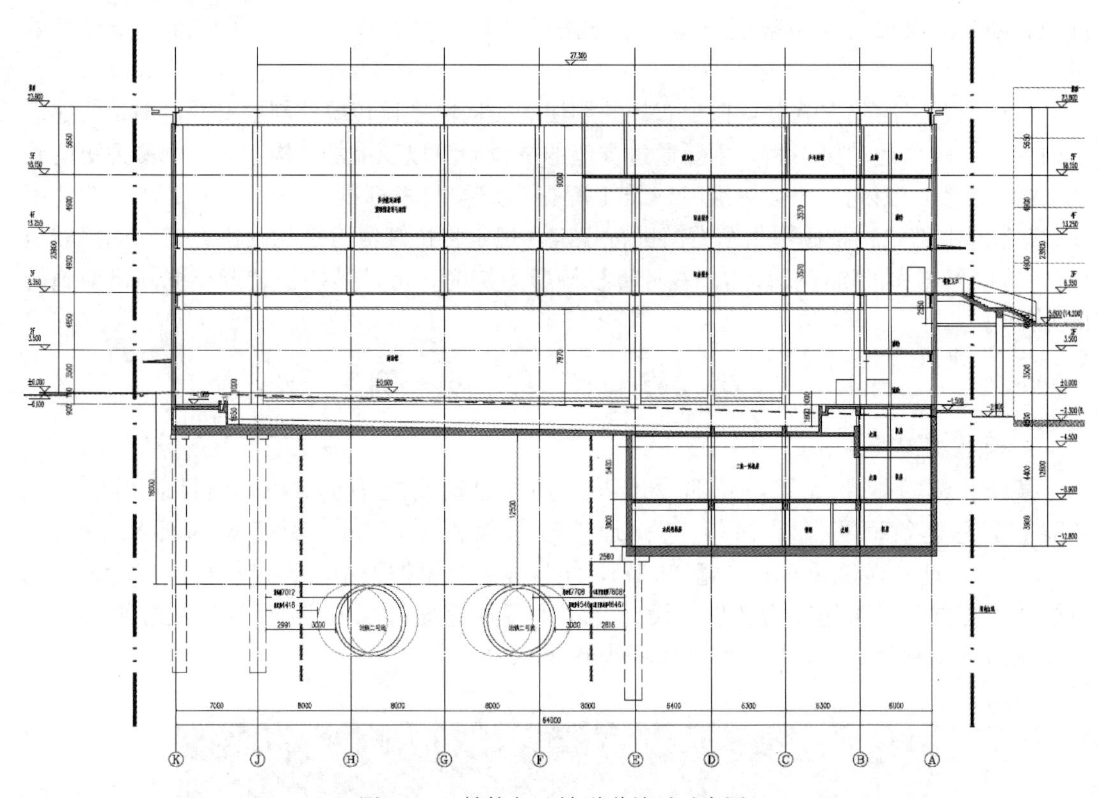

图 4-2-2　结构与地铁隧道关系示意图

2. 隔振（震）设计

采用附加竖向隔振功能的橡胶隔震支座进行设计，在结构地下一层设置隔振（震）层，支座的平面布置见图 4-2-3。共选用 32 个附加了竖向隔振功能的橡胶隔震支座，支座型号、数量及性能参数见表 4-2-1，其中，采用 14 个带铅芯支座和 18 个天然橡胶支座。隔震结构的偏心率计算结果如表 4-2-2 所示，小于限值 3%。经计算分析，铅芯总屈服力达 4224kN，结构屈重比为 2.37%，总屈服力大于 1.4 倍风荷载标准值，符合《建筑工程振震双控技术标准》T/CECS 1234—2023 的规定。

支座选型表　　**表 4-2-1**

型号	个数	设计面压（MPa）	屈服前刚度（kN/mm）	等效刚度（kN/mm）	竖向刚度（kN/mm）	屈服力（kN）
TLRB800-1	1	6	18.4	8.62	2475	176
TLRB500-1	2	6	13.92	4.14	495	176
TLRB500-2	1	6	14.48	4.70	742.5	176
TLRB500-3	1	6	27	7.44	618.75	352
TLRB500-4	2	6	27.28	7.72	742.5	352
TLRB500-5	2	6	27.56	8.00	866.25	352
TLRB500-6	3	6	27.84	8.28	990	352
TLRB600	1	6	58.84	8.84	1237.5	352

续表

型号	个数	设计面压（MPa）	屈服前刚度（kN/mm）	等效刚度（kN/mm）	竖向刚度（kN/mm）	屈服力（kN）
TLRB800-2	1	6	31.2	11.64	2475	352
TLNR500-1	5	6	—	1.12	495	—
TLNR500-2	5	6	—	1.40	618.75	—
TLNR600-1	1	6	—	2.80	1237.5	—
TLNR600-2	1	6	—	3.36	1485	—
TLNR600-3	1	6	—	3.92	1732.5	—
TLNR700	1	6	—	4.48	1980	—
TLNR900	1	6	—	7.56	3341.25	—
TLNR1000-1	1	6	—	9.24	4083.75	—
TLNR1000-2	1	6	—	11.76	5197.5	—
TLNR1200	1	6	—	13.44	5940	—

隔震层偏心率　　表 4-2-2

	质心坐标（mm）	刚心坐标（mm）	偏心距（mm）	抗扭刚度（kN/mm）	回转半径（mm）	偏心率（%）
X 方向	3430.80	3403.32	−27.47124	139093642444.053	28197.63116	0.10
Y 方向	−4011.13	−3890.95	120.17627	139093642444.053	28197.63116	0.43

3. 隔震效果分析

采用 PKPM-GZ 分析软件建立模型，分析模型如图 4-2-4 所示，进行设防地震下的复振型分解反应谱法迭代计算，得到的结构周期如表 4-2-3 所示；设防地震下，水平 *X*、*Y* 向层间剪力、层倾覆力矩、层间位移角结果如表 4-2-4～表 4-2-9 所示。

通过上述分析，设防地震作用下，隔振（震）结构层剪力与非隔振（震）结构层剪力比最大值为 0.65；隔振（震）结构上部层间位移角最大值为 1/649，小于设防地震作用下弹性层间位移角限值。

隔振（震）结构周期　　表 4-2-3

振型	1	2	3	4	5	6	7	8	9	10
周期（s）	2.055	1.885	1.518	0.613	0.360	0.359	0.311	0.301	0.234	0.206

设防地震下上部结构 *X* 向层间剪力对比　　表 4-2-4

层号	非隔振（震）结构层间剪力（kN）	隔振（震）结构层间剪力（kN）	剪力比（隔/非隔）
5	416.60	171.50	0.41
4	4537.30	2240.00	0.49
3	7805.70	4302.10	0.55
2	9475.70	5482.50	0.58
1（隔震层）	10598.60	6935.80	0.65

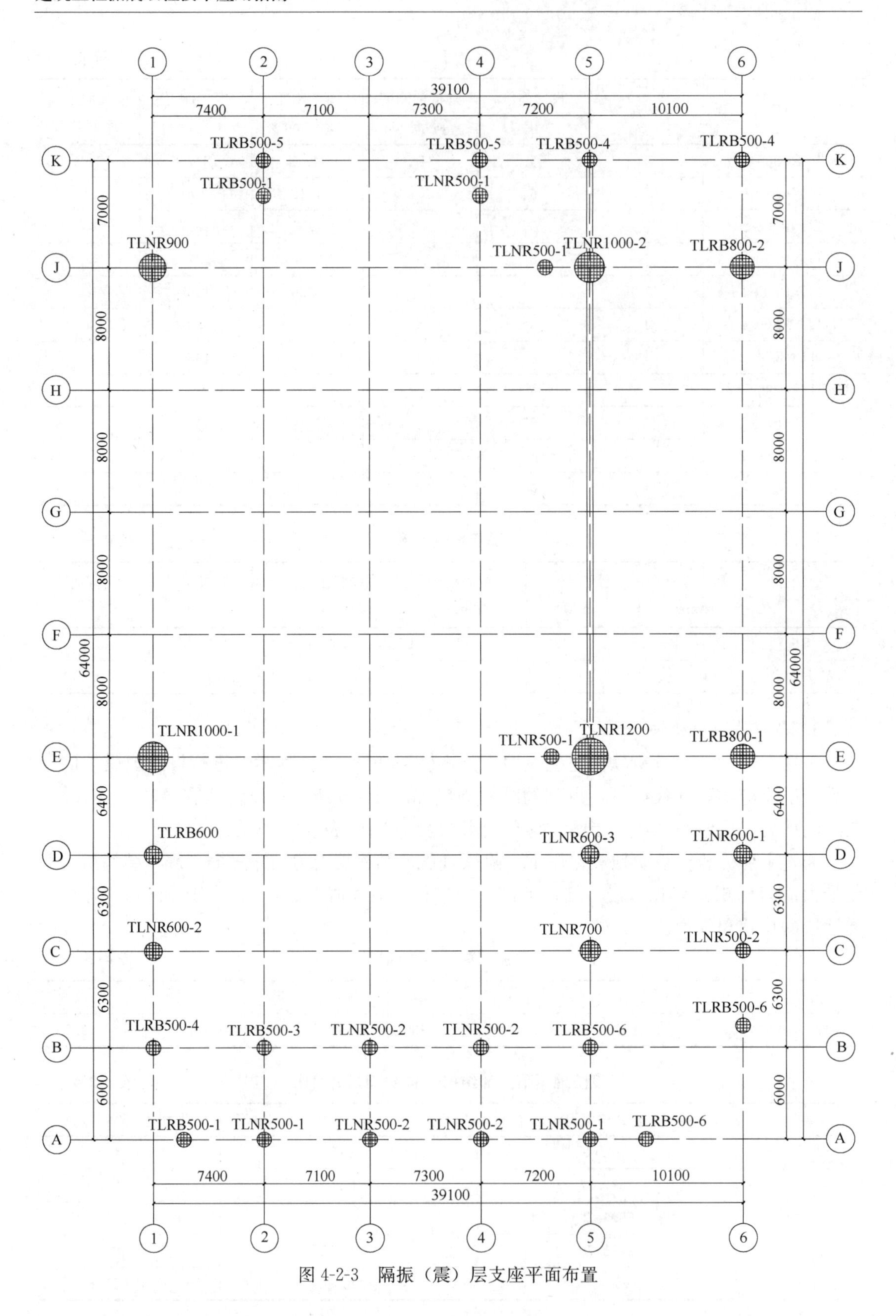

图 4-2-3　隔振（震）层支座平面布置

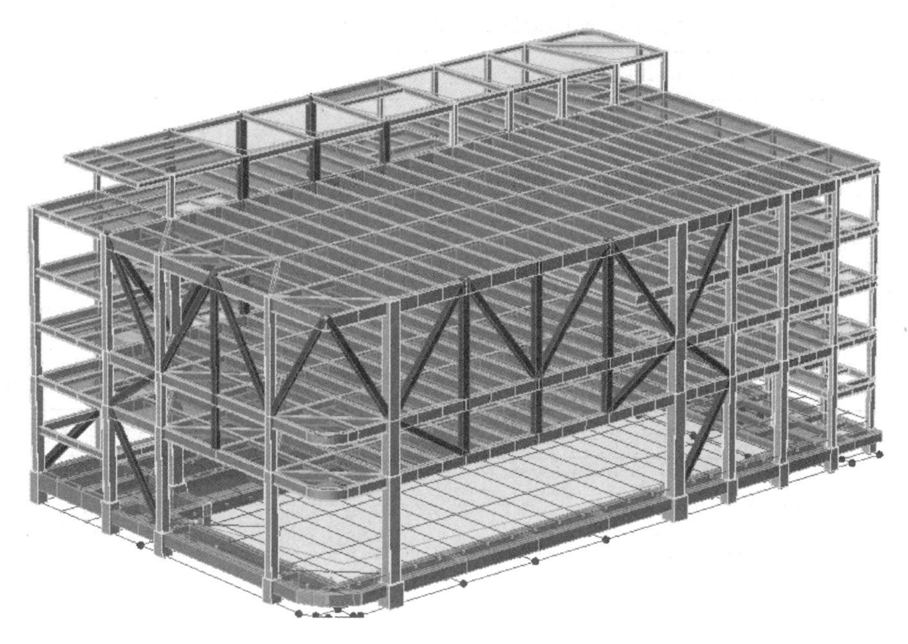

图 4-2-4　结构分析模型

设防地震下上部结构 *Y* 向层间剪力对比　　**表 4-2-5**

层号	非隔振（震）结构层间剪力（kN）	隔振（震）结构层间剪力（kN）	剪力比（隔/非隔）
5	561.40	206.40	0.37
4	5844.50	2007.20	0.34
3	11487.50	4202.60	0.37
2	14212.10	5414.60	0.38
1（隔震层）	15301.20	7029.80	0.46

设防地震下上部结构 *X* 向层倾覆力矩对比　　**表 4-2-6**

层号	非隔振（震）结构层倾覆力矩（kN·m）	隔振（震）结构层倾覆力矩（kN·m）	倾覆力矩比（隔/非隔）
5	1583.10	651.70	0.41
4	52263.90	23778.80	0.45
3	93793.40	48422.40	0.52
2	168337.80	94431.60	0.56
1（隔震层）	187898.70	107660.10	0.57

设防地震下上部结构 *Y* 向层倾覆力矩对比　　**表 4-2-7**

层号	非隔振（震）结构层倾覆力矩（kN·m）	隔振（震）结构层倾覆力矩（kN·m）	倾覆力矩比（隔/非隔）
5	2133.50	784.20	0.28
4	62266.30	21378.60	0.37
3	130106.70	46198.80	0.39
2	248568.80	92701.40	0.42
1（隔震层）	278799.10	106889.90	0.43

设防地震下上部结构 *X* 向层间位移角对比分析 表 4.2-8

层号	非隔振（震）结构层间位移角	隔振（震）结构层间位移角	层间位移角对比（隔/非隔）
5	1/1247	1/2602	0.479
4	1/649	1/1268	0.512
3	1/386	1/713	0.541
2	1/417	1/649	0.643
1（隔震层）	1/1318	1/810	1.627

设防地震下上部结构 *Y* 向层间位移角对比分析 表 4.2-9

层号	非隔振（震）结构层间位移角	隔振（震）结构层间位移角	层间位移角对比（隔/非隔）
5	1/3676	1/9999	0.368
4	1/2983	1/9999	0.298
3	1/924	1/2812	0.329
2	1/642	1/1505	0.427
1（隔震层）	1/2337	1/1017	2.298

表 4-2-10 给出了罕遇地震作用下上部结构 *X* 向、*Y* 向层间位移角，结构总体抗震性能达到大震弹性水平。

由罕遇地震作用下隔振（震）支座受力和最大位移变形可知，隔震支座无受拉情况出现，大震支座变形结果如表 4-2-11 所示，小于 300%橡胶总厚和 0.55 倍支座有效直径的较小值，满足大震验算限值要求。

罕遇地震下上部结构层间位移角 表 4-2-10

层号	*X* 向	*Y* 向
5	1/1377	1/7100
4	1/638	1/5447
3	1/349	1/1495
2	1/317	1/827

大震支座变形结果 表 4-2-11

方向	最大水平位移（mm）	隔震层支座 300%橡胶总厚最小值（mm）	隔震层支座 0.55 倍直径最小值（mm）
X 向	106.46	180	265
Y 向	108.88	180	265

4. 隔振效果分析

隔震验算后，采用三条工程自由场地现场地铁振动实测三向加速度时程输入，对结构进行时程响应分析，分别得到三种工况下各楼层板中控制点的加速度计权 Z 振级结果，如表 4-2-12 所示。

上部结构楼板加速度计权 Z 振级（单位：dB）　　表 4-2-12

楼层	控制点	工况 1			工况 2			工况 3		
		非隔振	隔振	差值	非隔振	隔振	差值	非隔振	隔振	差值
2 层	小跨度板	72.77	63.07	9.7	74.19	62.14	12.05	69.28	60.99	8.29
	中跨度板	72.11	62.87	9.24	74.2	63.63	10.57	70.83	60.74	10.09
3 层	小跨度板	73.18	60.92	12.26	76.84	65	11.8	70.76	63.53	7.23
	中跨度板	72.39	62.06	10.33	73.22	63.16	10.06	69	61.13	7.87
	大跨度板	70.34	60.97	9.37	71.13	61.89	9.24	71.5	65	6.05
4 层	小跨度板	70.93	60.73	10.2	71.03	63.68	7.35	72.45	63.9	8.55
	中跨度板	70.76	60.72	10.04	71.57	61.37	10.2	73.23	63.49	9.74
	大跨度板	70.07	59.89	10.18	71.16	61.6	9.56	72.99	64.33	8.66
5 层	小跨度板	70.88	61.68	9.2	73.69	62.72	10.97	70.34	64.72	5.62
	中跨度板	71.8	59.95	11.85	69.77	61.2	8.57	72.41	64.85	7.56

5. 总结

针对该多层超限钢结构，参考协会标准《建筑工程振震双控技术标准》T/CECS 1234—2023，采用附带有竖向隔振功能的橡胶隔震支座进行基础隔振（震）设计，应用 PKPM-GZ 软件分别进行中震下的复振型分解反应谱分析和中、大震下的时程分析。结果表明，隔振（震）设计使上部结构底部剪力比达到 0.65；罕遇地震作用下，隔振（震）上部结构的层间位移角不大于 1/250，达到大震弹性性能水平，隔振（震）层最大位移满足支座最大容许位移限值要求，支座最大应力小于限值，均不出现拉应力，成果支撑了结构抗震设计通过超限审查。在隔震设计基础上，进一步验算地铁振动下的隔振效果，各楼层楼板控制点的计权 Z 振级，在隔振后降幅达 5.62dB 以上，均小于限值 67dB，符合国家标准《建筑隔震设计标准》GB/T 51408—2021、《城市区域环境振动标准》GB 10070—1988 和《城市区域环境振动测量方法》GB 10071—1988 的相关规定。

第五章　振动控制为优先目标的振震双控

第一节　钢弹簧隔振附加减震功能

以振动控制为优先目标的振震双控技术，在传统竖向振动控制技术基础上兼顾了抗震需求。进行以振动控制为优先目标的振震双控设计时，应首先按照隔振要求进行隔振专项设计，然后进行地震响应计算，验算隔振（震）支座（简称支座）在地震响应下的承载能力（包括位移、强度等）是否满足要求，如果不满足要求，再对体系进行优化设计或采取辅助措施。具体设计流程如下：

（1）进行隔振方案设计（详见本节“一、以振动控制为优先目标的钢弹簧隔振（震）方案设计”）。

（2）进行环境振动响应分析（详见本节“二、振动响应分析及评价”），如果上部结构振动响应不满足要求，应降低隔振系统的竖向固有频率及各支承点的竖向刚度，迭代计算，直至上部结构振动响应满足要求。

（3）进行上部结构地震响应分析及抗震验算（详见本节“三、地震响应分析及隔震验算”），如果上下结构相对水平向位移超过支座位移允许值，则应改变控制装置型号，继续迭代计算，使水平向相对位移小于支座横向变形允许值；如果水平向相对位移无法小于支座水平向变形允许值，则应在支座或柱墩上设置水平向限位结构。

（4）进行隔振层细化设计（详见本节“四、以振动控制为优先目标的隔振（震）层设计”）。

（5）选取隔振支座型号或设计新型隔振支座（详见本节“五、以振动控制为优先目标的钢弹簧隔振（震）装置”）。

在传统振动控制技术中，钢弹簧隔振技术因具有隔振效率高、性能稳定、使用寿命长等优点被广泛应用，已经形成了系列设计标准，如国家标准《工程隔振设计标准》GB 50463—2019、《建筑工程容许振动标准》GB 50868—2013，协会标准《建筑工程振震双控技术标准》T/CECS 1234—2023 等。本书主要针对设计流程（包括钢弹簧隔振的地震响应计算、验算及辅助抗震措施）进行阐述，涉及隔振（震）方案设计和隔振（震）装置两个层面的内容。有关建筑工程的振动控制和抗震领域产品及结构设计，应符合国家标准《工程隔振设计标准》GB 50463—2019、《建筑工程容许振动标准》GB 50868—2013 和《建筑隔震设计标准》GB/T 51408—2021 等的相关规定。

一、以振动控制为优先目标的钢弹簧隔振（震）方案设计

隔振系统方案选型设计是一个迭代过程，要综合考虑振动控制的目标、环境振动特性、建筑结构特点、经济性要求等多项因素，且各因素之间还相互制约、互相影响。具体设计流程如下：

（1）根据建筑结构特点、经济性要求、环境振动特性，确定需要隔振的建筑区域和隔振层的位置。

（2）根据工程经验，初步确定隔振系统的竖向固有频率和阻尼比。对于相同的环境振动激励，隔振系统的竖向固有频率是隔振效率的决定因素，竖向固有频率越低，隔振效率越高。地铁运行时振动的主频率一般在 50～100Hz，建筑楼板墙体的主要固有频率在 10～30Hz，隔振系统竖向固有频率可选 3.0～5.0Hz，阻尼比可以取 2%～5%。

（3）根据建筑结构的质量荷载分布，初步确定隔振支承点位置，包括柱墩和墙体；隔振支承点一般选取建筑的结构柱和墙，是将原结构柱和墙切断，设置隔振层。隔振层上下结构改为柱帽结构，便于扩大受力支承面积，使其具有足够的隔振支座安装空间，将基础结构传过来的振动荷载与建筑物切断，也便于设置限位柱和黏滞阻尼器。

（4）根据每个支承点位的荷载（恒荷载与活荷载的当量组合），确定支承点位的承载力、竖向刚度、横向刚度，选取隔振支座型号。

通过建筑模型，导出每个支承点上的竖向载荷，竖向载荷原则上应当就近向下传递，竖向荷载包括恒荷载和活荷载，按下列方法计算：

竖向荷载＝恒荷载＋活荷载×活荷载当量系数，活荷载当量系数一般取 0.2～0.5。

隔振系统的竖向固有频率和每个支承点的竖向荷载确定后，可以确定各支承点的竖向刚度，进而可选取相应隔振支座的参数和型号。

（5）确定消能阻尼的位置。

二、振动响应分析及评价

1. 振动响应分析

振动响应分析主要步骤如下：

（1）有限元建模

采用有限元软件建模，模型可以由设计院提供的模型导入，隔振层分别采用弹簧单元、阻尼单元模拟每个支承点的钢弹簧隔振支座刚度和阻尼。

（2）振动荷载输入

建筑隔振最常见的振动激励是轨道交通或机械设备引发的环境振动，最准确的时程输入是现场原位振动实测。当现场不具备原位测试条件时，可以采用条件最相近的振动时程记录，通过折减系数法进行修正，得到振动时程曲线。

（3）动力时程分析

将振动时程曲线作为隔振结构基底加速度输入，分析上部结构各评价点的实际加速度，各评价点的加速度峰值与未隔振结构相比，可以得到各测点的减振效率。

将各评价点振动响应与规范限值进行对比，可以确定各评价点振动响应是否满足规范限值。

2. 振动响应评价

（1）国家标准《住宅建筑室内振动限值及其测量方法标准》GB/T 50355—2018

评价指标：1/3 倍频程振动加速度级 La，单位为 dB，频率范围 1～80Hz，振动方向取地面（或楼层地面）的铅竖向。振动限值见表 5-1-1，其中一级限值为适宜达到的限值，二级限值为不得超过的限值。

（2）行业标准《城市轨道交通引起建筑物振动与二次辐射噪声限值及其测量方法标准》JGJ/T 170—2009

评价指标：4～200Hz 频率范围内，采用 1/3 倍频程中心频率，以不同频率 Z 计权因子修正后的分频最大振级 VL_{max} 作为评价量，加速度在 1/3 倍频程中心频率的 Z 计权因子见表 5-1-2。城市轨道交通沿线建筑物室内振动限值见表 5-1-3。

住宅建筑室内振动限值（单位：dB） **表 5-1-1**

房间名称	时段	限值等级	1/3 倍频程中心频率									
			1Hz	1.25Hz	1.6Hz	2Hz	2.5Hz	3.15Hz	4Hz	5Hz	6.3Hz	8Hz
卧室	昼间	一级	76	76	76	75	74	72	70	70	70	70
	夜间		73	73	73	72	71	69	67	67	67	67
	昼间	二级	81	81	81	80	79	77	75	75	75	75
	夜间		78	78	78	77	76	74	72	72	72	72
起居室（厅）	全天	一级	76	76	76	75	74	72	70	70	70	70
	全天	二级	81	81	81	80	79	77	75	75	75	75
房间名称	时段	限值等级	1/3 倍频程中心频率									
			10Hz	12.5Hz	16Hz	20Hz	25Hz	31.5Hz	40Hz	50Hz	63Hz	80Hz
卧室	昼间	一级	70	71	72	74	76	78	80	82	85	88
	夜间		67	68	69	71	73	75	77	79	82	85
	昼间	二级	75	76	77	79	81	83	85	87	90	93
	夜间		72	73	74	76	78	80	82	84	87	90
起居室（厅）	全天	一级	70	71	72	71	76	78	80	82	85	88
	全天	二级	75	76	77	79	81	83	85	87	90	93

加速度在 1/3 倍频程中心频率的 Z 计权因子 **表 5-1-2**

1/3 倍频程中心频率（Hz）	4	5	6.3	8	10	12.5	16	20	25
计权因子（dB）	0	0	0	0	0	−1	−2	−4	−6
1/3 倍频程中心频率（Hz）	31.5	40	50	63	80	100	125	160	200
计权因子（dB）	−8	−10	−12	−14	−17	−21	−25	−30	−36

城市轨道交通沿线建筑物室内振动限值（单位：dB） **表 5-1-3**

区域	昼间	夜间
特殊住宅区	65	62
居住、文教区	65	62
居住、商业混合区，商业中心区	70	67
工业集中区	75	72
交通干线道路两侧	75	72

注：昼夜时间划分：昼间指 06:00～22:00；夜间指 22:00～06:00；昼夜时间使用范围在当地另有规定时，可按当地政府的规定来划分。

（3）国家标准《城市区域环境振动标准》GB 10070—1988

评价指标：Z 振级 VL_Z，按 ISO 2631/1 规定的全身振动 Z 计权因子（wk）修正后得到振动加速度级，Z 计权曲线见图 5-1-1。

国家标准《城市区域环境振动标准》GB 10070—1988 规定以列车通过时 Z 振级的算

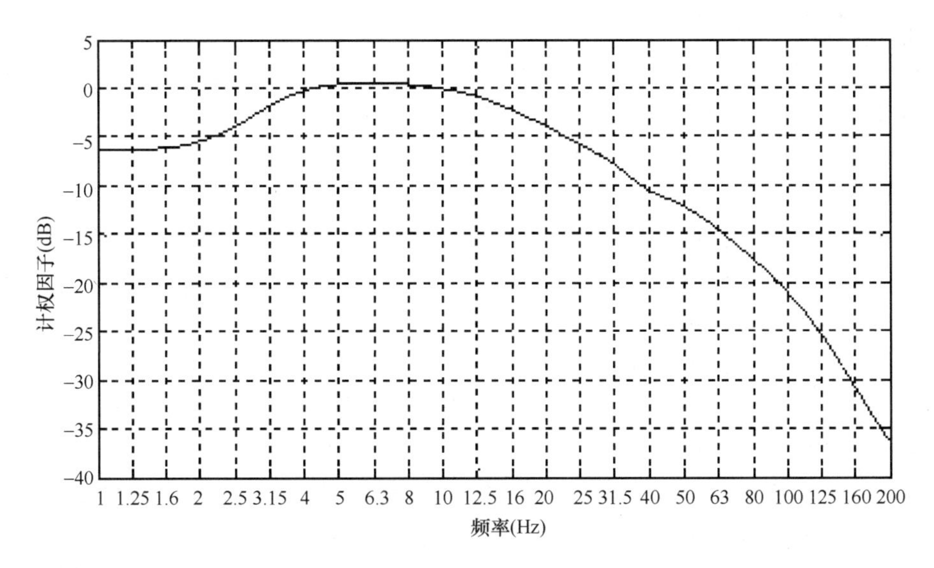

图 5-1-1　Z 振级 1/3 倍频程计权曲线

术平均值作为评价量，振动标准见表 5-1-4。

我国城市环境振动标准值（单位：dB）　　**表 5-1-4**

适用地带范围	昼间	夜间
特殊住宅区	65	65
居民、文教区	70	67
混合区、商业中心区	75	72
工业集中区	75	72
交通干线道路两侧	75	72
铁路干线两侧	80	80

三、地震响应分析及隔震验算

1. 地震响应分析主要步骤如下：

（1）有限元建模：采用有限元软件建模，模型可以由设计院提供的模型导入，控制层分别采用弹簧单元、阻尼单元模拟每个支承点的钢弹簧隔振支座刚度和阻尼。

（2）地震作用输入

隔振系统采用时程输入时，设防地震下，隔振支座应保持弹性且不与支墩发生接触。

按照规范对地震记录幅值、频谱及持时的要求，一般选取两条地震波，分别按照 $1.0X+0.85Y+0.65Z$ 及 $0.85X+1.0Y+0.65Z$ 进行输入。为考虑阻尼器的非线性特性，宜对结构采用非线性时程分析，结构阻尼比根据结构形式确定。

（3）输出结果

1）隔振层各支承点上下结构的相对位移；

2）各层地震响应加速度；

3）各层间位移角。

2. 地震响应及抗震验算

隔振层上部结构的抗震验算同传统建筑抗震设计不同的是弹簧的水平允许变形和限位结构，具体如下：

（1）层间位移角限值应符合国家标准《建筑抗震设计标准》GB/T 50011—2010（2024年版）的规定。

（2）在罕遇地震下，控制层上下结构之间的最大水平相对位移应当小于支座的允许水平变形；如果超出，应通过辅助措施，如限位装置、滑移装置及消能阻尼器，保证弹簧上下端之间的水平相对位移小于支座的允许水平变形。

（3）在设防地震下，支座应处于弹性状态，如果支座内设置了限位装置，支座不应发生塑性变形、不得倾覆；如果限位墩上设置了限位装置和弹性垫，弹性垫可损坏，限位墩可以局部损坏，但是不得整体压坏。

（4）在罕遇地震作用下，支座可以发生塑性变形或损坏，但是不得倾覆，限位弹性垫可以存在一定程度压坏，限位墩可以局部损坏，但是不得整体压坏。

（5）如果支座受拉，则受拉支座不应超过控制层支座总数的30%，否则应设抗拉结构。

四、以振动控制为优先目标的隔振（震）层设计

在以振动控制为优先目标的振震双控技术中，隔振支座需要设计控制层，所谓控制层是指隔振建筑在底部或下部基础结构与上部结构之间的全部部件的总称，包括隔振支座、水平方向消能阻尼器、限位装置和抗拉装置等，以及上下预埋钢板、调平垫板等。

钢弹簧隔振支座是整个建筑隔振系统的关键承载及隔振元件，由上、下壳体、弹簧组及黏滞性阻尼器构成，具有承载力大、阻尼适中、固有频率低、隔振效果好、性能稳定和使用寿命长的特点。

预埋钢板含上预埋钢板和下预埋钢板，调平钢板为1～2mm厚的Q235B钢板，尺寸与隔振支座的上表面相同，用于调整隔振支座的竖向标高。

以振动控制为优先目标的振震双控技术中隔振支座需要设计一定高度的隔振（震）层，考虑钢弹簧的高度、钢弹簧隔振支座的安装和后期维护更换需要，隔振（震）层的高度一般不应小于1.5m。

出于安全性考虑，隔振（震）层应优先设置在结构底部，当设置在其他位置时，上部结构变形对下部结构影响应充分论证，特别是在地震设防区域，其抗震验算及层间位移角限值应符合国家标准《建筑抗震设计标准》GB/T 50011—2010（2024年版）的规定。

此外，建筑物中存在上下贯穿隔振层的管道、电梯、扶梯、楼梯、车道等大量设备设施，上下结构之间必须做到无硬接触，所有穿过隔振（震）层的设备管线均应采用柔性连接或可控制变形的其他有效措施，避免出现振动短路。

在以隔振为优先目标的隔振（震）层设计中，应考虑钢弹簧隔振支座在安装、调试、维护及更换过程中的可操作性，提前留出足够的施工空间。在安装时，宜在钢弹簧隔振支座的顶面和底面设置自粘防滑垫板，一方面，使钢弹簧隔振支座与隔振台座和支承结构接触面更贴实，实现调高调平；另一方面，也增大了接触面的摩擦力，提高了系统稳定性，对于高烈度地震区，还可以利用螺栓紧固件提高连接的可靠性。

需要注意的是，隔振（震）层中设置的隔振缝尺寸，应同时满足防震缝、伸缩缝和沉

降缝的要求，确保在任何条件下，上、下层建筑结构之间不发生干涉，避免出现安全问题。设计要点如下：

1. 隔振层的限位设计

为保障大震下结构控制层不发生损坏，需要采取相应的固定措施和防倾覆措施。除了钢弹簧隔振支座自身设置抗震构造外，还需要设置限位装置限制控制层上下的相对变形，目前工程上应用较多的侧向限位设计是图 5-1-2 和图 5-1-3 中所示的结构限位墩，该限位墩不仅可以在水平向为钢弹簧隔振支座提供限位，还可以在竖向为钢弹簧隔振支座提供限位。

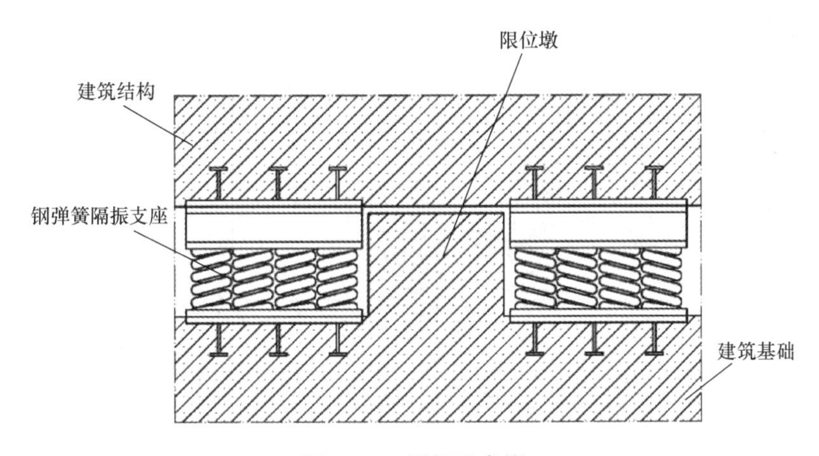

图 5-1-2　隔振示意图

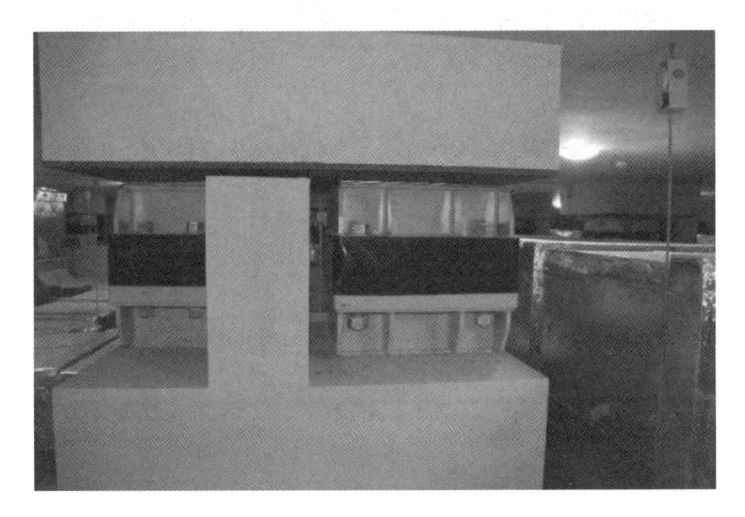

图 5-1-3　某隔振工程现场照片

结构限位墩（板）的设计需满足以下要求：

1）布置的位置需满足结构在地震安全性验算时，隔振支座或耗能装置的变形响应特征；

2）结构限位墩（板）应满足大震下多向受力时不破坏的要求；

3）结构限位墩（板）的刚度等关键物理参数应满足要求。

基于附加水平向限位实现抗震性能的技术原理，水平向限位也可以采用其他结构形式，实现相似的技术效果。需要说明的是，对于此类隔振支座仅采用附加刚性限位装置而未设置地震耗能装置，其上部结构应按国家标准《建筑抗震设计标准》GB/T 50011—2010（2024 年版）的规定进行设计。

当隔振层不设水平限位装置时，钢弹簧隔振支座应当能够承担罕遇地震作用下最大水平剪力。

2. 隔振层的消能阻尼器设计

在隔振层上下结构之间设置抗震消能阻尼器，可以减少隔振层上下结构之间的地震响应的水平相对位移。如图 5-1-4 所示，抗震消能阻尼器也可以设置在钢弹簧隔振支座与限位墩之间，抗震消能阻尼器通常采用黏滞阻尼器（图 5-1-5）。

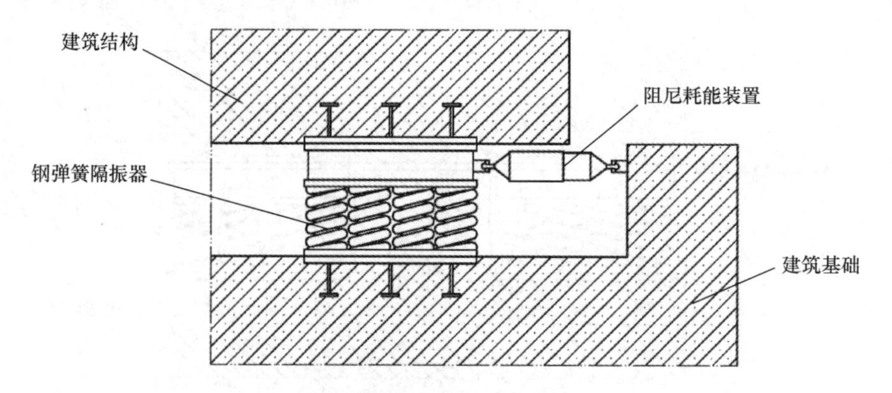

图 5-1-4　附加水平方向抗震消能装置的振震双控隔振支座典型方案

图 5-1-5　某歌剧院隔振工程现场照片

在此技术方案中，消能装置应符合行业标准《建筑消能减震技术规程》JGJ 297—2013 的规定。由于黏滞阻尼器沿自身轴向发生位移时耗能效果最佳，为充分发挥耗能装置的作用，应将耗能装置沿结构两个主轴方向布置在变形较大的部位，并应避免结构产生扭转和对竖向隔振产生不利影响。

3. 隔振层的抗拉设计

当罕遇地震下隔振建筑控制层的受拉隔振支座的数量超出控制层隔振支座总数的 30％时，应在控制层设计抗拉结构，以提高建筑的防倾覆能力。抗拉结构宜布置在建筑周边支承点附近，如边墙或邻近边墙的柱墩上，地震发生时可以有效减小建筑物的晃动幅度，有效提高建筑的防倾覆能力，同时还可以避免局部钢弹簧隔振支座出现抗拉过载，防止钢弹簧隔振支座发生受拉损坏。原则上，抗拉结构的设置不得对钢弹簧隔振支座的竖向及水平向弹性变形造成约束，不得影响钢弹簧隔振支座的正常隔振功能。抗拉结构中的抗拉连接件可以采用高强度的柔性绳索或刚性杆件，例如钢丝绳、钢绞线等。

常用的控制层抗拉结构如图 5-1-6 所示，成都天府国际机场航站楼及酒店的控制层抗拉设计，就采用了此类技术方案。

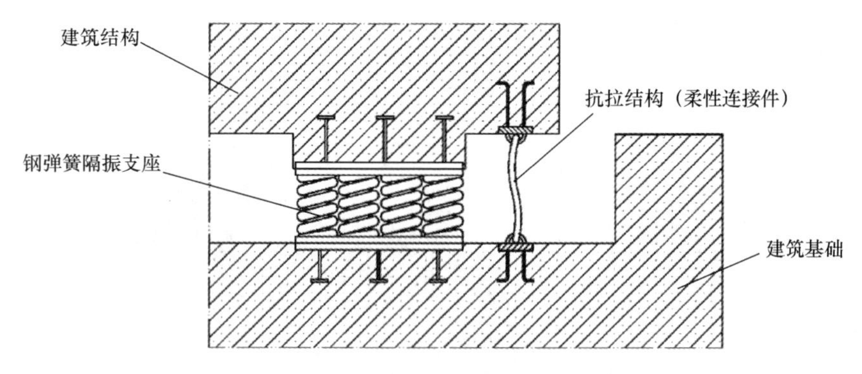

图 5-1-6　附加抗拉结构的控制层典型方案

4. 隔振层的竖向隔振设计

在进行以竖向振动控制为优先目标的振震双控系统设计时，应具备建筑结构图纸、有限元模型、环境振动资料、抗震验算所需的相关资料等；隔振层的设计应符合国家标准《工程隔振设计标准》GB 50463—2019 的规定。

在隔振设计时，隔振系统的竖向固有频率应根据环境振动特性和隔振目标确定，宜在 3.5Hz 左右。建筑结构的墙、板固有频率一般在 10～30Hz 之间，轨道交通的振源激励频率一般较高（10～80Hz），但经过土滤波之后，低频振动分量衰减较慢；公路交通的振源激励频率也在 10～30Hz 之间。若隔振系统固有频率定在 3.5Hz 附近，对 10Hz 以上的振动都有一定的减振效果，且可避免与建筑结构共振。

隔振支座的承载力应根据每个支座的反力进行计算，并根据支座反力的大小、竖向固有频率、竖向设计变形量计算隔振支座的刚度，每个支座的隔振器数量应布置合理、形式上尽可能对称。隔振层的竖向阻尼参数应综合考虑减振效果及抗震要求，进行优化设计，再将阻尼参数等效折算在阻尼装置中进行控制层节点设计。同一结构隔振层选用多种类型、规格的隔振器时，应充分发挥每个隔振器的承载力及变形能力。所有的隔振器在静力荷载作用下的竖向变形量应基本一致。当隔振器处于不同的标高时，应保证不同标高的隔振器协同工作。

对所设计的满足振动控制要求的隔振体系，还应按国家标准《建筑抗震设计标准》GB/T 50011—2010（2024 年版）的要求进行抗震验算，控制层上部结构的层间位移角限值等抗震要求应符合国家标准《建筑抗震设计标准》GB/T 50011—2010（2024 年版）的有关规定。当隔振支座变形超过其容许值时，可采用消能减震装置、限位装置或隔震装置控制其变形。

如果控制层仅设置了附加可控制地震作用变形的限位或耗能装置，从建筑物整体控制角度而言，地震设防仍采用传统抗震方式，因此，上部结构应严格按照国家标准《建筑抗震设计标准》GB/T 50011—2010（2024年版）规定进行设计。

5. 增设阻尼消能减震装置

消能减震装置应该仅在水平方向起作用，对结构的竖向运动没有约束，以免对竖向隔振产生不利影响（图 5-1-7）。消能减震装置应沿结构的两个主轴方向布置，宜设置在变形较大的位置以及可有效传递水平力的构件附近，并避免对地震时的扭转产生不利影响。通过合理设置阻尼器，使其有效参与结构抗震耗能，可以明显减小水平地震作用，有效控制隔振层的水平变形。黏滞阻尼器连接节点按照罕遇地震作用力进行设计，连接节点与钢筋混凝土内预埋件连接。

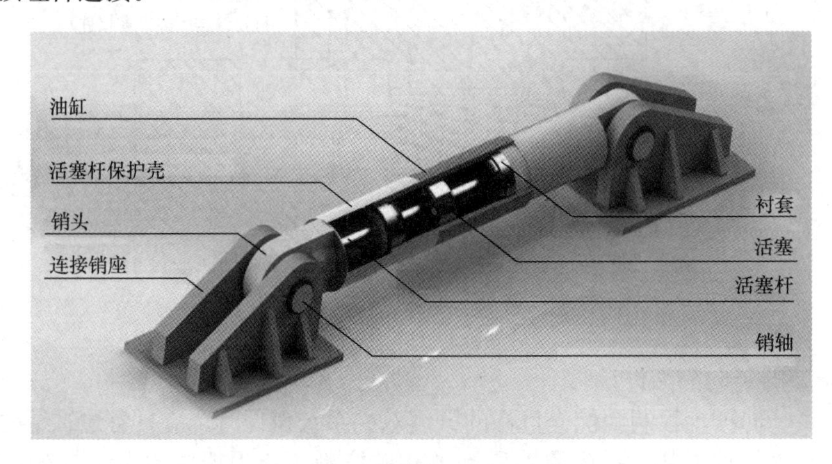

图 5-1-7　黏滞阻尼器示意图

消能减震装置的参数应优化设计，宜保证建筑结构在多遇、设防及罕遇地震作用下的性能充分发挥，出力滞回曲线宜饱满。

6. 增设限位装置

控制隔振层变形的另一个措施是设置限位装置。限位装置预留水平及竖向间隙，以避免对竖向隔振效果产生不利影响。为了减小撞击对结构产生的影响，同时在限位装置的侧面及底部设置柔性缓冲材料。限位装置既可以是一个单独的限位器产品，也可集成在钢弹簧隔振器内部（图 5-1-8）。

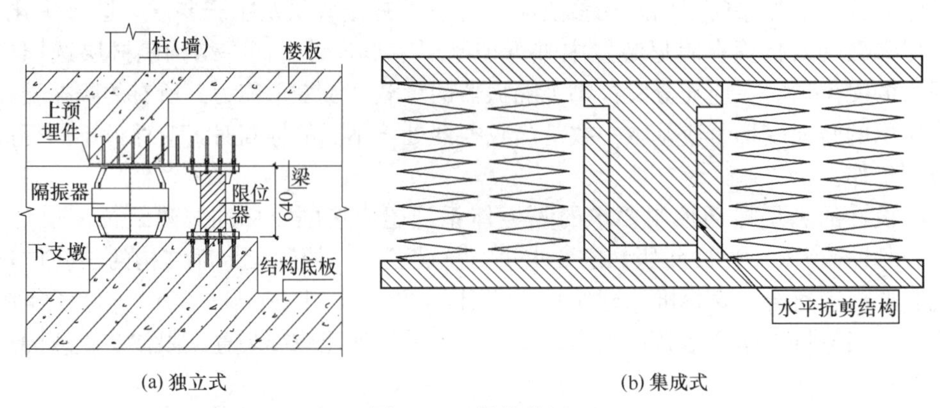

(a) 独立式　　(b) 集成式

图 5-1-8　限位装置

五、以振动控制为优先目标的钢弹簧隔振（震）装置

以振动控制为优先目标的钢弹簧隔振（震）装置包括隔振支座上壳体、下壳体、阻尼、弹簧组和调平钢板。弹簧组通常采用螺旋钢弹簧或碟形弹簧，应选取具有足够竖向刚度的弹簧组，保证固有频率和隔振效果。

弹簧组采用碟形弹簧时，碟形弹簧组的竖向刚度通过串联、并联优化，碟形弹簧须采用对中销轴，以防止碟形弹簧横向错位；由于碟形弹簧组的横向刚度较大，可以认为带有对中销轴的碟形弹簧组在水平方向具有限位功能、不具备隔震功能。设计要点如下：

1. 螺旋钢弹簧与阻尼

螺旋钢弹簧自身的阻尼很小，在优先考虑振动控制的隔振（震）系统中，一般采用压缩式的螺旋钢弹簧和黏滞阻尼的组合，阻尼装置可以集成在钢弹簧隔振支座中与钢弹簧并联设置，也可以与钢弹簧隔振支座独立并联设置，在设计时应注意使钢弹簧隔振支座与阻尼装置的使用寿命、防腐要求保持相同。在选择黏滞阻尼材料时，须注意工程使用环境对黏滞阻尼材料的影响，在满足阻尼性能的同时，还应保证与螺旋钢弹簧的性能和使用寿命相匹配。

黏滞阻尼器的阻尼系数通过理论计算得出，还应按实际检测结果进行调整确定，由于阻尼系数受环境温度变化的影响较大，在设计时应关注阻尼系数随温度变化的曲线，保证系统阻尼始终控制在适当的范围内。为了保证性能稳定和安装方便，螺旋钢弹簧隔振支座在组装时应尽量使各个弹簧受力均匀，设置适宜的调高或调平装置以保证隔振支座的顶面和底面平行，并且平行度不宜大于3%。

2. 隔振支座内部设置的水平限位装置

弹簧组采用螺旋弹簧时，弹簧组的横向刚度应根据地震响应分析优化迭代，使弹簧组的强度能够承受地震响应下的水平向变形、竖向变形（含静沉降量）且不发生横向失稳；当弹簧组不能满足以上要求时，隔振（震）装置应附加控制地震作用变形的滑移结构、限位结构或耗能装置，使弹簧组的水平变形控制在允许范围内。

如图5-1-9所示，隔振支座是代表性的螺旋钢弹簧隔振支座附加水平向限位结构的隔振（震）装置设计方案。此类技术方案中，通过控制阻尼器柱塞与阻尼缸的横向间隙，来保证地震发生时有效限制隔振支座上、下部分的水平向相对位移量，实现良好的抗震效果。实践中，水平向配合间隙应以建筑结构抗震分析得出的水平位移为依据进行设计，必须确保螺旋钢弹簧在“横向动位移+静沉降+竖向动位移”作用下，应力达到容许限值之前，柱塞与阻

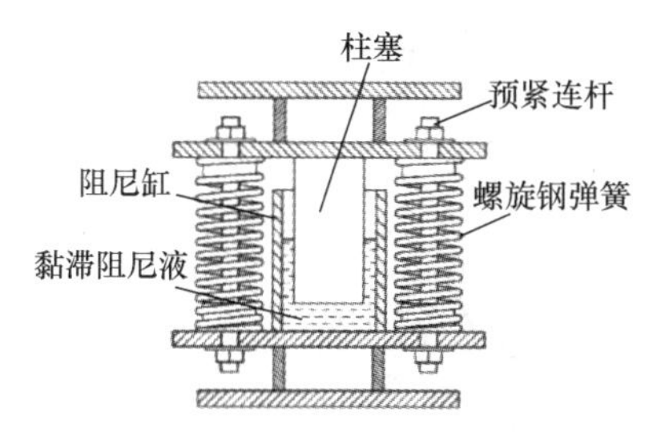

(a) 隔振支座结构图

(b) 不带密封套隔振支座

(c) 带密封套隔振支座

图5-1-9　附加限位结构的振震双控隔振支座典型方案

尼缸就已经处于有效接触的限位状态，以避免螺旋钢弹簧损坏；同时，也保证了在正常隔振状态下，柱塞与阻尼缸之间不会发生接触，避免造成振动短路从而影响隔振效果。一般情况下，横向间隙可以取 2～8mm，弹簧竖向固有频率较低时，可以达到 20mm。

钢弹簧隔振器具有优良的隔振性能，是解决以竖向振动控制为优先目标的振震双控问题的主要技术手段。隔振支座可采用螺旋弹簧隔振器、碟形弹簧隔振器等（图 5-1-10），并根据隔振系统抗震验算的结果，设置可控制地震作用变形的限位或耗能装置，可采用单独的竖向隔振支座，也可将隔振支座与隔震装置组合使用。

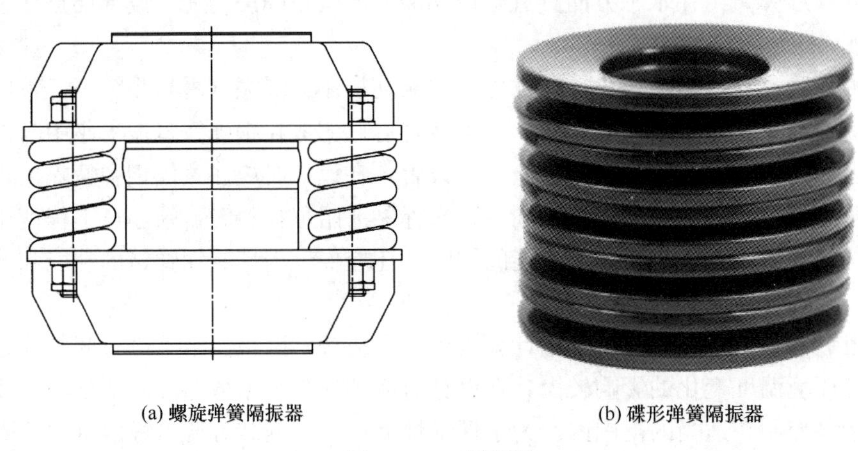
(a) 螺旋弹簧隔振器　　(b) 碟形弹簧隔振器

图 5-1-10　隔振器

六、隔振层的构造措施

进行控制层结构设计时，控制层宜设置在结构底部，当设在其他位置时，应充分论证上部结构变形对下部结构的影响；隔振器安装位置下部结构的节点刚度不宜小于隔振器节点总刚度的 10 倍，否则应考虑基础的刚度效应；穿过控制层的设备配管、配线应采用柔性连接（图 5-1-11）或可控制变形的其他有效措施，连接处应满足必要的竖向及水平变形；控制层中隔振器的高度应可调节、可更换（图 5. 1-12）。隔振支座四周应预留后期安

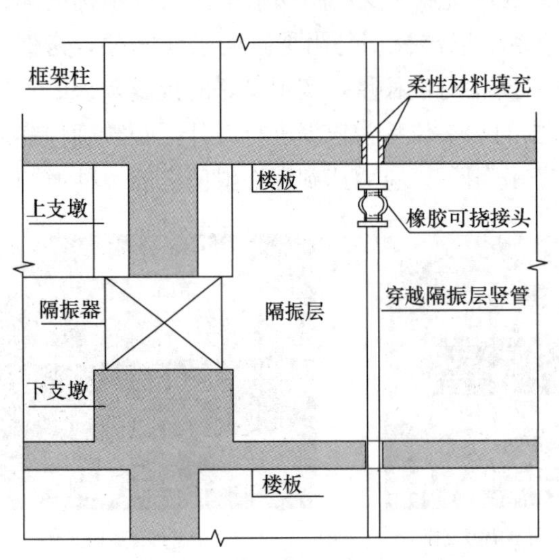

图 5-1-11　管线柔性连接示意图

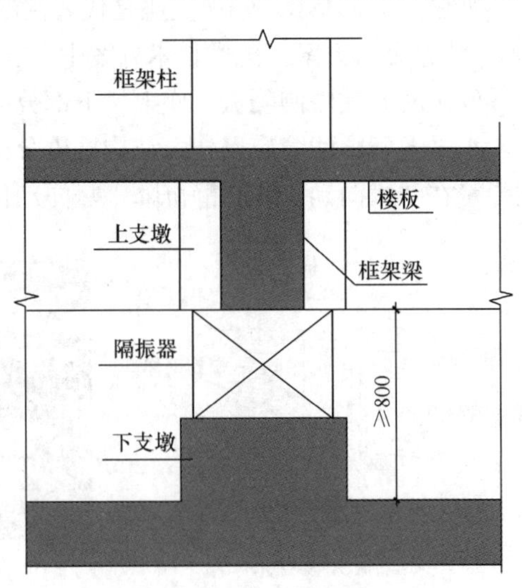

图 5-1-12　隔振层高度示意图

装、调试、维护和替换的空间。梁底到下部楼面净高不宜小于 800mm，不应小于 600mm。隔振层设计时应预留电力接口，便于检修及维护；隔振层宜设置供人员出入的检修口，以便进行隔振层的维护及调试，出入口可利用穿越隔振层的楼梯或直接在隔振层楼板上开洞实现，并宜设置必要的照明、通风等措施。人员出入检修口的尺寸应满足施工、检修人员及相关器械的运输要求。

为保证隔振系统在地震作用下的安全性，应采取必要的构造措施。上部结构及隔振层部位应设置结构缝与周围非隔振结构脱开，结构缝宽度不应小于隔振层在罕遇地震下最大水平位移的 1.2 倍（图 5-1-13）。当设置隔震支座时，尚应满足隔震支座的变形要求。

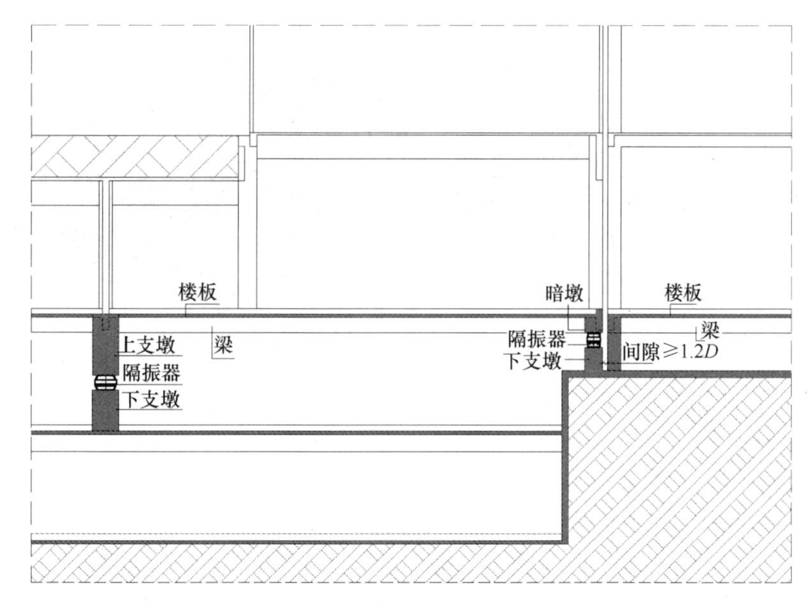

图 5-1-13　结构缝示意图

隔振器与结构之间应选择合适的连接方式，当控制层不设水平限位装置时，隔振器与结构之间的连接件应能满足承担罕遇地震作用下最大水平剪力的要求。在设防或罕遇地震作用下，建筑结构与隔振器之间可能发生较大的压缩变形，也有可能发生较大的受拉变形，导致建筑结构与隔振器脱开。此时，隔振器应设置抗拉措施，并应保证隔振器与上部结构连接可靠，还可沿建筑结构四周设置一定数量的抗拉支座，可通过大震作用下的隔振支座变形计算确定抗拉措施。

第二节　弹性减振垫隔振附加减震功能

以振动控制为优先目标的振震双控技术，除了钢弹簧隔振附加减震功能外，还可以采用弹性隔振垫附加减震功能技术。在建筑工程隔振中应用较多的弹性减振垫有聚氨酯弹性减振垫和橡胶弹性减振垫。

一、聚氨酯减振垫

1. 聚氨酯减振垫的生产工艺

聚氨酯减振垫是指聚氨酯微孔发泡弹性减振垫，是由软链段和硬链段组成的共聚物，其中，软链段的主体是聚酯或聚醚低聚物多元醇，硬段的主体是多异氰酸酯和扩链剂的反应产物。泡孔孔径一般为0.1～10μm，孔径分布比较均匀。发泡时，向反应体系中添加水，借助水与聚氨酯大分子的异氰酸酯基反应，产生大量的CO_2气体，从液相逸出，形成许多微小气泡，分布于生成物中，构成聚氨酯微孔发泡弹性体。同时，通过改变聚合物相的化学组成和发泡条件即可得到不同密度、不同承载力的聚氨酯微孔发泡弹性体。经熟化后，聚氨酯微孔发泡弹性体的材料特性趋于稳定，随时间的变化十分微小。

利用微孔发泡，通过气泡中的空气气压提供部分承载力，另外通过材料本身的弹性提供一部分承载力，弹性体的承载能力与相对密度成正比关系，发泡率越低，密度越高，弹性模量越大，承载压强越高。不同参数性能的聚氨酯减振垫如图5-2-1所示。

图5-2-1　不同参数性能的聚氨酯减振垫

2. 减振垫的厚度

建筑隔振所用的聚氨酯微孔发泡弹性体一般呈扁平状，也称聚氨酯减振垫，宽厚比较小时称为块状减振垫。按照聚氨酯发泡生产装备来区分，可分为模压发泡方式和连续带状发泡方式。模压发泡可以生产强度较高的减振垫，但是生产效率相对较低。连续带状发泡生产效率高，适合生产中低强度的减振垫。减振垫可以切割至特定厚度，也可以通过粘贴，得到更厚的减振垫。

3. 荷载-变形曲线

减振垫位移随荷载变化的变形曲线与产品结构、应用形式相关，这些因素应该在设计阶段考虑。聚氨酯弹性垫的弹性曲线如图5-2-2所示。在低应力范围内，应力和变形之间

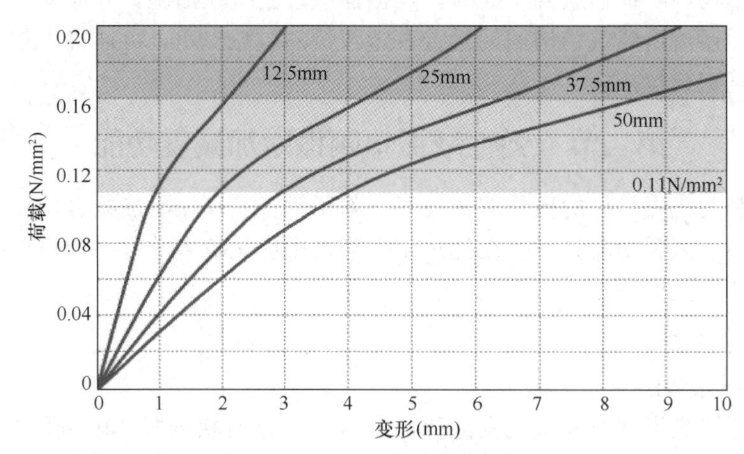

图5-2-2　聚氨酯弹性垫的弹性曲线

存在线性关系，建筑的静荷载宜位于该区间。压力继续加大时，弹性曲线进入刚度递减区间，荷载-变形曲线具有最低静刚度和动态弹性模量，聚氨酯弹性垫弹性模量与荷载的关系如图 5-2-3 所示。在这个区域，可以实现最低固有频率和最高减振效果；压力继续增加时，刚度曲线进入渐硬区间，系统固有频率变高，减振效率相对降低。

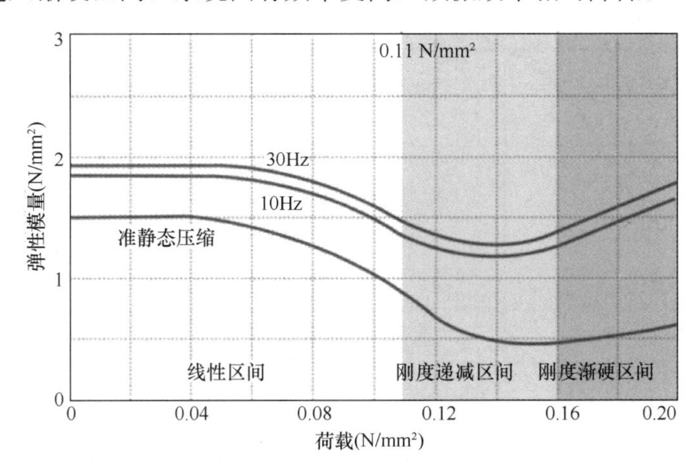

图 5-2-3　弹性模量与荷载关系图

聚氨酯减振垫在工作荷载下塑性变形较小，力学特性相对于弹性荷载不敏感。一般情况下，聚氨酯减振垫永久压缩变形低于 5%，可保证工作性能长期稳定。聚氨酯减振垫对过载不敏感，即使短期极端载荷导致出现变形峰值，在荷载释放后几乎能完全恢复原状，材料不发生损坏。

4. 形状因素的影响——形状因子

聚氨酯减振垫由于是微孔发泡低密度材料，体积可压缩，聚氨酯减振垫受压时，与体积密实型的弹性体相比，横向鼓形膨胀较少。减振垫在一定荷载下的变形量除了与载荷相关外，还与形状因子有关，形状因子定义为：

$$q = S_B / S_M \tag{5-2-1}$$

式中：q——形状因子；

S_B——承压面面积；

S_M——非承压的周边面积。

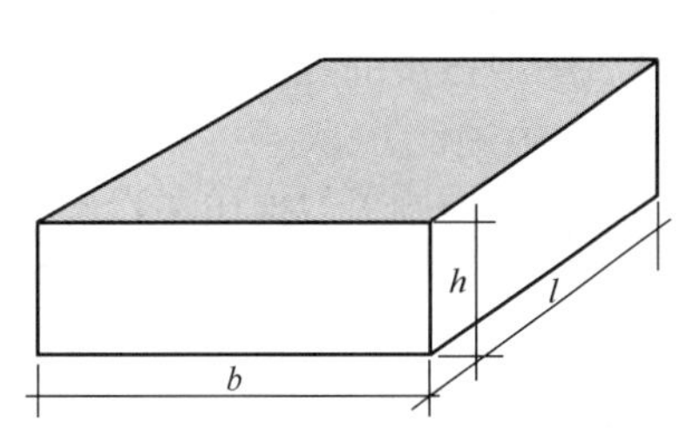

常见的承压面为矩形或圆形（图 5-2-4），对于矩形承压面，形状因子可按下式计算：

$$q = \frac{bl}{2h(b+l)} \tag{5-2-2}$$

式中：q——形状因子；

b、l、h——矩形垫子的长、宽、高。

对于圆形承压面，形状因子可按下式计算：

$$q = \frac{D}{4h} \tag{5-2-3}$$

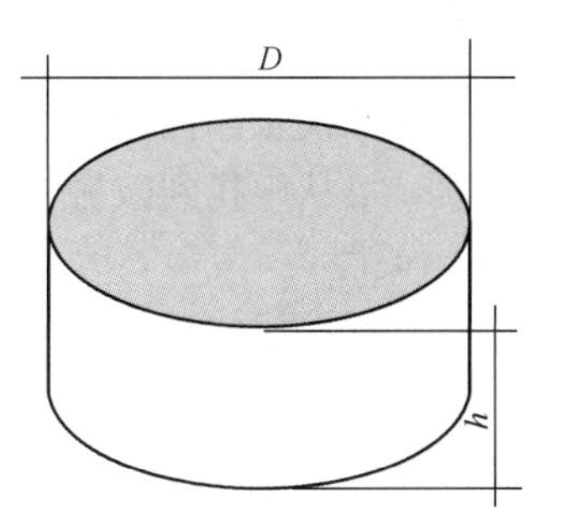

式中：q——形状因子；

D、h——圆形垫子的直径和厚度。

图 5-2-4　常见减振垫的形状与几何参数

形状因子越大，减振垫横向变形受到的约束越大，减振垫越硬。形状因子对不同型号材料的力学性能影响不同，型号相同、形状因子不同的减振垫力学性能曲线也不相同，减振垫型号可通过软件辅助或厂家图表选取（图 5-2-5）。

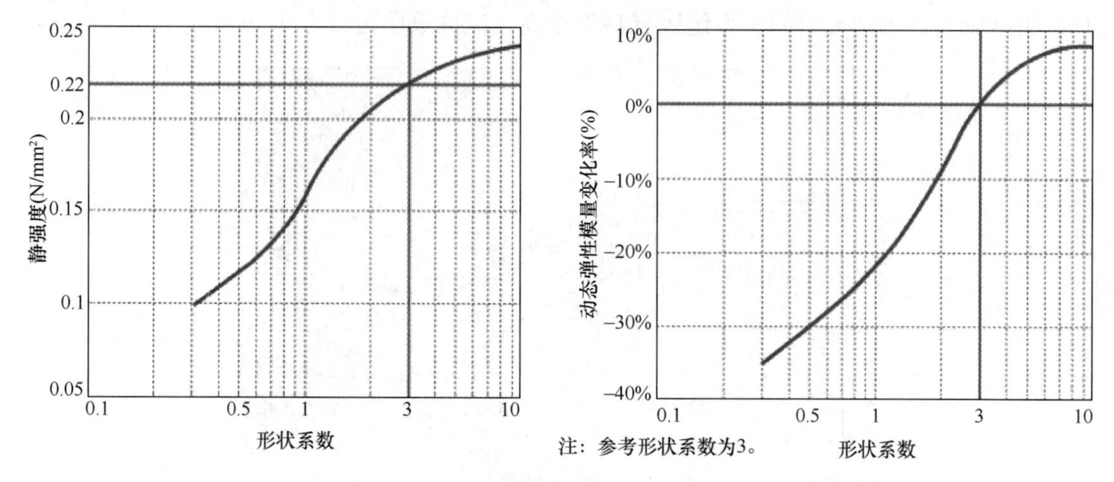

图 5-2-5　形状系数变化对静强度和动态弹性模量的影响

5. 动态特性

（1）损耗因子

减振垫在动态负载下，外界输入的机械能将转化为热量，这种材料的阻尼特性可用机械损耗因子来描述，一般介于 0.09～0.25，厂家产品参数表中应给出损耗因子。

（2）动刚度

像所有弹性体一样，减振垫在动态加载下的刚度比静态加载下刚度更大。动刚度与静刚度之比称为动静比，动静比取决于产品类型、负载应力和加载频率，一般介于 1.4～4。

6. 抗剪特性

一般情况下，聚氨酯减振垫抗剪刚度曲线呈直线形，而且抗剪刚度比抗压刚度低，由于聚氨酯减振垫的几何现状和发泡率不同，其抗剪刚度是抗压刚度的 1/10～1/4。

7. 泊松比

泊松比原则上只适用于在线性范围内受力的材料，且有足够精度描述材料的横向伸长率。一般情况下，减振垫在非线性范围内工作，泊松比并非常数。减振垫的密度和刚度越高，减振垫体积越不可压缩（体积不可压缩材料的泊松比为 0.5）。实测数据表明，由于材料密度和载荷不同，减振垫的泊松比通常在 0.3～0.5 变化。

8. 频率相关性

减振垫的弹性模量和损耗因子取决于变形速度以及动态荷载频率。厂家一般会提供详细的性能图表，可从中找到减振垫性能、频率相关性。

9. 振幅相关性

减振垫具有低振幅依赖性，这是一个非常重要的特性，尤其在建筑隔振领域。

10. 工作温度

减振垫的工作温度在−30～70℃，玻璃化转变温度约为−50℃，熔化范围为+150～+180℃。

11. 防火性能

聚氨酯减振垫防火等级一般可以达到 B2 级（通常为易燃），但发生火灾时，不应产生腐蚀性烟气。

12. 环境及化学品耐受性

减振垫对水、混凝土、油脂、稀释的酸、碱等物质具有抵抗力，对油、润滑剂、机油、水和混凝土等具有较高的耐受性能。

二、橡胶减振垫隔振

1. 橡胶减振垫的结构

橡胶制成的减振垫一般通过凸起或空腔使减振垫产生弹性变形。

2. 橡胶减振垫的力学性能

橡胶减振垫的关键力学参数有：

（1）刚度；

（2）动静比；

（3）损耗因子；

（4）承载强度。

3. 采用橡胶减振垫的注意事项

（1）橡胶减振垫宜用于干燥环境。

（2）有水浸泡的使用环境，禁止使用带有外部凸起、内部空腔或开放式间隙的橡胶减振垫，以避免泥沙或钙化物填充空隙造成弹性失效。

三、建筑隔振系统设计与减振垫选型

聚氨酯减振垫可以承受压缩及剪切荷载，可应用于建筑结构隔振，控制结构的振动和二次噪声。橡胶减振垫资料及工程案例不多，选型设计及计算以聚氨酯减振垫为主，橡胶减振垫可参考执行。

1. 隔振层的设计

分为点支承、线支承（条带式支承）和面支承的隔振系统。通过选择减振垫的型号、铺设方式和厚度，配合不同的设计、施工方法和承载压强，实现不同的刚度特性。

采用减振垫的建筑隔振，根据支承面的几何形状分为点支承（块支承）和面支承两种形式，线支承（也称条带式支承）一般不单独使用，而是配合点支承使用，布置在边墙或剪力墙下面。

一般情况下，中小型建筑适合点支承，出于抗震安全考虑高宽比大的建筑宜采用面支承，即满铺支承。

点支承的竖向固有频率较低，减振效果相对较好，也易检修维护。点支承的隔振层一般设置在地下室（非安静功能区）的顶层或安静功能区最底层的下方（图 5-2-6）。

如图 5-2-7 所示，面支承也称满铺式支承的隔振层，一般设置在建筑的最底层、基底筏板之上，侧面也铺设减振垫进行弹性隔离。

除满铺式垫层外，还可用于分散式支撑结构，解决方案需考虑基础、总承重和要求固有频率等多种因素；桩基础通常使用分散式支承结构作为垫层，使用额外的桩头调整支承面积，使垫层材料达到最佳荷载。基础底板满铺式弹性垫层是建筑物弹性垫层的常见形式，通过安装在建筑物底板与无筋混凝土基础层之间实现建筑隔振。地下室外墙必须进行弹性隔离。

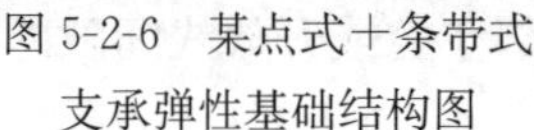

图 5-2-6　某点式+条带式支承弹性基础结构图

图 5-2-7　深圳美术馆面铺支承结构图

无论采用点支承、线支承（条带式支承）还是面支承的隔振系统方案，隔振结构在基底及周边土体的约束均由弹性隔振垫提供，隔振垫的约束刚度在抗震分析中应准确反映，隔振垫应能承受地震作用力。由于隔振垫抗拉能力弱，为保证隔振结构的抗震稳定性，应设置限位装置。

2. 隔振系统固有频率的选取

根据振动超标量，通过经验公式或经验图表，初步选取隔振垫的固有频率，减振垫的厚度和动态弹性模量随之确定。

3. 选取减振垫的型号

根据减振垫所受的表面压应力，选取减振垫的型号，减振垫所受的最大静压力应小于所选减振垫的容许值。如果建筑底面的压强不均匀、相差很大，应当通过有限元计算迭代，采用不同承载力的减振垫，匹配不同的压强。

4. 计算隔振系统的固有频率

确定减振垫的自由厚度、形状因子、动态弹性模量、表面压应力时，其动态刚度和隔振系统竖向固有频率可按下式计算：

$$k = \frac{EA}{d} \tag{5-2-4}$$

$$f_0 = 15.76\sqrt{\frac{E}{d\sigma}} \tag{5-2-5}$$

式中：k——动态刚度（N/m）；

E——弹性模量（N/mm^2）；

A——面积（mm^2）；

d——厚度（m）；

f_0——固有频率（Hz）；

E——弹性模量（N/mm^2）；

σ——压应力（N/mm^2）。

不同型号的减振垫组合使用时，必须采用减振垫的总刚度计算隔振系统竖向固有频率，总刚度指所有并联减振垫刚度的总和。

5. 计算隔振系统的减振效果

有了系统固有频率，可以通过公式或经验图表估算单一激励频率的减振效果。

6. 有限元分析

采用时程激励，通过对减振垫和建筑结构进行有限元建模仿真分析，可以准确地预测建筑各楼层的振动级。考虑压应力、形状因子影响，由公式计算后确定减振垫的竖向刚度、横向刚度，可通过弹簧单元模拟。通过损耗因子计算出阻尼系数后，用阻尼单元模拟阻尼比。

侧面支承的减振垫以法向为压缩方向，平面方向为剪切方向。减振垫的抗拉刚度小，抗震分析时，轴向刚度常用压弹簧单元模拟。因此，在弹簧不受拉的情况下，仍可采用反应谱分析；当出现受拉的情况时，应进行弹簧单元非线性动力时程分析。

四、减振垫的施工

聚氨酯减振垫现场施工需要满足如下条件：

（1）减振垫安装面应清理干净，保证平整且无尖锐凸起；

（2）减振垫安装表面无积水；

（3）减振垫安装面不平整度应小于 5mm；

（4）减振垫安装面可以允许相对缓和且平滑过渡的凸起；

（5）检查地面是否有裂缝或其他破损，必要时应进行修补；

（6）减振垫安装在防水层上时，需检查防水材料是否铺设完整。

施工工艺如下：

（1）放线和聚氨酯垫切割

根据减振垫的尺寸，对施工现场进行放线，划分出满足减振垫标准尺寸的区域以指导减振垫切割；根据现场放线划分出满足减振垫标准尺寸的区域进行减振垫切割。

（2）粘合聚氨酯垫

在接缝处采用胶水或密封材料拼接聚氨酯垫，确保接缝处牢固、密封并有效防水、防油，减振垫纵横向拼接缝隙使用网格胶带粘接。

（3）接缝处理

使用刀具将不同的减振垫切割成合适尺寸，确保各减振垫之间接缝线条一致；减振垫纵横向拼接缝隙使用网格胶带粘接。

（4）安装完成

减振垫之间不留任何缝隙，减振垫之间拼接处须用胶带做充分密封，在减振垫上满铺针刺毡，以免混凝土或者保护层材料进入接缝形成振动传递通道。

五、弹性减振垫工程实例

1. 工程概况

大兴区首创集团河西地块定向安置房项目位于北京南五环至南六环之间，北侧为团河路，南侧为农田，西侧为盛嘉华苑小区，东侧紧邻北京地铁大兴机场线，西侧 1.5km 处为京开高速（图 5-2-8）。表 5-2-1 给出了地块内建筑的基本信息，3 号地块的 3-2 住宅和 3-4 住宅场地东侧边缘与近端轨道中心线距离仅为 30m 和 46m，本项目 3 号地块建设住宅建筑 4 栋，配套建筑 1 栋，并配有地下车库。各建筑埋深与轨道结构埋深关系如图 5-2-9 和表 5-2-2所示，大兴机场线采用 AC25kV 接触网授电，地下线采用无缝线路技术，列车通过地块的速度见表 5-2-3。

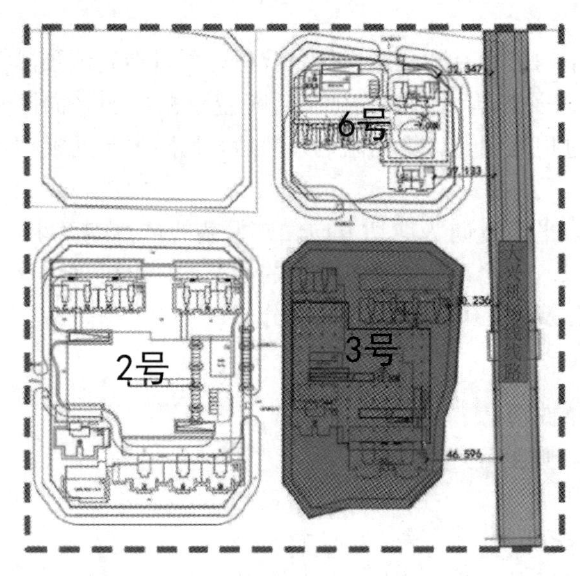

(a) 地块平面分布图

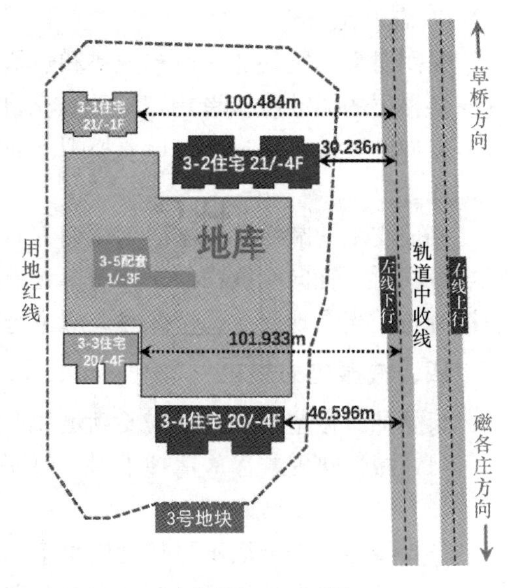

(b) 3#地块拟建工程平面图

图 5-2-8　拟建场地位置示意图

项目拟建建筑一览表　　表 5-2-1

建筑物名称	层数（地上/地下）	建筑高度（m）	结构形式	基础形式	基础埋深（m）	基底荷载（kPa）	±0.000 绝对标高（m）
3-1 住宅	21F/-1F	59.80	剪力墙结构	筏形基础	4.5	400	38.80
3-2 住宅	21F/-4F	59.80	剪力墙结构	筏形基础	12.5	450	38.80
3-3 住宅	20F/-4F	57.00	剪力墙结构	筏形基础	12.5	450	38.80
3-4 住宅	20F/-4F	57.00	剪力墙结构	筏形基础	12.5	450	38.80
3-5 配套	1F/-3F	6.00	框架剪力墙	同车库基础	14.00	—	38.80
3-6 车库	-3F	-12.40	框架剪力墙	筏形基础	14.00	150	38.80

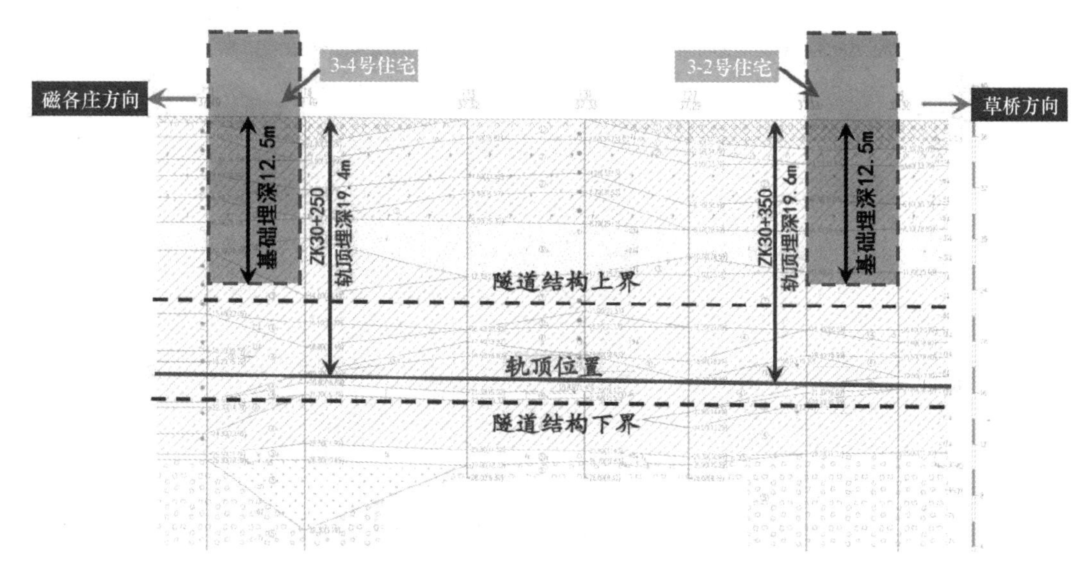

图 5-2-9 振源线路及住宅埋深示意图

3 号地块拟建住宅建筑距振源线路距离一览表 **表 5-2-2**

建筑物名称	层数（地上/地下）	建筑高度（m）	基础埋深（m）	与轨道结构水平距离（m）	轨顶埋深（m）	基地与轨顶高差（m）
3-1 住宅	21F/-1F	59.80	4.5	100.5	19.7	15.2
3-2 住宅	21F/-4F	59.80	12.5	30.2	19.6	7.1
3-3 住宅	20F/-4F	57.00	12.5	101.9	19.4	6.9
3-4 住宅	20F/-4F	57.00	12.5	46.6	19.4	6.9

3 号地块典型位置对应车速一览表 **表 5-2-3**

适用地带范围	左线（近轨）下行车速（km/h）	右线上行车速（km/h）
北侧红线	87	85
2 号住宅建筑	85	62
4 号住宅建筑	65	65
南侧红线	60	60

由于距离地铁线路较近，依据《城市区域环境振动标准》GB 10070—1988，该项目按特殊住宅区振动要求进行设计，振动限值为 65dB；根据《城市轨道交通引起建筑物振动与二次辐射噪声限值及其测量方法标准》JGJ/T 170—2009 的有关规定，将该项目归为 1 类（居住、文教区），建筑室内振动限值应为昼间 65dB、夜间 62dB。

2. 振动控制方案

根据设计文件提供的资料，在综合分析、现场振动测试及仿真计算的基础上，确定采用铺设减振垫的方案，铺设范围见图 5-2-10。

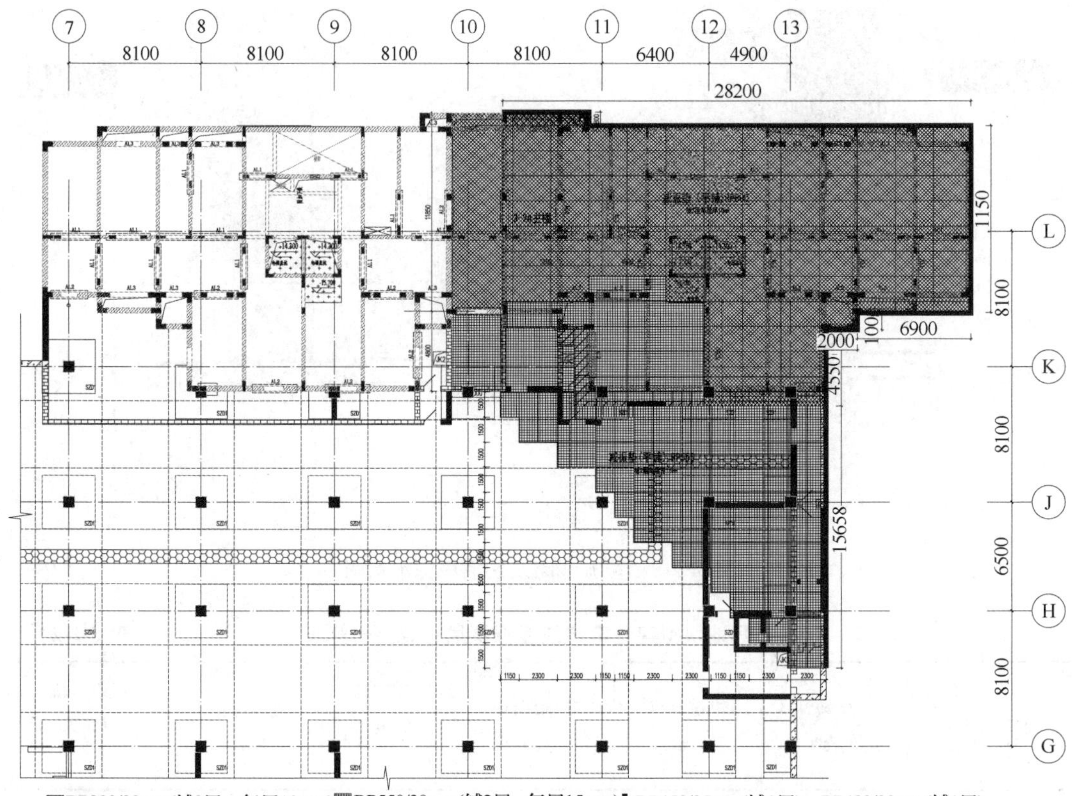

▩RP800/30mm(铺3层，每层10mm)▦RP550/30mm(铺2层，每层15mm)▌RP450/25mm(铺1层)、RP480/30mm(铺1层)

图 5-2-10　减振垫铺设范围示意图

3. 减振垫的设计

进行减振垫振动控制设计时，需通过试验方法确定减振垫的厚度。如图 5-2-11 所示，试验流程共分 8 步：建筑隔振设计方案→现场就近确定配重块的各项参数→确定减振垫参数→针对不同厚度的减振垫进行测试→根据试验模型图搭建试验结构→分别针对有、无地铁振动两种工况进行试验→数据分析对比→确认满足要求的减振垫厚度。

本工程所使用的减振垫厚度为 25mm，静弹性模量为 1.2～2.9N/mm^2，动弹性模量为 3.6～18.2N/mm^2，压缩永久变形<5%，性能参数见图 5-2-12。

4. 减振垫的安装

（1）安装前准备：对安装面标高及平整度进行复测，表面平整度为 5mm/m；基底表面应平整光滑，不能有明显的尖锐、凸起、坑洼；隧道内应保持整洁、基底无明显积水、无淤泥及裸露钢筋头等杂物。

（2）减振垫安装

1）减振垫切割前应按照减振垫铺设范围，准确计算筏板底面面积，切割完的减振垫应边角平直，以保证铺设后整体美观。

2）减振垫铺设采用横铺方式，减振垫衔接的缝隙宽度≤10mm，在截面改变时，减振垫切割成相应形状，减振垫接缝处可采用两种方式覆盖：①胶带粘贴覆盖搭接接缝；②减振垫二次密封措施，减振垫铺设就位后，筏板周边的减振垫外围采用尼龙布包裹，尼

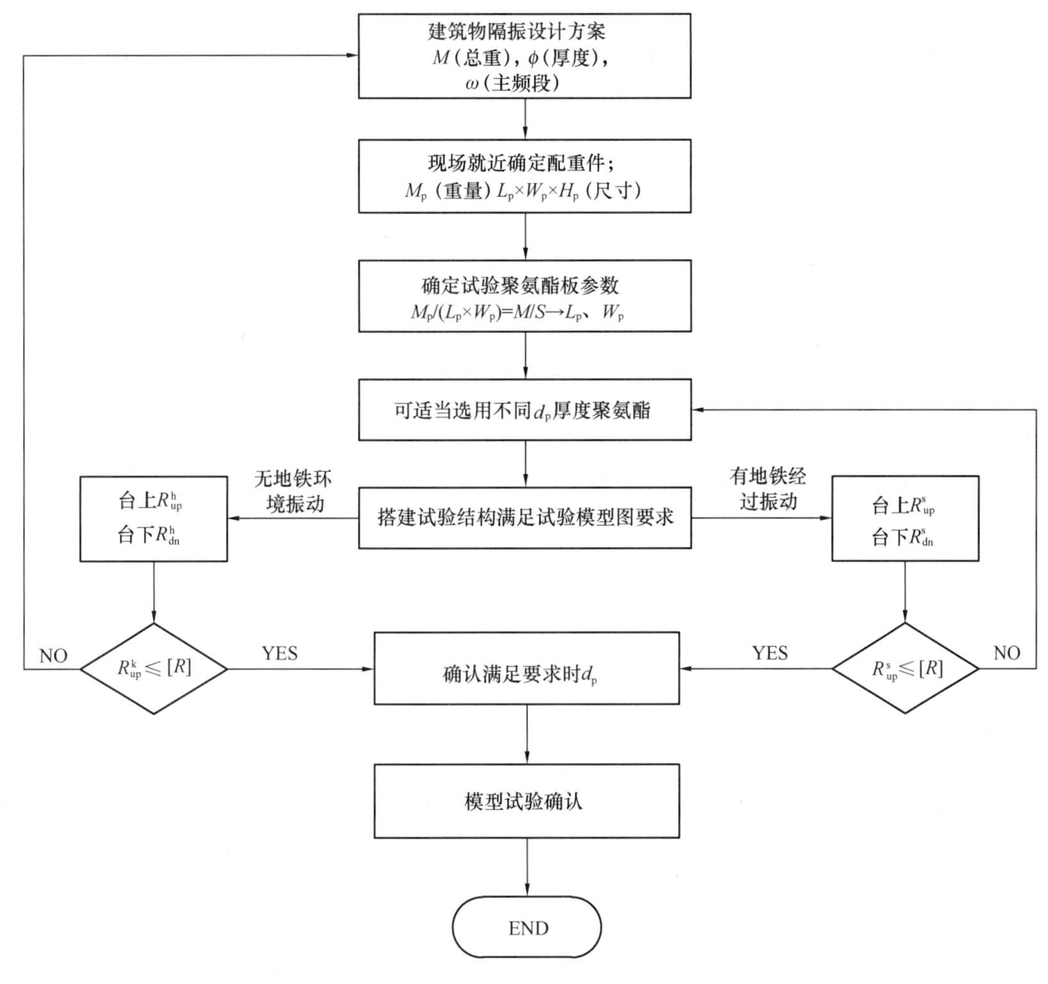

图 5-2-11　隔振材料工程现场试验技术流程图

龙布可阻止泥沙进入减振垫下部（图 5-2-13）。

5. 振动控制效果

为了解地铁经过时结构主体的振动水平，对 2 号楼和 4 号楼进行振动测试，测试结果如图 5-2-14、图 5-2-15 和表 5-2-4 所示。

地铁经过时各测点处最大 Z 振级和分频最大振级（单位：dB）　　**表 5-2-4**

楼层	最大 Z 振级	分频最大振级
2 号楼地下 2 层	48.15	38.25
2 号楼 2 层	51.97	29.42
2 号楼 5 层	43.22	39.76
2 号楼 10 层	49.99	33.55
2 号楼 15 层	46.58	33.28
2 号楼 20 层	47.84	35.19
4 号楼地下 2 层	43.02	30.55
4 号楼 2 层	38.68	40.23
4 号楼 5 层	51.56	39.88
4 号楼 10 层	52.11	39.51

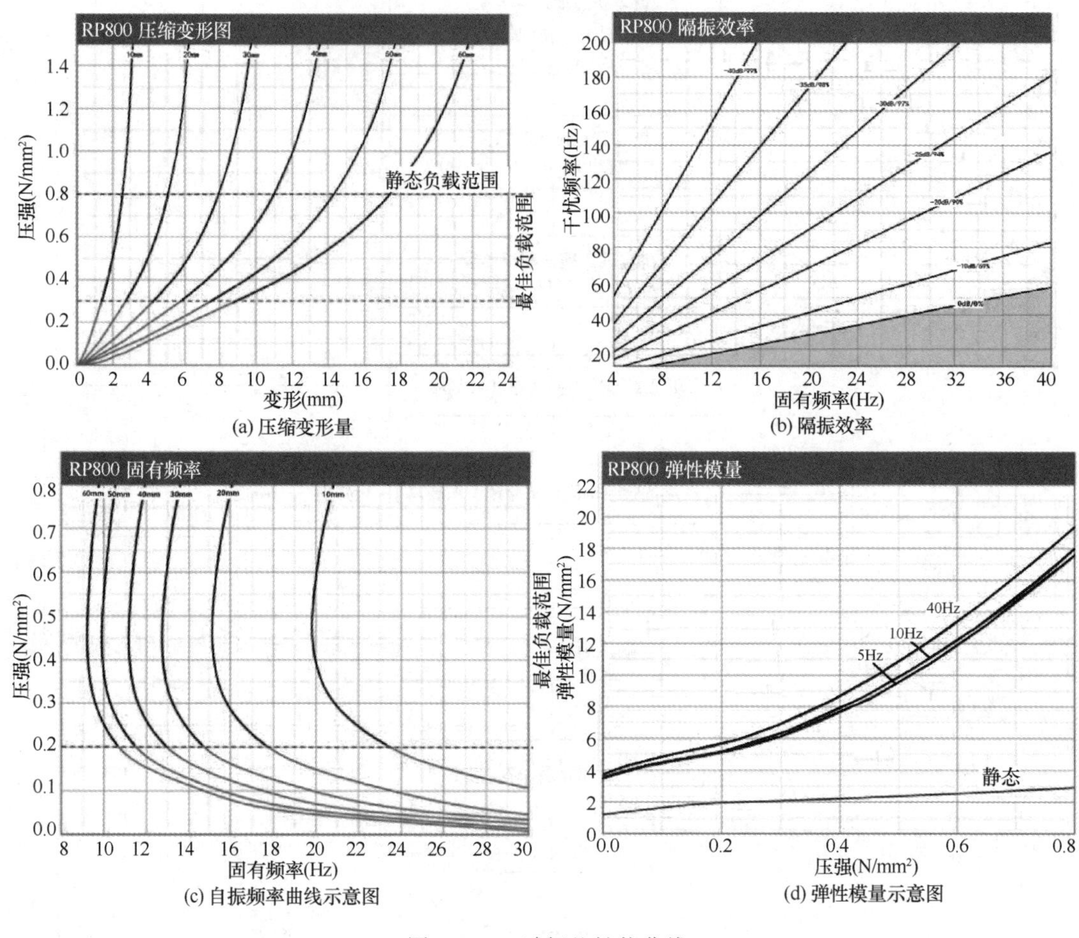

(a) 压缩变形量

(b) 隔振效率

(c) 自振频率曲线示意图

(d) 弹性模量示意图

图 5-2-12　减振垫性能曲线

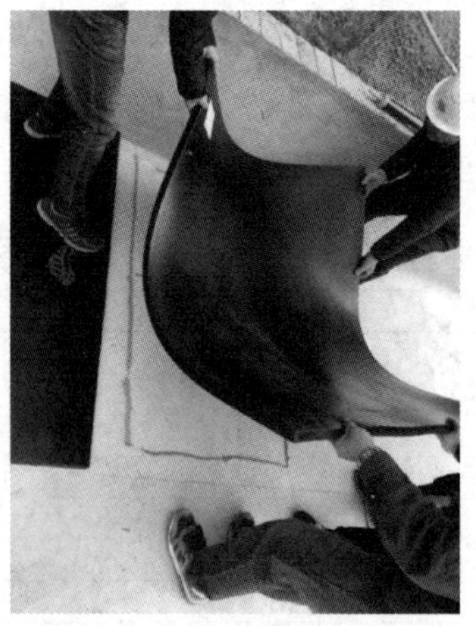

图 5-2-13　减振垫现场铺设

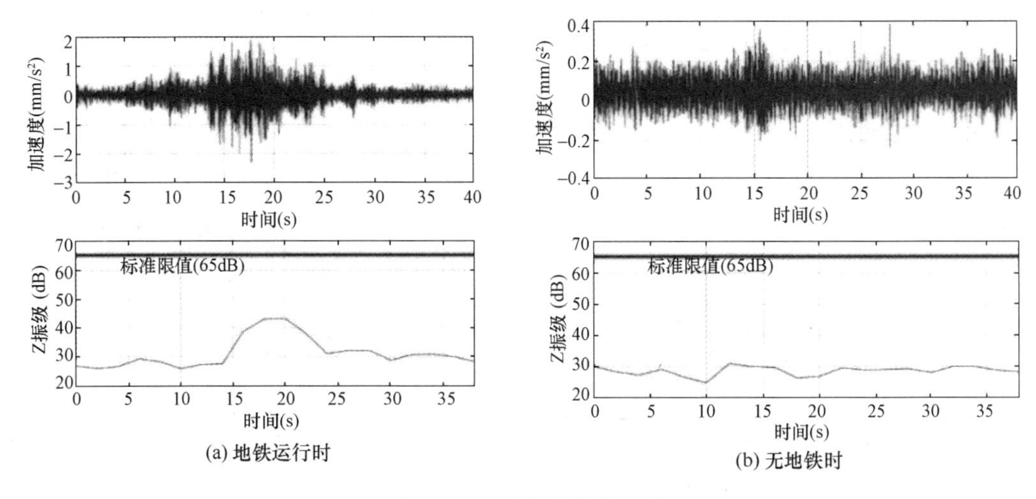

图 5-2-14　Z 振级分析结果

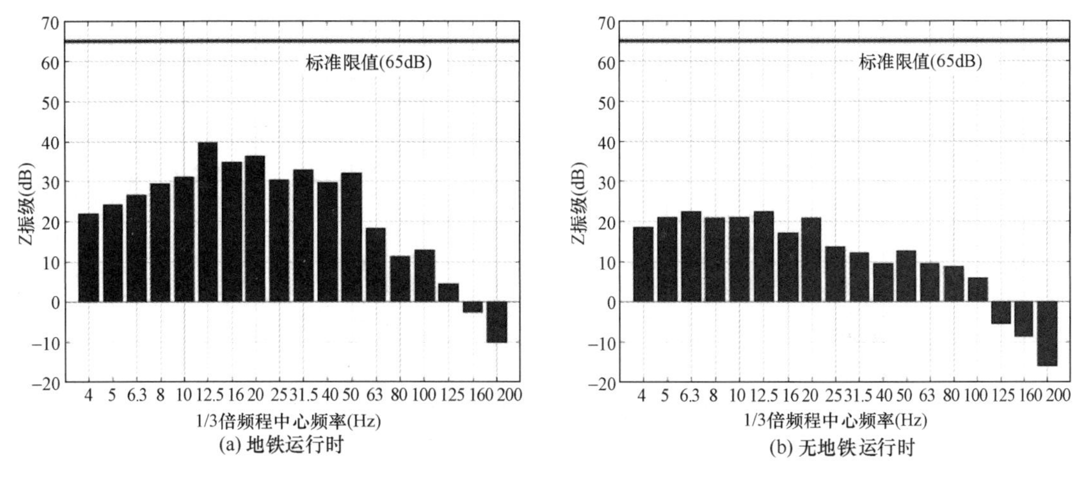

图 5-2-15　分频振级分析结果

由测试结果可知，各楼层无地铁通过时段的最大 Z 振级和分频最大振级都小于地铁通过时段的振级且都低于标准限值，满足相关要求。

第三节　工　程　实　例

[实例 1] 北京市第十二中振震双控项目

北京市第十二中学丽泽校区高中分校位于北京市丰台区（图 5-3-1），项目东距西二环约 760m，西距西三环约 2.2km，南距丽泽路约 700m，东西向最长 278m，南北向最长 137m。建筑结构采用框架结构体系，主要结构跨度为 8.10m 和 7.05m，基础形式为筏板基础。项目规划用地性质为基础教育用地，总用地面积 1.95hm^2，建筑面积 3.43 万 m^2，其中，地上建筑 1.70 万 m^2，地下建筑 1.73 万 m^2。为了使金融街与丽泽商务区能快速联系，拟建的地铁纵向穿过项目地块。地铁运行存在建筑舒适度超过相关标准的可能，同时

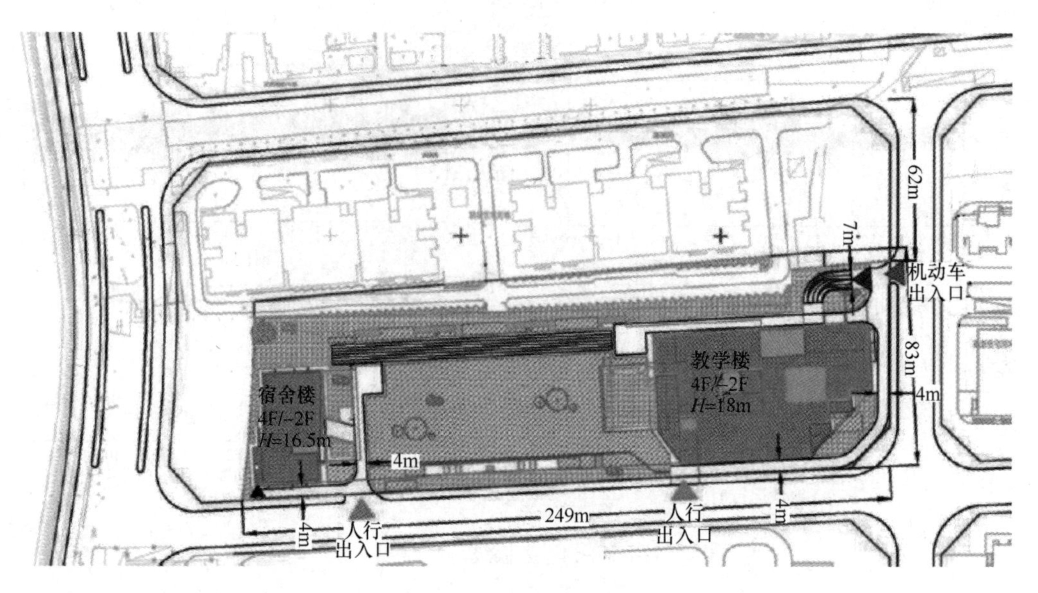

图 5-3-1　项目地上建筑平面图

地铁引起的建筑结构振动将会对教学楼内实验仪器正常使用、人员生活等造成一定影响（图 5-3-2）。

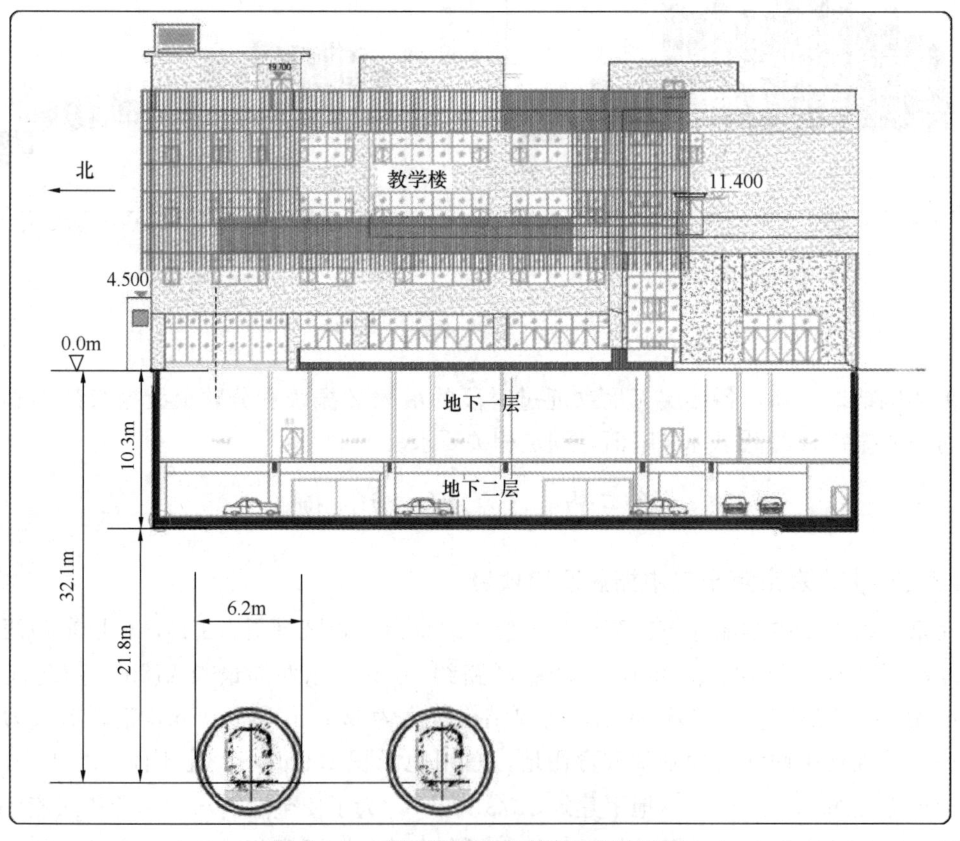

图 5-3-2　教学楼与拟建线路立面关系图

1. 振动控制方案

采用隔振技术可以有效遏制地铁正常运行产生的环境振动与二次噪声，目前对于地铁振动控制采取的措施有两种：①地铁振源振动控制，如钢弹簧浮置板隔振等；②对上部建筑物采取振震双控技术措施。本项目拟建地铁线路尚未开建，无法确定是否采用钢弹簧浮置板。为确保教学及科研工作正常进行，采用建筑结构钢弹簧整体隔振技术，降低地铁运行对建筑使用功能的影响。

如图 5-3-3 所示，采用钢弹簧隔振器需要设置一定高度的隔振层，考虑弹簧高度，隔振层一般不小于 1.5m。为不影响上部建筑功能，隔振层通常设置在筏板下方，本项目筏板至隧道顶部距离较小，不宜将隔振层设置在筏板以下，采取主体结构地下室柱顶钢弹簧隔振方案，即将地下室与上部结构断开，保持±0.000 以上建筑设计不变，地下室由 1 层变为 2 层。弹簧隔振支座上部主体结构采用钢筋混凝土框架结构体系，考虑地下室使用功能限制，地下室柱顶位置增设拉梁以提高隔振支座下部结构整体性，同时在隔振层设置黏滞阻尼器以减小隔振层变形。

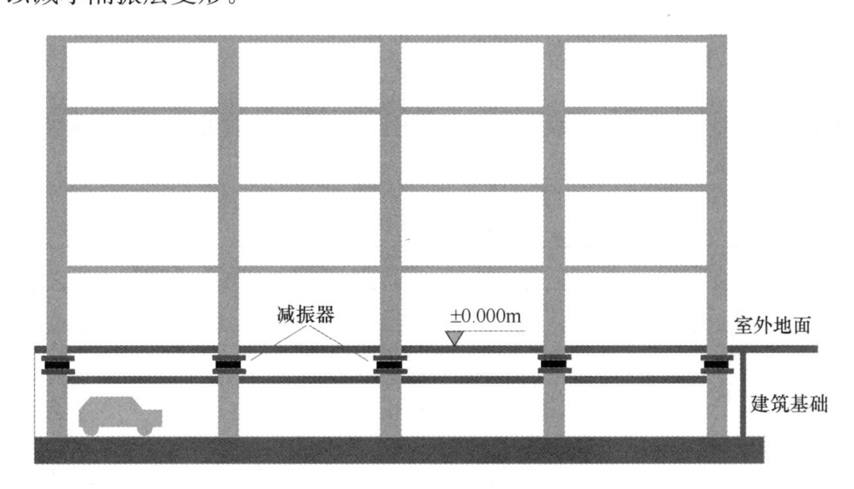

图 5-3-3　隔振方案示意图

(1) 隔振器选型

结合隔振效率及隔振装置的变形能力，确定隔振支座布置原则为：

1) 隔振后满足自振频率≤3.5Hz；

2) 重力荷载下隔振支座竖向变形极差小于 2mm；

3) 隔振层刚心与上部结构质心的偏心小于 3.0%；

4) 隔振层变形应小于弹簧支座的变形能力。

按上述原则初选布置隔振层，钢弹簧支座共计 37 个（图 5-3-4），隔振后体系的竖向基本频率为 3.41Hz；考虑弹簧隔振装置水平刚度与竖向刚度相关性，水平刚度约为竖向刚度的 0.6～0.8 倍，隔振层刚心与上部结构质心基本重合；重力荷载作用下隔振支座的竖向最大变形为 19.8mm，最小变形为 18.4mm，相差 1.4mm，约为支座变形能力的 3.5%，满足设计要求。

(2) 黏滞阻尼器选型

为保证隔振层变形小于隔振支座的变形能力，同时减小隔振层的扭转变形，沿隔振层

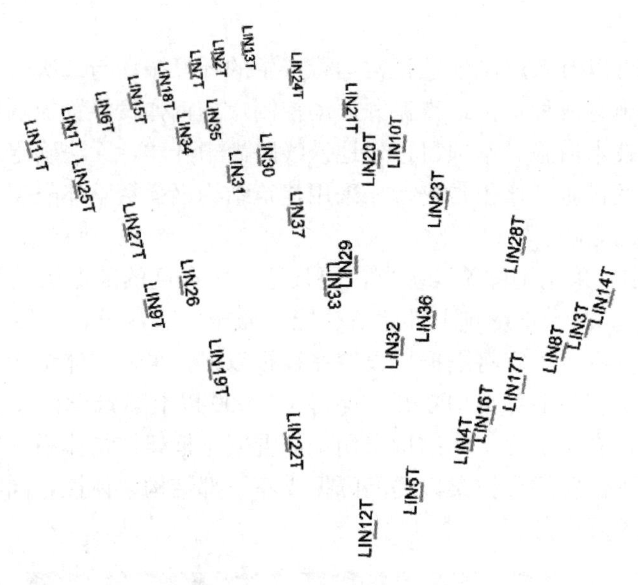

图 5-3-4　隔振支座布置图

端部及角部设置黏滞阻尼器。经参数优化后，确定阻尼器参数如表 5-3-1 所示，黏滞阻尼器共计 34 个。

黏滞阻尼器参数　　**表 5-3-1**

名称	参数值
阻尼系数 C　kN $(s/m)^{\alpha}$	2500
速度指数 α	0.3

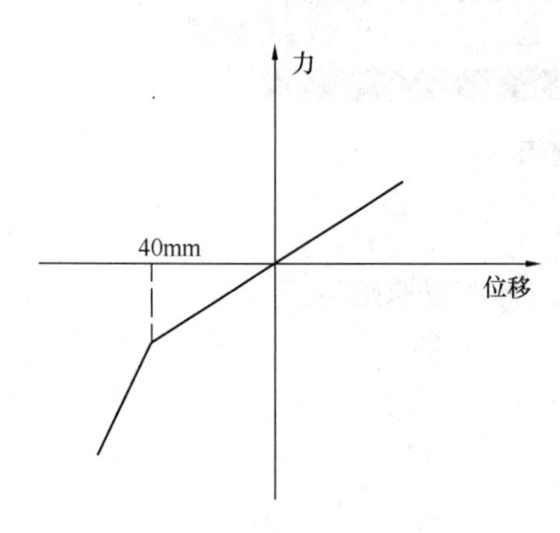

图 5-3-5　弹簧支座刚度模型

（3）限位墩选型

在罕遇地震作用下，若干弹簧支座的变形过大，超过弹簧的设计极限变形，此情形下，弹簧刚度增大较多，在结构构件中产生较大的冲击荷载。为减小下弹簧支座的竖向变形，使弹簧竖向变形满足设计要求，在每个限位墩上布置聚氨酯减振垫，在地震作用下，当弹簧竖向变形超过某一阈值（本设计取 50mm，包括 1.0 恒荷载 ＋0.5 活荷载作用下的弹簧压缩变形 20mm），由弹簧支座和聚氨酯减振垫构成并联弹簧，共同承担地震作用。本设计取聚氨酯减振垫的刚度为该弹簧支座竖向刚度的 3 倍，既可以达到减小弹簧支座竖向变形的要求，又可以使弹簧支座反力保持在合理的范围内。弹簧支座的刚度模型如图 5-3-5 所示。聚氨酯减振垫布置如图 5-3-6 所示。

2. 振动控制分析

（1）振动评价标准

1）国家标准《住宅建筑室内振动限值及其测量方法标准》GB/T 50355—2018

评价指标：1/3 倍频程振动加速度级 La，单位为 dB，频率范围 1～80Hz，振动方向

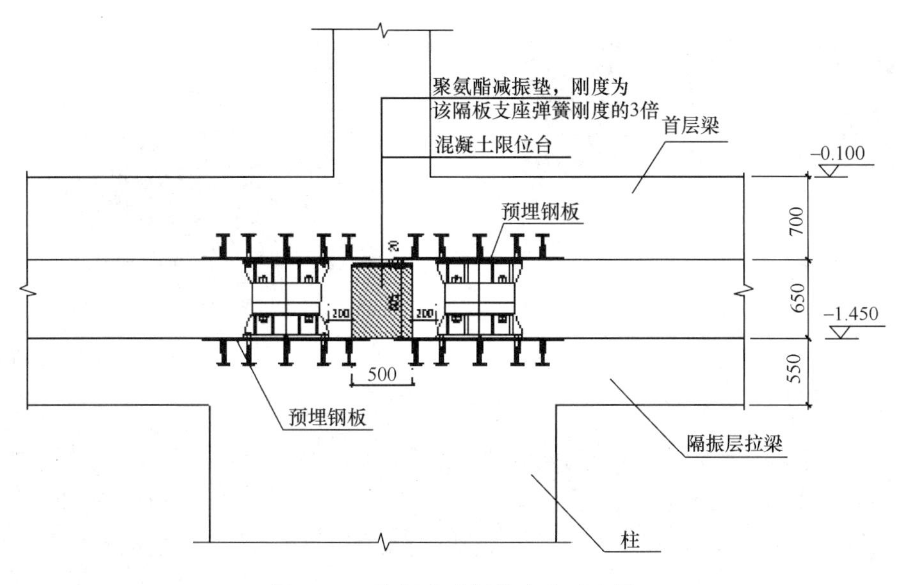

图 5-3-6　聚氨酯减振垫安装示意图

取地面（或楼层地面）铅垂向。振动限值见表 5-1-1，其中一级限值为适宜达到的限值，二级限值为不得超过的限值。

2）行业标准《城市轨道交通引起建筑物振动与二次辐射噪声限值及其测量方法标准》JGJ/T 170—2009。

评价指标：4～200Hz 频率范围内，采用 1/3 倍频程中心频率，以不同频率 Z 计权因子修正后的分频最大振级 VL_{max}作为评价量，加速度在 1/3 倍频程中心频率的 Z 计权因子见表 5-1-2，城市轨道交通沿线建筑物室内振动限值见表 5-1-3。

3）国家标准《城市区域环境振动标准》GB 10070

评价指标：Z 振级 VLZ，按《机械振动与冲击　人体处于全身振动的评价　第 1 部分：一般要求》ISO 2631—1：1997 规定的全身振动 Z 计权因子（wk）修正后得到振动加速度级，Z 计权曲线见图 5-1-1。

4）国家标准《城市区域环境振动测量方法》GB 10071—1988

评价指标：以列车通过时 Z 振级的算术平均值作为评价量，振动标准见表 5-1-4。本项目采用居住、文教区限值。

（2）建筑结构整体隔振分析

采用有限元软件 SAP2000，导入设计院提供盈建科模型建模，在结构首层楼板与地下室之间设置隔振层，分别采用 Link 单元、Damper 单元模拟钢弹簧隔振器和黏滞阻尼器，振动分析采用动力时程分析方法。

下穿地铁 11 号线处于拟建阶段，且项目建筑主体结构尚未施工，故选择与该项目类似的影响对象进行测试。通过与该项目的地铁车速、车型、土质、建筑与地铁位置关系、建筑结构形式及基础条件等参数对比，选择与该项目相似的地铁 10 号线丰台站至首经贸站区间，K40＋790 里程与 K40＋930 里程两处断面进行振动测试，分别考察地铁轨道未采取减振措施和采取弹性长轨枕减振措施两种情况下地铁经过时对应地面位置的振动响应（图 5-3-7）。

图 5-3-7　振动测试测点布置图

将测点 1 和测点 2 时程加速度曲线作为隔振结构基底激励输入，考察结构各评价点实际加速度，各评价点的加速度峰值见表 5-3-2。由测试结果可知，与未隔振结构相比，隔振结构的加速度峰值明显减小，且各节点振动响应均满足规范限值要求（图 5-3-8、图 5-3-9、表 5-3-3）。

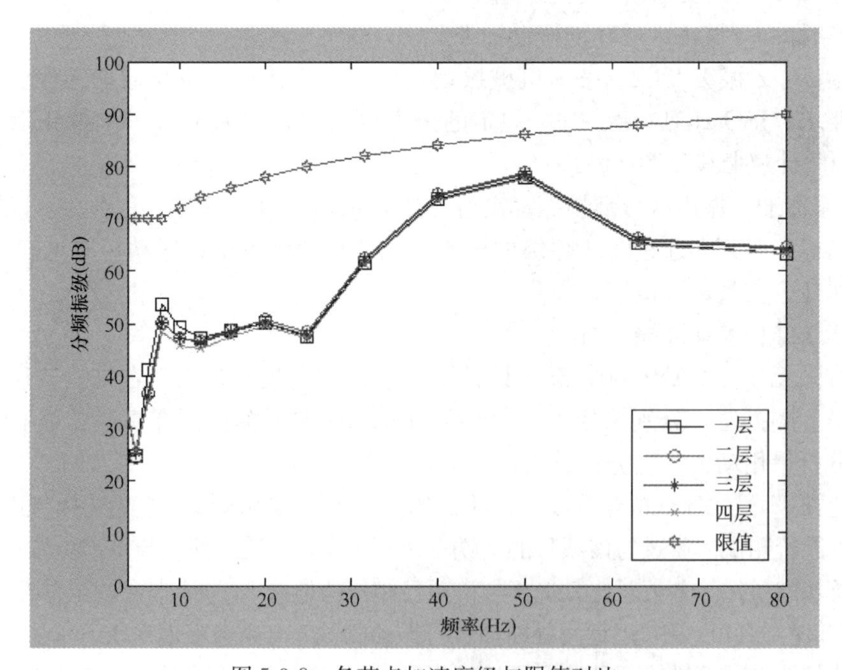

图 5-3-8　各节点加速度级与限值对比

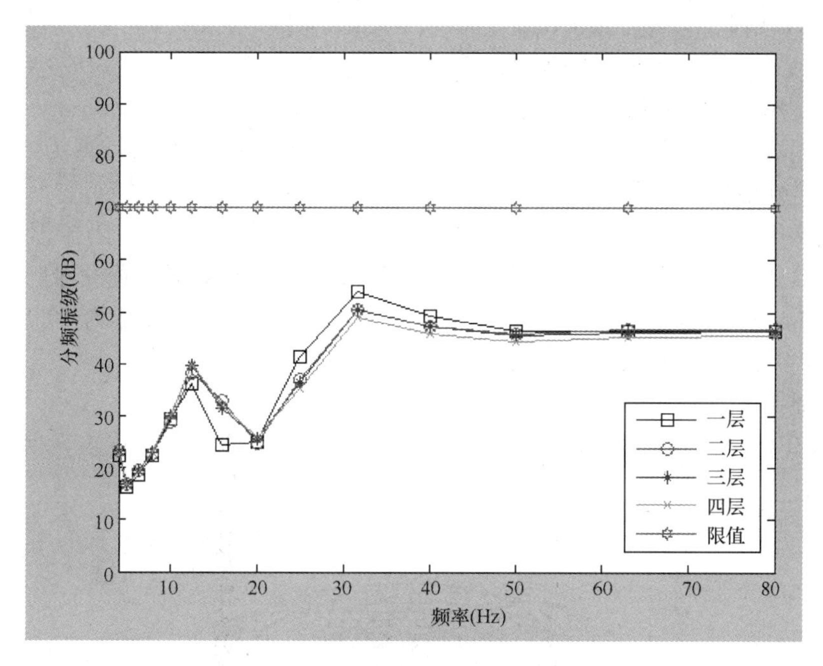

图 5-3-9　各节点分频振级与限值对比

加速度峰值对比（单位：mm/s²）　　**表 5-3-2**

节点	加速度峰值		基底加速度峰值
	未隔振	隔振	
一层 3000594 号	103.912	13.370	102.89
二层 4000491 号	138.640	19.730	
三层 5000505 号	122.090	23.710	
四层 6000465 号	109.100	38.090	
五层 7000611 号	104.240	17.970	

各评价点 Z 振级（单位：dB）　　**表 5-3-3**

	一层节点 3000594	二层节点 4000491	三层节点 5000505	四层节点 6000465	五层节点 7000611
模拟值	60.06	63.38	64.84	64.88	62.39
限值	70	70	70	70	70

（3）地震作用弹性时程分析

抗震设防烈度为 8 度，设计基本地震加速度为 0.20g，水平地震影响系数最大值为 0.16（多遇地震）、0.45（设防地震）、0.90（罕遇地震），设计地震分组为第二组，场地类别为Ⅱ类，场地特征周期为 0.4s（设防地震），竖向地震场地特征周期为 0.35s。

隔振系统采用中震弹性设计，时程输入地震加速度峰值为 200cm/s²，设防地震下隔振器应保持弹性且不与支墩发生接触。按规范对地震幅值、频谱及持时要求，选取 2 条天然记录（TW3、TW4）和 1 条人工记录（Arti1），分别按照 $1.0X+0.85Y+0.65Z$ 及 $0.85X+1.0Y+0.65Z$ 输入，对结构采用非线性时程分析，结构阻尼比取 0.05。

多遇地震作用下，隔振器最大压缩量为 25.96mm（包括 1.0 恒荷载+0.5 活荷载作用下的隔振支座变形，下同），均处于受压状态；X 向最大变形为 1.79mm，Y 向最大变形为 1.66mm。

设防地震作用下，隔振器竖向最大压缩变形为 35.38mm，小于 40mm，满足弹性工作要求，隔振器均未出现受拉；X 向最大变形为 4.04mm，Y 向最大变形为 3.42mm，满足隔振器稳定性要求。

罕遇地震作用下，隔振器竖向最大压缩变形为 49.78mm，25 个隔振器变形值大于零，说明弹簧处于受拉状态，最大受拉变形为 13.18mm；如果不设置黏滞阻尼器，四周 25 个支座受拉，本工程按四周支座均受拉设计；隔振器 X 向最大变形为 16.89mm，Y 向最大变形为 14.92mm，满足隔振器稳定性要求。

（4）阻尼器出力

如图 5-3-10～图 5-3-12 所示，阻尼器的滞回曲线饱满，说明阻尼器表现出良好的耗能特性。

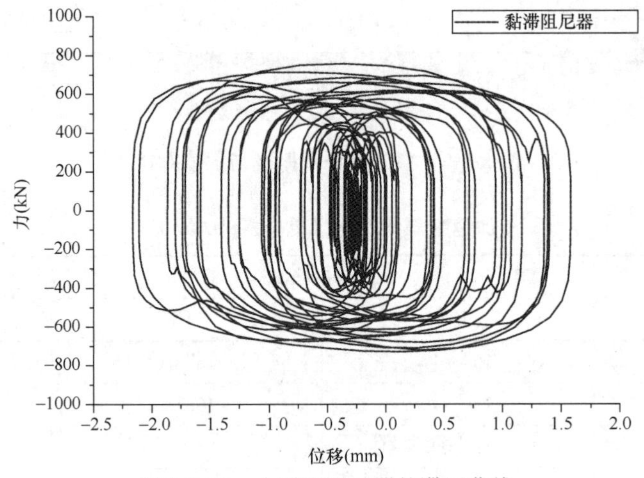

图 5-3-10　小震下阻尼器的滞回曲线

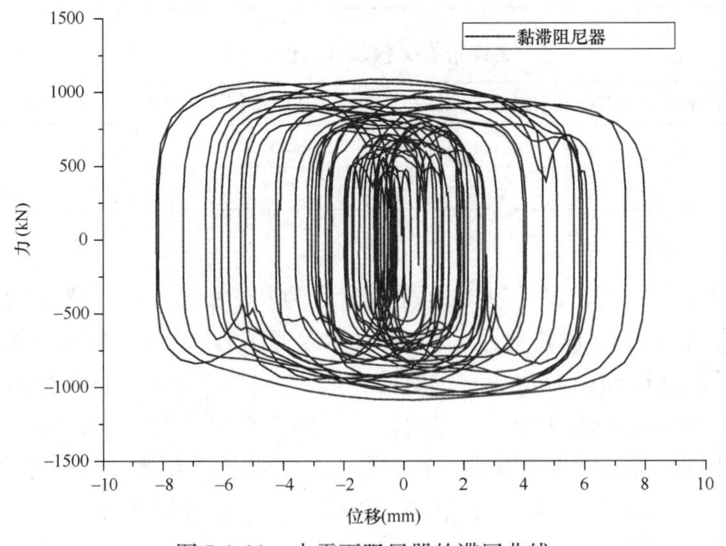

图 5-3-11　中震下阻尼器的滞回曲线

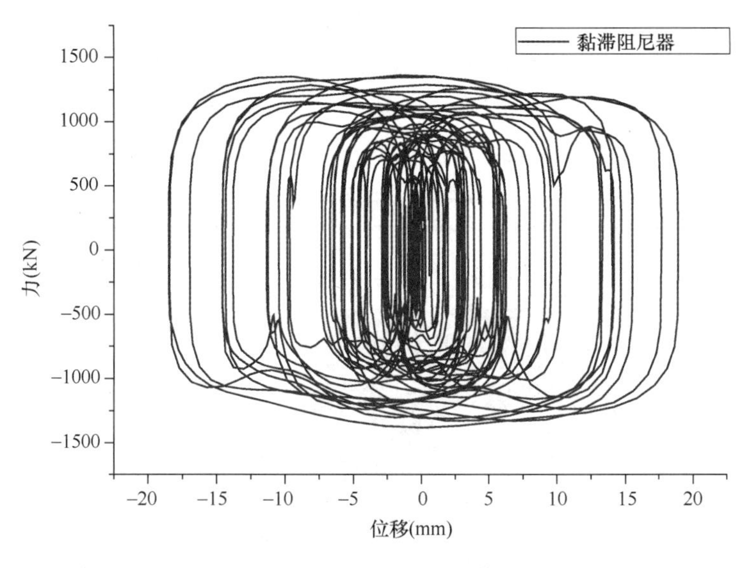

图 5-3-12　大震下阻尼器的滞回曲线

［实例 2］通州副中心枢纽工程振震双控项目

北京城市副中心站综合交通枢纽是集城际铁路、市郊铁路、城市轨道、公交、出租私家车等多层次交通于一体的大型交通枢纽，主要线路包括两条城际铁路（京唐城际和城际铁路联络线）、三条地铁线路（平谷线、M101 线、6 号线），各条交叉线路彼此咬合，竖向关系极为复杂（图 5-3-13）。

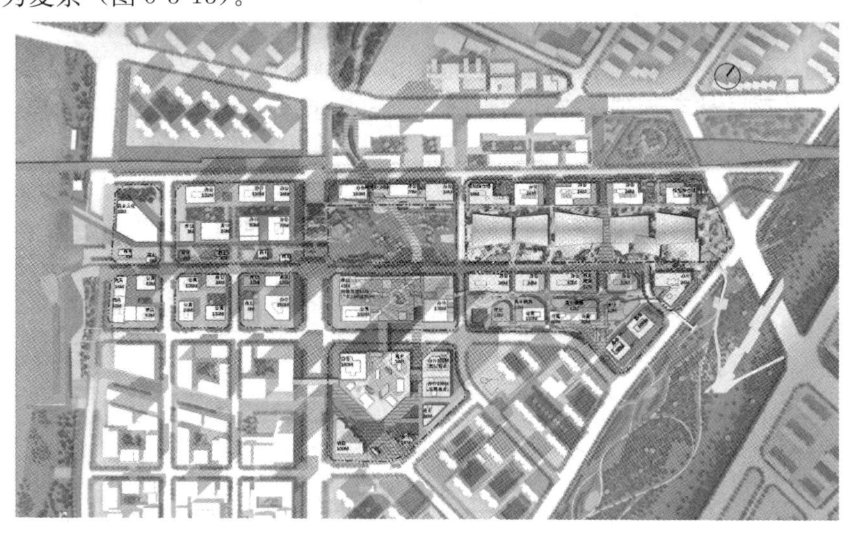

图 5-3-13　副中心 8 号楼位置平面示意图

北京城市副中心站综合交通枢纽 03 单元 8 号楼为异形结构，是一座典型的多业态、多功能建筑。地下共计 5 层：B0.5 层以下为大铁区域；B0.5 层高 6.6m，主要功能为商业空间、排风机房、车库、设备管线等。地上共计 5 层，1F 和 2F 层为商业楼层，3F～5F 层为办公楼层，总高度 24m。8 号楼北侧紧邻城际铁路（京唐城际和城际铁路联络线）车站，南侧紧邻平谷线（局部下穿），东侧紧邻东六环，西南侧紧邻站南路（图 5-3-14）。

为打造高质量站城一体化绿色环保示范工程，提升副中心健康住宅人居环境品质，降低后期振动噪声投诉风险，拟对 8 号楼开展“振震双控”工作，重点运用“侧重竖向隔振为主的振震双控设计方法”，在满足抗震设防的基础上，尽最大能力保证高效率的隔振功能，确保 8 号楼成为振震双控工程典范，开启站城一体化建设的新高度。

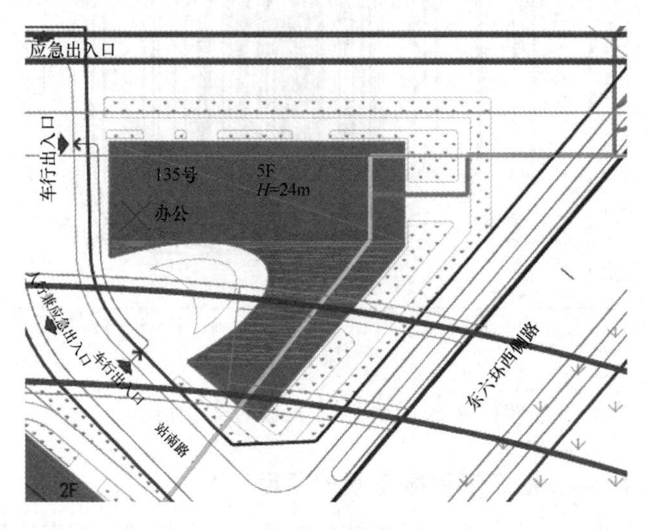

图 5-3-14　8 号楼局部放大图

1. 振动控制方案

（1）建筑结构初步设计方案

8 号楼原抗震设防体系为抗震设计体系，该体系采用自上而下结构传力设计，地震作用下以水平剪切破坏为主，其中，地上建筑采用小震弹性设计标准，地下结构采用中震弹性设计标准。该结构体系为偏于刚性的设计，因此，建筑结构竖向无减振功能。整个建筑结构由钢管混凝土柱、现浇钢筋混凝土主梁、预制钢筋混凝土次梁等组成（图 5-3-15）。

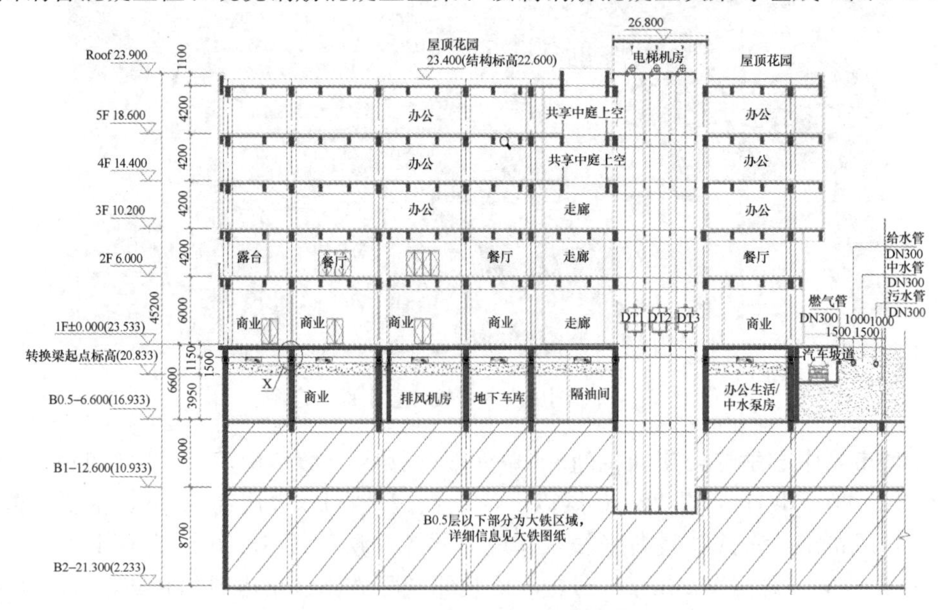

图 5-3-15　8 号楼原设计方案剖面图

项目采用侧重竖向隔振的振震双控方法，控制层的非结构构成包括：大负载钢弹簧＋黏滞阻尼器＋限位器＋防冲器。整个结构体系共有结构柱 42 根，隔振层上部总质量为 3.6 万 t，结构柱平均承载质量为 857t，单结构柱最大承载质量达到 1476t（图 5-3-16）。

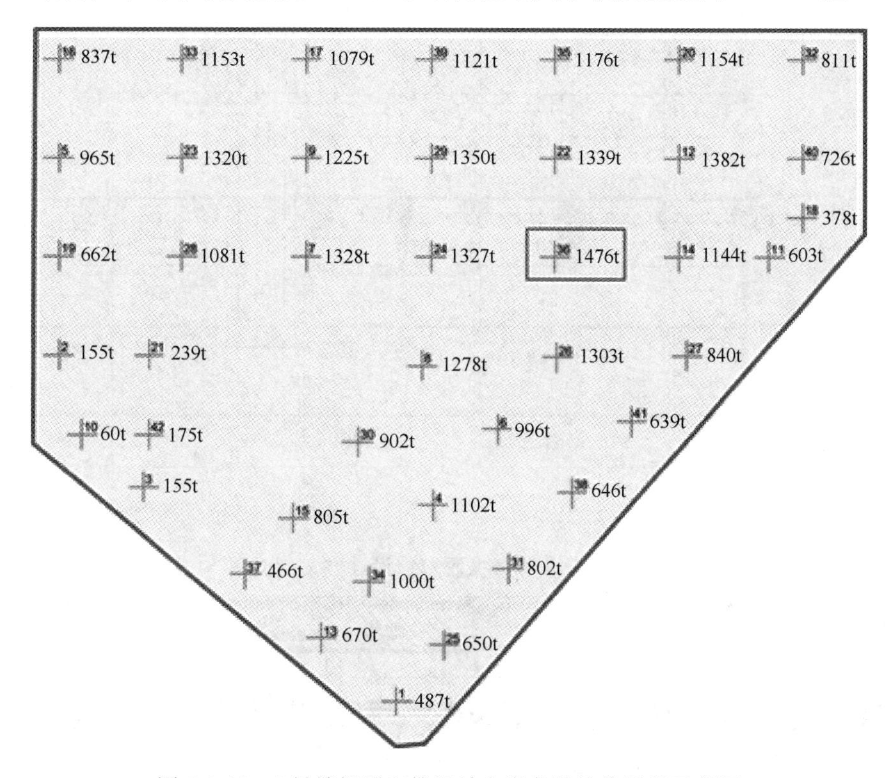

图 5-3-16　8 号楼振震双控设计方案各结构柱承载示意图

将上部建筑结构与下部结构进行整体隔断，整个控制层高度为 1.5m，布置于 B0.5 层顶部，将原高度为±0.000 梁板结构进行整体降板，同时在±0.000 高度增设新的梁板结构，在上、下梁板结构之间增设振震双控装置，以实现双控功能。为了保证隔振器的承载面积，需在上、下结构柱位置镜像布置节点柱帽（图 5-3-17、图 5-3-18），结构支撑节点承载质量和设计参数见图 5-3-19。

（2）隔振系统主要设计参数

1）隔振器工作压缩量：11.5mm；

2）隔振器设计安全余量下压缩量：15mm；

3）隔振器极限压缩量：20.5mm；

4）系统预估固有频率：4.66Hz（可控范围 3.5～6.5Hz）；

5）系统隔振效率：总体时域＞85％；分频（1～6Hz≥15％；6～20Hz≥65％；20～50Hz≥90％；50～200Hz≥98％）。

2. 设计方案特征

（1）振震控制层全层断开设计

振震控制层显著特征之一是针对竖向振动通过在层间布设大负载、低刚度、高稳定性钢弹簧控制装置进行调谐减振。为使控制层对上部结构具有调谐功能，控制层需整层断开

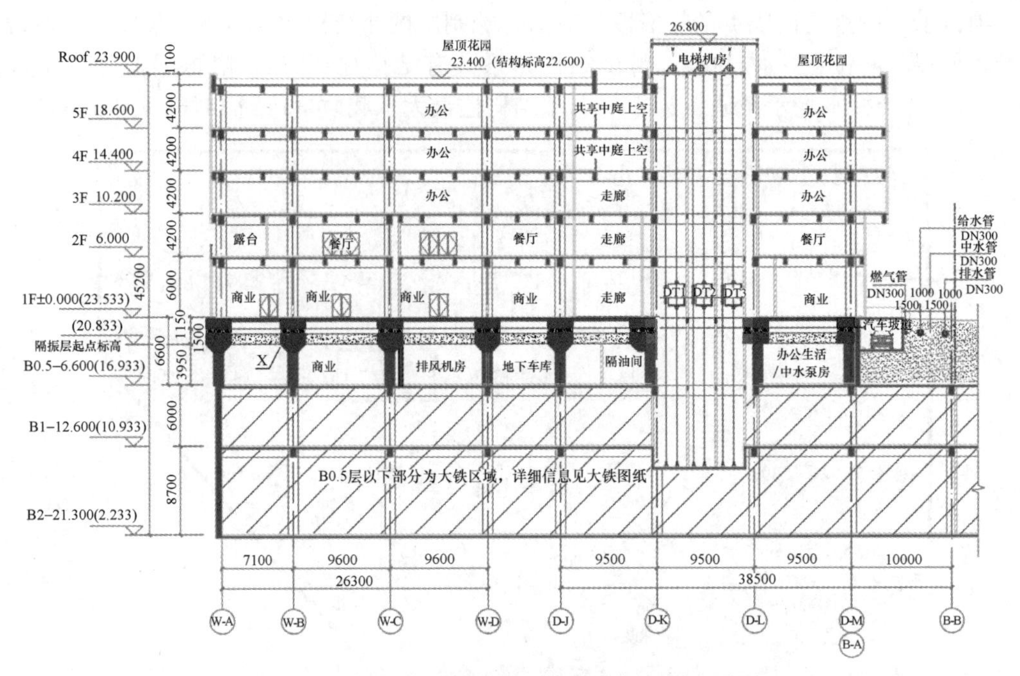

图 5-3-17　8 号楼振震双控设计方案剖面图

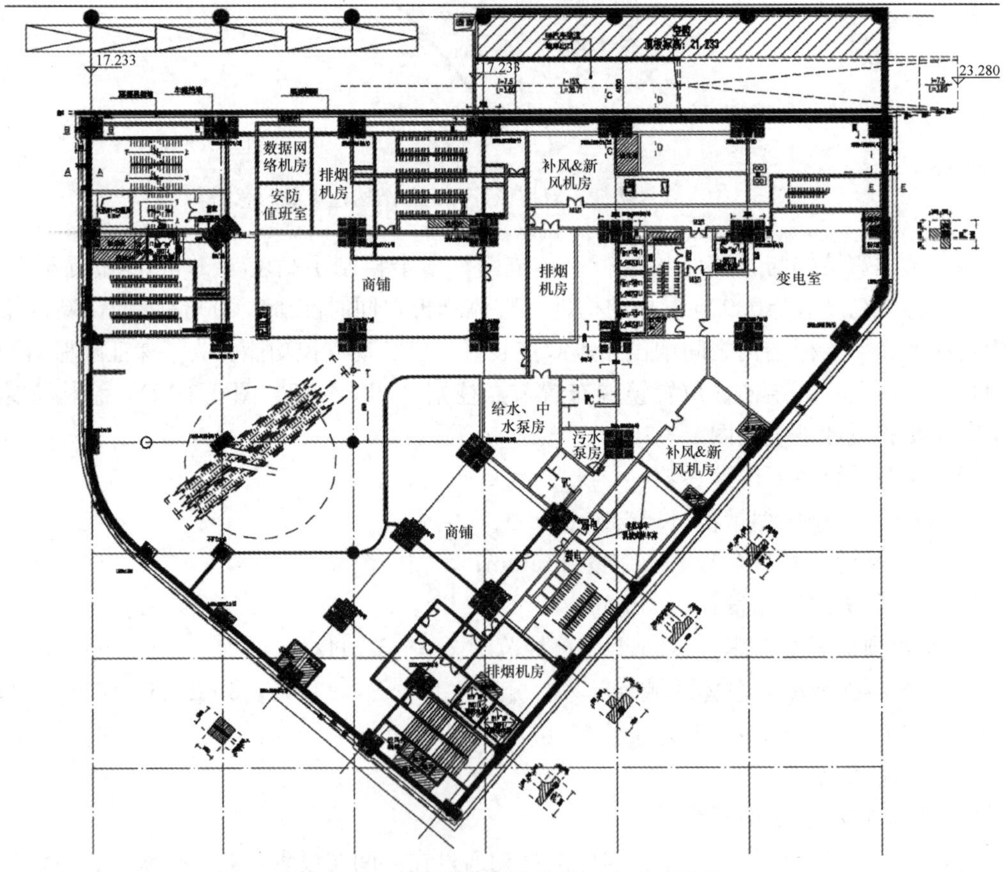

图 5-3-18　8 号楼振震双控设计方案平面图

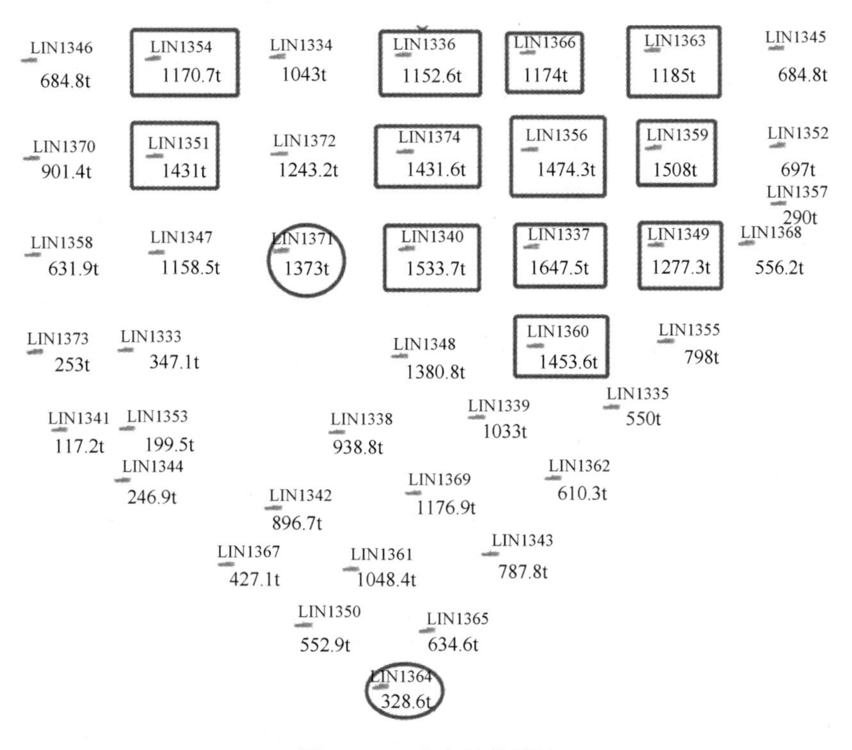

图 5-3-19　节点承载质量

设置，这种全层断开设计必然对建筑结构产生影响，主要包括：

1）控制层竖向刚度低，造成整体竖向刚度不连续，由于钢弹簧的基本频率在3～6Hz，对荷载和结构的错频率将远大于30%，对振动控制设计有利；

2）下部结构、控制层、上部结构整体侧向刚度不连续，这对于水平地震破坏不利，需要在抗震设防过程中增加水平向耗能措施；

3）自上而下的结构支承体系承载力不连续，需要开展振震双控装置的承载力核算。

（2）支撑节点柱帽（础）设计

将 B0.5 层原柱体结构断开并在断开部位设置钢弹簧隔振器，需对该柱头支承节点进行详细设计，设计方案应满足以下要求：

1）能置放承载力足够的双控装置；

2）有位置安装结构限位支墩；

3）隔振设备之间、隔振器与限位支墩间保持足够的安全距离；

4）柱帽上预留足够的隔振器检修更换空间；

5）柱帽和柱础需要满足结构地震设防作用下的安全计算要求；

6）柱帽和柱础应避免与其他结构的碰撞问题，基于安全和功能双目标协调空间设计。

（3）结构限位墩（板）设计

为保障大震下结构隔振层不损坏，需进行控制层层间侧向限位设计，重点包括设计原则、布设方法等，结构限位墩（板）应满足以下要求：

1）位置满足结构地震安全性验算时隔振器的形变响应特征；

2）形状应满足大震下多向受力时不破坏的要求。

3. 隔振装置布置

根据国家标准《工程隔振设计标准》GB 50463—2019，对于建筑隔振体系，隔振装置的设计和布置主要依据下列原则：

（1）隔振体系的固有圆频率应低于干扰圆频率，在一般情况下，应满足频率比≥2.5。当振源分别为矩形、三角形脉冲时，脉冲作用时间 t_0 与隔振体系固有周期 T_n 之比应分别小于0.1和0.2。本项目竖向隔振主要用于隔离宽频的地铁振动，地铁振动作用频率主要位于50～80Hz和300～500Hz附近，采用低频的钢弹簧隔振器能够获得非常好的隔振效果。

（2）凡有下列情况之一时，隔振体系应具有足够的阻尼：

1）扰频经过共振区时，需避免出现过大振动线位移的；

2）地铁等外部环境作用后，要求体系振动迅速衰减的；

3）隔振建筑内由于各种原因产生振动时，能使其迅速平稳的。

（3）隔振建筑体系的结构形式和隔振器布置方式，应满足下列要求：

1）应尽量缩短隔振体系的重心与扰力作用线之间的距离。

2）隔振器在平面上的布置，力求使刚度中心与隔振体系的重心在同一垂直线上。对于积极隔振，当难以满足上述要求时，隔振器的刚度中心与隔振体系重心的水平偏离不应大于所在边长的5%，此时竖向的振动线位移计算可不考虑回转的影响。对消极隔振，应使隔振体系重心与隔振器刚度中心尽量重合。本项目中因建筑物为异形结构，各支承柱头不均匀分布，在考虑隔振器受力的同时，也要在完成整体布置之后验算隔振器的刚度中心与建筑体系的重心之间的偏差，极限状态下不应超出积极隔振的最大偏离要求。

3）应留有隔振器安装和维修的空间。

（4）当采用积极隔振时，隔振对象与管道连接宜采用柔性接头。本项目建筑物中存在上下贯穿隔振层的管道、电梯、扶梯、楼梯、车道等大量设备设施，上下结构之间必须做到无硬接触，避免振动短路。

4. 振动控制分析

本工程振震双控技术方案采用以钢弹簧隔振支座为主的双控技术，综合刚度参数和平面布置，共使用42个支座，支座平面布置见图5-3-20。采用有限元软件SAP2000建立隔

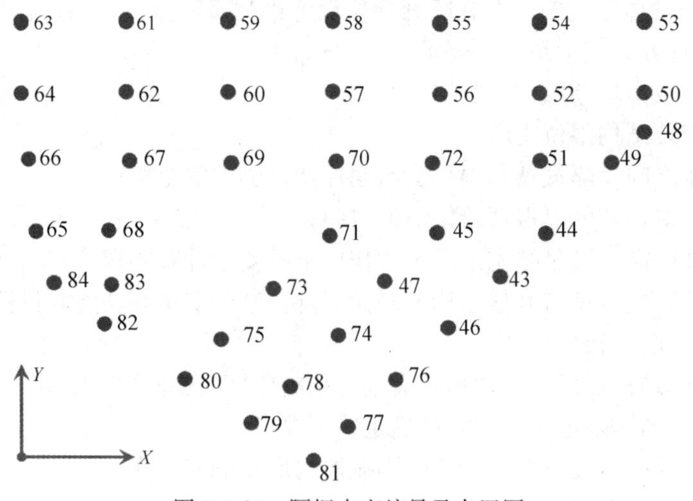

图 5-3-20　隔振支座编号及布置图

振与非隔振结构模型进行分析，数值模型如图 5-3-21、图 5-3-22 所示。

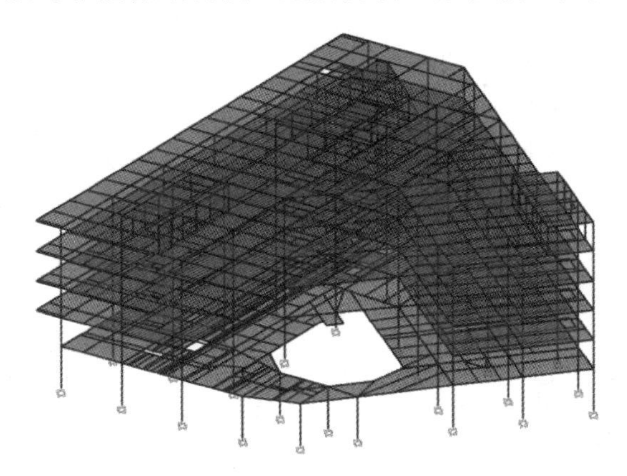

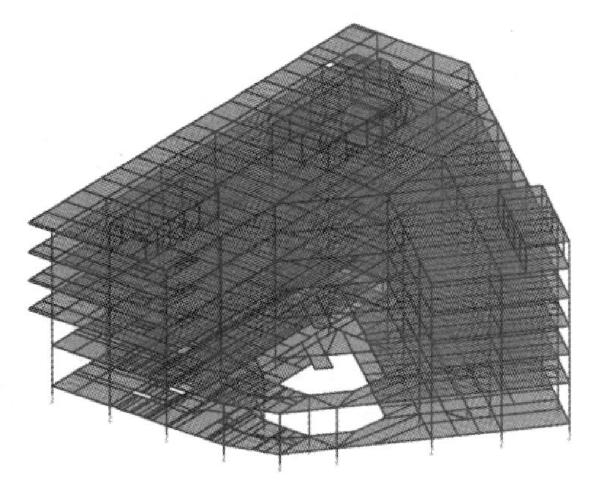

图 5-3-21　非隔振结构数值模型

图 5-3-22　隔振结构数值模型

将 SAP2000 和 SATWE 非隔振模型计算得到的质量、周期进行对比，结果如表 5-3-4～表 5-3-7 所示。由表可知，两类软件模型的前三阶模态的自振周期相近，计算模型可靠。

非隔振结构质量对比　　**表 5-3-4**

SATWE 模型质量（t）	SAP2000 模型质量（t）	差值
30857	29793	3.45%

隔振结构质量对比　　**表 5-3-5**

SATWE 模型质量（t）	SAP2000 模型质量（t）	差值
34984	35198	0.61%

非隔振结构周期对比　　**表 5-3-6**

阶数	SATWE 模型周期（s）	SAP2000 模型周期（s）	差值
1	0.881	0.869	1.36%
2	0.824	0.809	1.82%
3	0.710	0.685	3.52%

隔振结构周期对比　　**表 5-3-7**

阶数	SATWE 模型周期（s）	SAP2000 模型周期（s）	差值
1	1.068	1.126	5.43%
2	0.973	1.026	5.45%
3	0.813	0.859	5.66%

振震双控系统隔振性能计算

输入北京地区实测地铁振动荷载进行时程计算，各层提取相同位置节点对比分析隔振效果，节点提取位置见图 5-3-23。

图 5-3-24～图 5-3-26 给出了隔振方案与非隔振方案以及隔振结构各层振动响应结果。由图可知，隔振方案的整体隔振效果明显。振动输入加速度有效值约 $51mm/s^2$，各层响

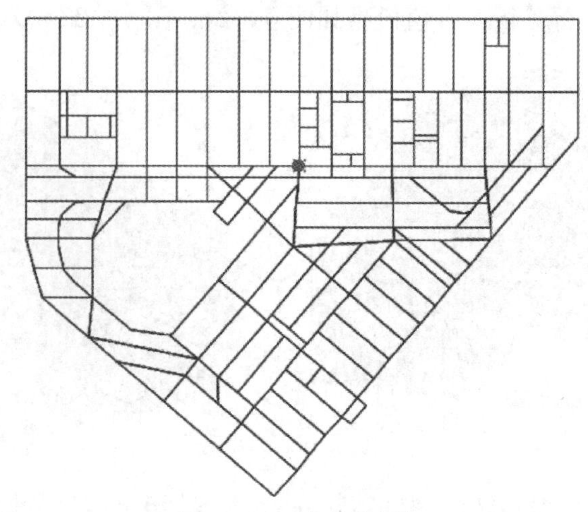

图 5-3-23　响应分析点

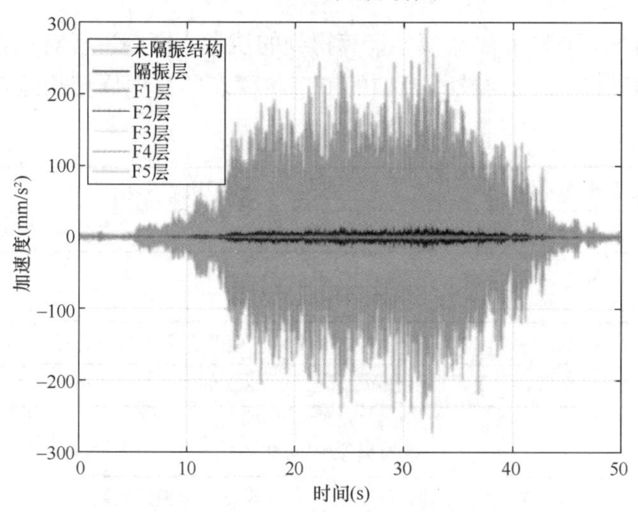

图 5-3-24　未隔振结构与隔振结构振动响应对比

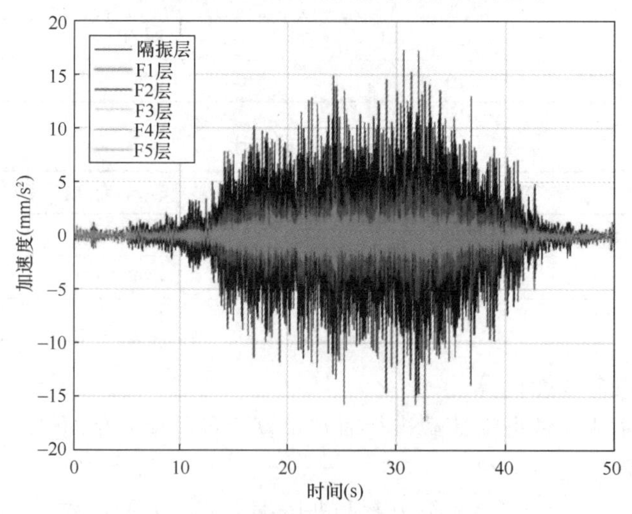

图 5-3-25　隔振结构各层振动响应对比

应分别为：隔振层 3mm/s^2，F1 层 1.3mm/s^2，F2 层 0.66mm/s^2，F3 层 0.63mm/s^2，F4 层 0.76mm/s^2，F5 层 0.84mm/s^2，隔振层有效值衰减 94%，其余各层衰减率约 98%；对比不同层间结果，B1 层振动最大，F1 层次之，其余各层接近。

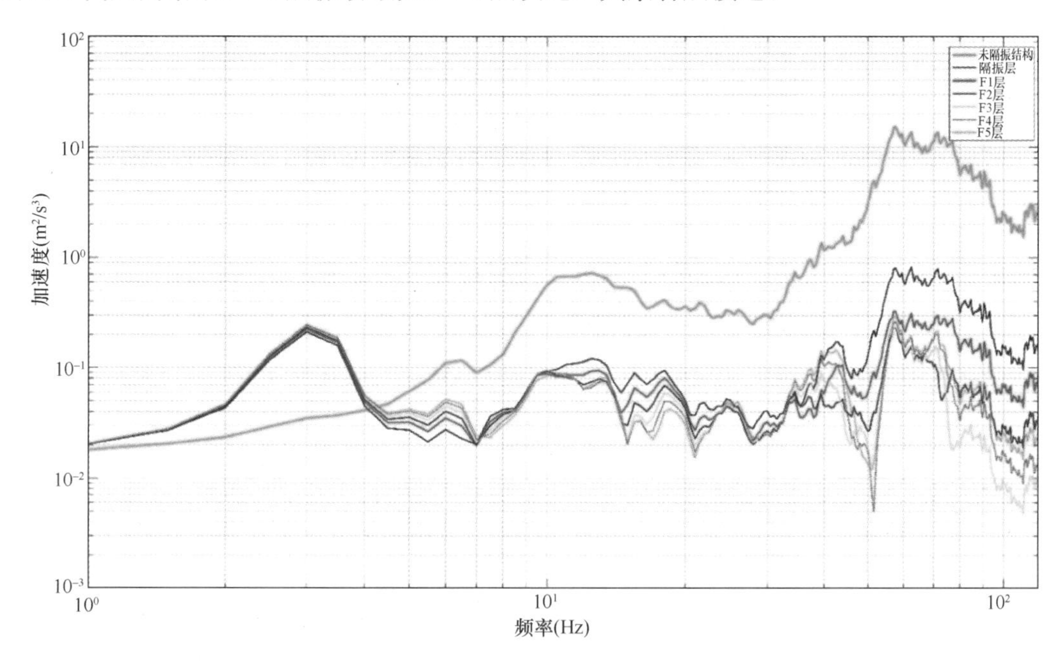

图 5-3-26 隔振结构各层振动频谱响应对比

根据频谱计算结果，隔振设计对约 4Hz 以上的振动发挥隔振效果，隔振器固有频率附近振动有所放大。结合隔振层上部结构荷载分布特点，详细设计并优化分析隔振层各柱节点隔振器刚度参数，并采用不同软件计算结构动力特性，校核了计算效果的准确性。

总体上看，以类似工程场地环境振动作为输入，研究隔振结构振动控制效果表明：隔振层隔振效率在 94%以上，整体减振效果明显。

［实例 3］成都天府国际机场振震双控项目

成都天府国际机场酒店项目位于天府国际机场一期工程航站区南北轴线上核心位置，是国内罕见采取隔振技术设计建造的地铁上盖酒店。项目北侧贴临航站区 GTC，其余三边为航站区地面环道和航站楼出发层高架道路（图 5-3-27、图 5-3-28）。受制于场地条件，

图 5-3-27 建筑效果图

图 5-3-28 建成后实景图

拟建酒店下方为地铁轨道和下穿公路隧道，酒店竖向结构落在地铁站厅层或下穿公路隧道结构顶板上。沿南北中轴下方有两条快速地铁线（13 号、18 号线）及航站区下穿公路隧道，场地北侧下方约 10m 深处有航站楼地下行李管廊穿越。规划布局呈现三个主要组成部分：两段圆弧状高层主楼分列两侧，西侧靠近 T1 航站楼 1 号主楼，东侧靠近 T2 航站楼 2 号主楼，中间合围成 2 层中式裙房，布置有多功能厅、宴会厅、接待大堂、酒店后勤等公共服务区，GTC 通道可以直达机场航站楼。

建筑平面和剖面如图 5-3-29 所示，主楼地上 9 层，地下 1 层，总建筑高度 44.55m。圆形中式裙房采用框架结构，设两道防震缝将上部结构分为三个单元：后勤单元（裙房左单元）、公共服务单元（裙房中单元）和 GTC 通廊单元（裙房右单元）。两侧主楼采用框剪结构，各设一层地下室，地面以上增设一道防震缝，将上部结构各自分为两个抗震单元：1 号左单元、1 号右单元、2 号左单元、2 号右单元（图 5-3-30）。地下室结构不设缝，地下室外墙与隧道侧墙间距 2m，采用中粗砂回填，在保证地下结构侧限的同时起到隔振沟的屏障作用。

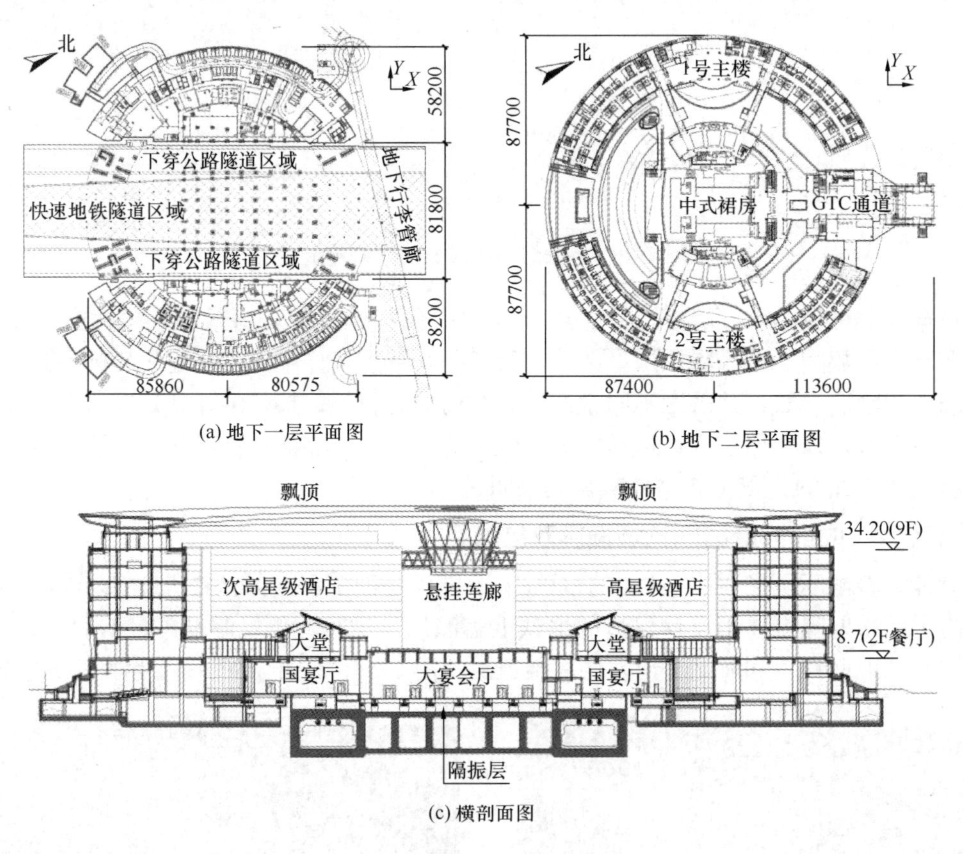

图 5-3-29　建筑平面和剖面图

1. 振动控制方案

酒店主楼上部结构柱网与隧道斜向相交，部分竖向构件需利用隧道顶板进行结构转换，属于典型的部分搭接上盖的高层建筑，选择采用局部浮筑的结构隔振设计。酒店裙房利用地铁站厅层结构柱直接升至裙房上部，减少结构转换，属于非转换落地型的整体上盖

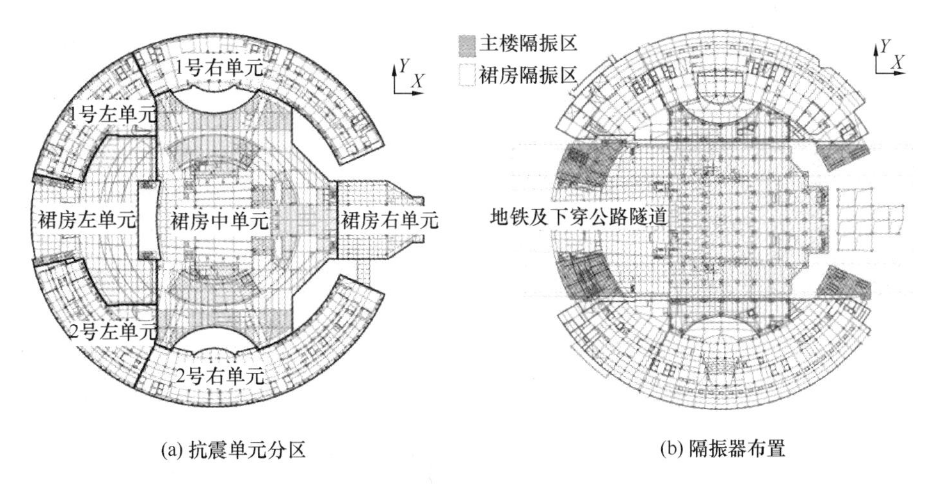

图 5-3-30　抗震单元分区及隔振器布置

建筑，对于有隔振需求的裙房中单元（宴会厅、全日餐厅、接待大堂），采用整体浮筑结构隔振设计，具体隔振措施如下：

（1）在地铁站台区 1000m 范围内（涵盖整个酒店场地范围），采用钢弹簧浮置板道床隔振技术主动隔振措施，减小振动源输入能量。

（2）酒店客房主楼采取局部浮筑的结构被动隔振方案。对于主楼与下穿公路或地铁隧道顶板重叠区域，凡落于该区域的柱、墙底部均设置钢弹簧隔振器，上部楼层支撑在这些隔振器上，从而截断下方竖向高频振动波在现浇混凝土结构中的传导，减小地铁及穿场公路振动对酒店的影响。图 5-3-30 主楼阴影范围以外设一层地下室，上部结构仍采用传统现浇钢筋混凝土与地下室结构相连，但在地下室侧墙外侧及防水板底部均设挤塑板软垫层。地下室外墙与隧道侧墙间距 2m，采用中粗砂回填，在保证地下结构侧限的同时起到隔振沟的屏障作用。基础采用独基＋防水板的形式，防水板底与混凝土垫层之间设挤塑板架空，独立基础底部与混凝土垫层之间设聚氨酯减隔振垫作为辅助减隔振措施（图 5-3-31）。

（3）主楼围合的圆形裙房采用框架结构，其中裙房中单元集中了酒店接待、宴会厅等对振动敏感的公共服务功能，采取建筑整体浮筑被动隔振方案，该结构单元首层板与地铁隧道顶板间的柱底全部设置钢弹簧隔振器。裙房左单元和右单元分别为酒店后勤区和 GTC 通廊，对振动舒适度要求不高，因而可不设隔振装置。各单体隔振器布置情况见表 5-3-8和图 5-3-30（b）。

各抗震单元隔振器设置情况　　表 5-3-8

抗震单元名称	建筑功能	多/高层	是否设隔振器
1 号左单元	高星级酒店客房	高层	部分设置
1 号右单元	高星级酒店客房	高层	部分设置
2 号左单元	次高星级酒店客房	高层	部分设置
2 号右单元	次高星级酒店客房	高层	部分设置
裙房左单元	酒店裙房（后勤区）	多层	不设置
裙房中单元	酒店裙房（接待、宴会区）	多层	全部设置
裙房右单元	酒店裙房（GTC 通廊）	多层	不设置

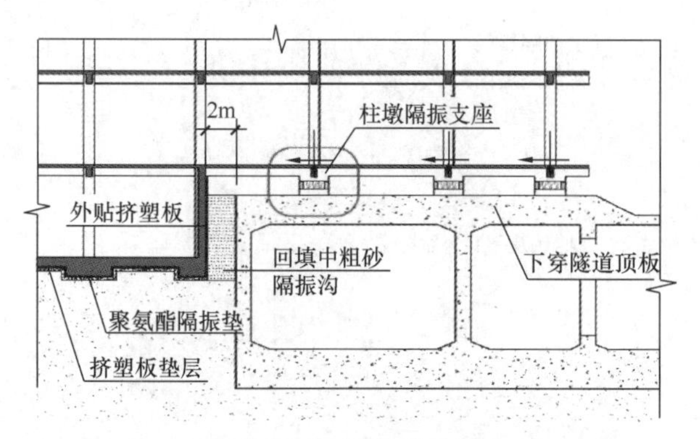

(a) 主楼地下室与下穿隧道的剖面关系

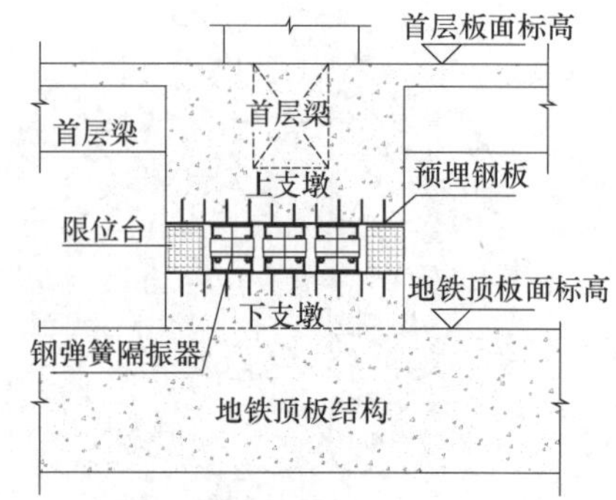

(b) 柱墩隔振支座节点

(c) 隔振支座安装

图 5-3-31　酒店主楼综合隔振措施

根据上述方案，对建筑环境隔振进行专项评估分析。行业标准《城市轨道交通引起建筑物振动与二次辐射噪声限值及其测量方法标准》JGJ/T 170—2009 对 1 类场所居住区的振动限值设定为昼间 65dB、夜间 62dB，将此作为采取隔振措施后的减振目标。

2. 振动控制分析

主楼-土体-隧道耦合系统的有限元模型及酒店 1 号楼 4 层各响应点位置分布分别如图 5-3-32、图 5-3-33 所示，隔振前后分频 Z 振级结果见图 5-3-34。由分析结果可知，不采取隔振措施时主楼多数客房响应点的振动无法满足行业标准《城市轨道交通引起建筑物振动与二次辐射噪声限值及其测量方法标准》JGJ/T 170—2009 规定限值要求（昼间 65dB、夜间 62dB），采取基础隔振措施后主楼客房各响应点 Z 振级大幅减小，满足减振目标。

3. 主楼（局部浮筑的被动隔振结构）抗震性能

主楼采用框剪结构，部分框架柱及剪力墙底需设置钢弹簧隔振器与下方隧道顶板相连。为避免弹簧刚度约束不足，抗扭刚度下降致使扭转振型提前，补充弹簧水平刚度变化对结构动力特性进行分析。研究表明：多组弹簧可以达到较高的水平剪切刚度，通常为竖向压缩刚度的 50%～85%。隔振弹簧的竖向刚度按竖向荷载作用下柱底压缩变形一致的原则确定，水平剪切刚度统一取竖向刚度的 75%，无转动方向刚度约束。如前所述，用于建筑物隔振的弹簧刚度一般按设置弹簧后系统的固有频率 3～5Hz 采用；根据固有频率 $f_0 = 1/2\pi \cdot \sqrt{k/m}$（$k$ 为弹簧刚度，m 为质量）及胡克定律可知，此时结构自重下弹簧的

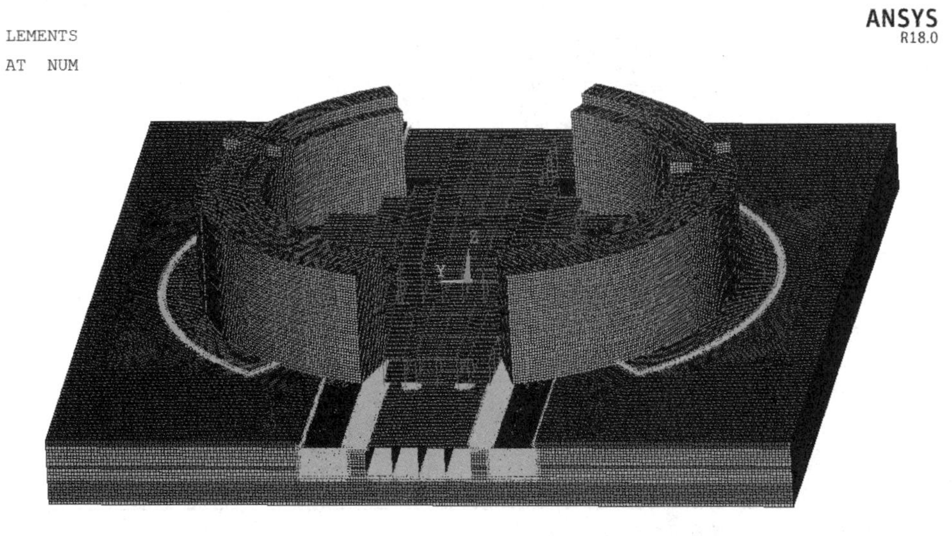

图 5-3-32　主楼-土体-隧道耦合系统有限元模型

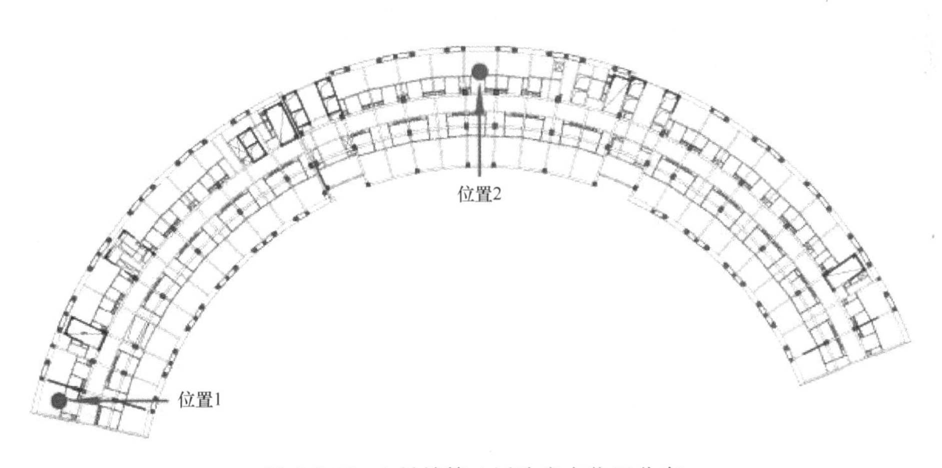

图 5-3-33　1 号楼第 4 层响应点位置分布

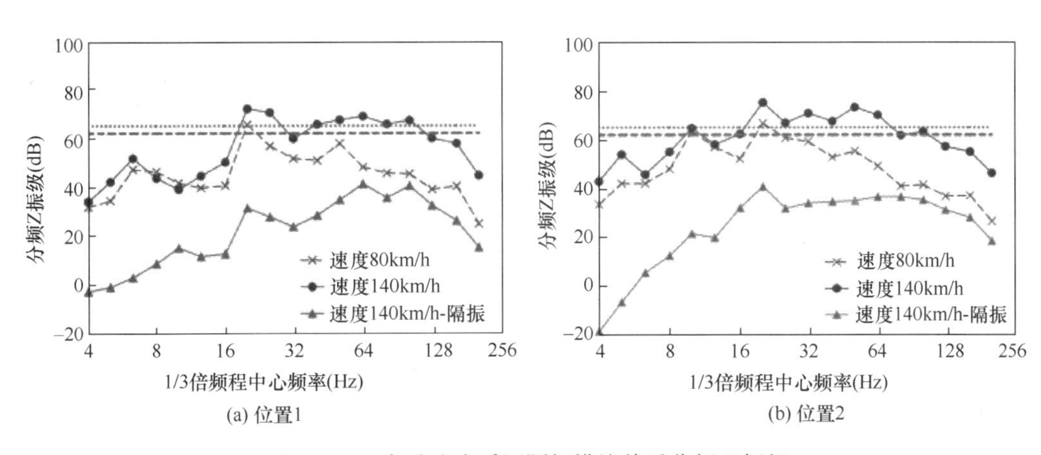

图 5-3-34　各响应点采用隔振措施前后分频 Z 振级

压缩量约为 10～27mm，本工程取中间值 18mm。即竖向构件底部各支座的竖向刚度根据自重下弹簧压缩量反算得出，从而保证结构竖向压缩变形一致。

选取设置钢弹簧隔振器较多的 1 号左单元和 2 号左单元为对象，对比柱墙底弹簧水平刚度 75％竖向刚度、柱墙底无水平约束，以及柱墙底部全刚接 3 种工况对结构动力特性的影响，分析结果见表 5-3-9～表 5-3-12。

1 号左单元结构动力特性变化 **表 5-3-9**

柱、墙底弹簧水平刚度/竖向刚度	1 阶振型		2 阶振型		3 阶振型		T_3/T_1
	周期 T_1 (s)	扭转系数	周期 T_2 (s)	扭转系数	周期 T_3 (s)	扭转系数	
0	1.167	0.16	0.938	0.01	0.756	0.82	0.648
75％	1.159	0.16	0.938	0.01	0.755	0.82	0.651
底部全刚接	1.003	0.09	0.888	0.01	0.742	0.89	0.740

注：0 代表仅有竖向刚度，无水平向约束，余同。

1 号左单元层间位移及基底剪力变化 **表 5-3-10**

柱、墙底弹簧水平刚度/竖向刚度	最大层间位移角（楼层）		最大扭转位移比（楼层）		基底剪力（kN）	
	X 向	Y 向	X 向	Y 向	X 向	Y 向
0	1/1267（8 层）	1/1274（8 层）	1.48（4 层）	1.32（4 层）	8803	10256
75％	1/1271（8 层）	1/1276（8 层）	1.48（4 层）	1.32（4 层）	8830	10278
底部全刚接	1/1390（8 层）	1/1326（8 层）	1.44（4 层）	1.28（4 层）	10145	11015

2 号左单元结构动力特性变化 **表 5-3-11**

柱、墙底弹簧水平刚度/竖向刚度	1 阶振型		2 阶振型		3 阶振型		T_3/T_1
	周期（s）	扭转系数	周期（s）	扭转系数	周期（s）	扭转系数	
0	1.340	0.04	1.113	0.08	1.018	0.87	0.760
75％	1.293	0.02	1.098	0.08	1.008	0.88	0.780
底部全刚接	1.184	0.03	1.052	0.01	0.955	0.94	0.807

2 号左单元层间位移及基底剪力变化 **表 5-3-12**

柱、墙底弹簧水平刚度/竖向刚度	最大层间位移角（楼层）		最大扭转位移比（楼层）		基底剪力（kN）	
	X 向	Y 向	X 向	Y 向	X 向	Y 向
0	1/1288（8 层）	1/1160（8 层）	1.54（2 层）	1.47（2 层）	8212	9226
75％	1/1340（8 层）	1/1188（8 层）	1.47（2 层）	1.43（2 层）	8468	9462
底部全刚接	1/1123（8 层）	1/1089（8 层）	1.32（7 层）	1.25（5 层）	9651	10182

由表 5-3-9～表 5-3-12 可以看出：随着柱、墙底弹簧水平刚度的减小，结构平动振型及扭转振型周期均延长，明柱、墙底弹簧有限刚度相比完全刚接对底部约束有所放松。结构前两阶振型始终为平动振型，仅平动振型的扭转分量和结构最大扭转位移比有所提高，扭转/平动周期比基本小于 0.8，结构总体动力特性未发生根本性改变，说明剪力墙形成的筒体仍能令结构保持较高的抗扭刚度，结构总体层间位移角较小，余下未设置隔振器的墙、柱底能提供足够的约束刚度。

塔楼部分竖向构件落于下穿公路隧道顶板，其余竖向构件与自身地下结构相连，塔楼上部客房标准段切入下穿公路隧道顶板的区域需利用隧道顶板进行结构转换。地下交通结构与塔楼地下结构彼此断开，地下侧墙间距约 2m。上述问题导致塔楼设计需考虑隔振区与非隔振区落地区之间跨区支承的差异沉降。塔楼位于下穿公路隧道区域的竖向变形主要由下述三部分组成：①隔振钢弹簧组的压缩变形；②隧道转换厚板的竖向挠度；③隧道结构和塔楼结构的基础差异沉降。计算结果表明，通过精确调整弹簧竖向压缩刚度，柱底压缩变形控制在 20mm 以内，各竖向构件压缩变形较为均匀。

图 5-3-35 为 1 号左单元柱、墙底施加弹簧约束后的位移计算结果。施工阶段可通过隔振器内的预紧螺栓对钢弹簧施加预先压缩，解决塔楼现浇竖向构件与设置弹簧隔振器的竖向构件之间的差异沉降问题，弹簧预压缩量应设计为结构在重力荷载代表值下的柱底竖向变形计算值。如需要考虑弹簧压缩的不利因素，即结构内力计算包含弹簧压缩变形的差异沉降引起的构件附加内力，此附加内力会引起隔振支座上层楼面大梁（即首层框架梁）的附加弯矩。此时可增大上述结构梁的截面和配筋，令其能够承受弹簧压缩变形引起的附加内力，同时弹簧隔振支座区域设置水平支撑，形成平面桁架加强与非隔振区域楼面结构的拉结。

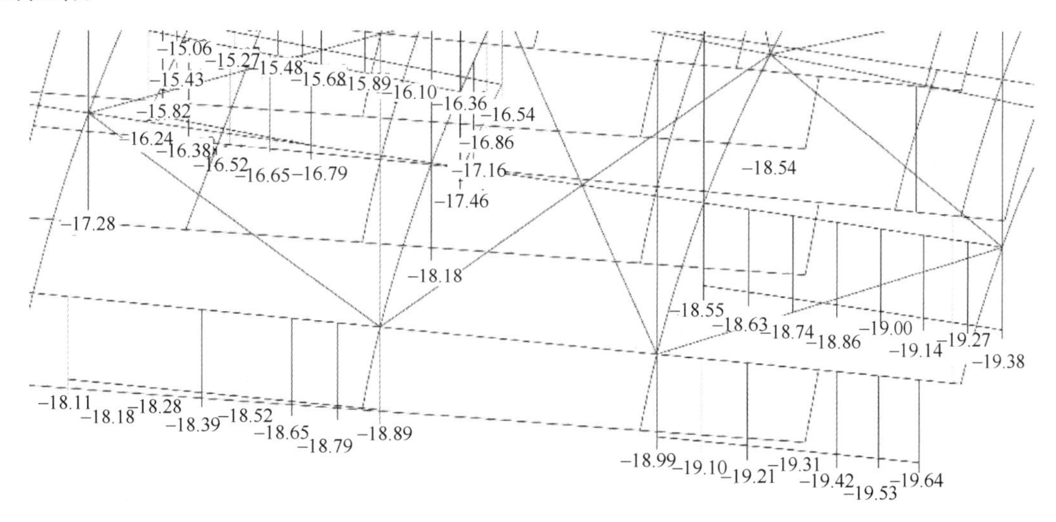

图 5-3-35　重力荷载代表值下柱底和墙底的竖向压缩变形（单位：mm）

塔楼地下室区域的竖向变形主要由自身非隔振落地区的基础沉降和混凝土构件的压缩变形决定。表 5-3-13 给出了上述两部分竖向变形，塔楼及隧道基础均以中风化基岩为持力层，地基变形较小（图 5-3-36），且钢弹簧的压缩变形可通过上述施工阶段预压缩方法消除，隧道顶板可采用预起拱或加配预应力钢筋的方式减小竖向挠度。因此，落于隧道顶板的竖向构件底部设置弹簧隔振器的局部隔振方案造成的竖向沉降差可控。

1号、2号楼基底总竖向变形 **表 5-3-13**

1号、2号楼	隔振钢弹簧组压缩变形	转换厚板竖向挠度	基础差异沉降	总竖向变形
下穿公路隧道顶板	≤20mm	<4.0mm	<5.0mm	<30mm
主楼地下结构	无	无	<4.0mm	<4.0mm

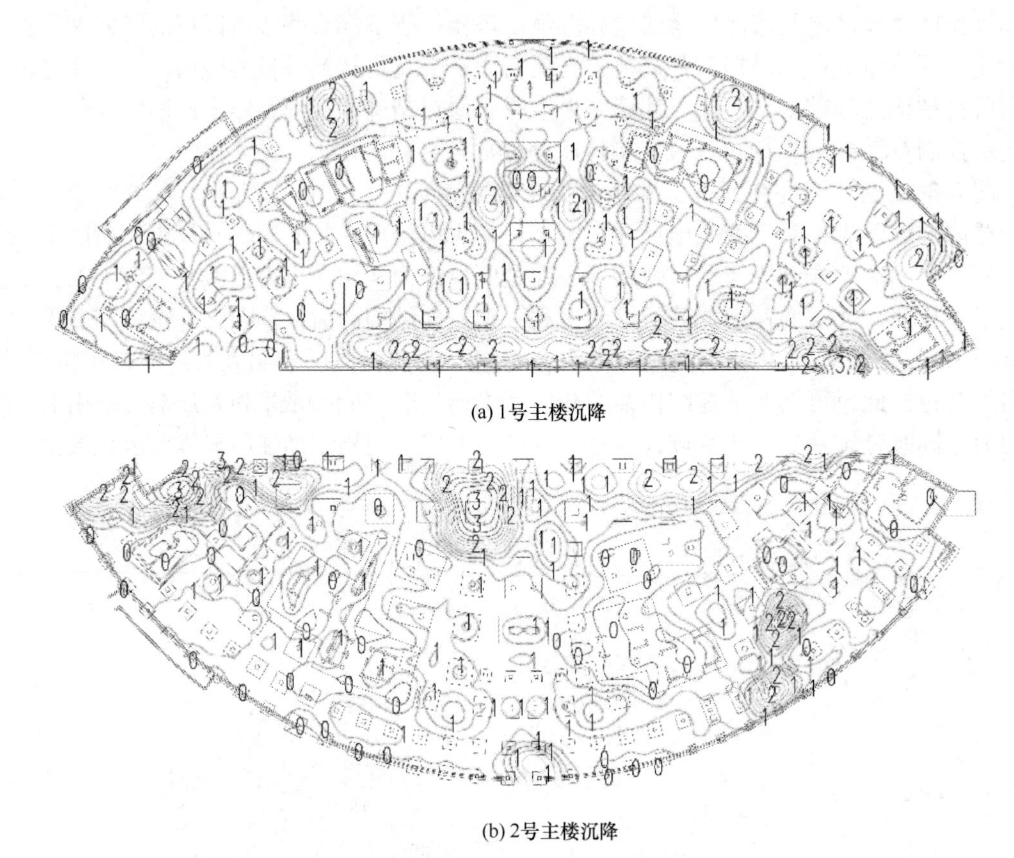

(a) 1号主楼沉降

(b) 2号主楼沉降

图 5-3-36　主楼基础沉降图（mm）

4. 裙房（整体浮筑的被动隔振结构）抗震性能

裙房采用结构整体隔振方案，钢弹簧隔振器设置于所有框架柱底。为评估弹簧支座对结构动力特性的影响，对比分析了柱底支墩设置弹簧支座与柱底全刚接两种计算模型，结果见表 5-3-14。由表可知，水平约束放松将减小结构的抗侧刚度，增大楼层侧向位移，但结构的扭转特性不会发生改变。同时，平动振型及扭转振型周期均会延长，前两阶振型始终为平动型，仅平动振型的扭转分量略有提高，扭转/平动周期比仍小于 0.9。因此，结构仍具有较高的抗扭刚度，柱底设置钢弹簧隔振器的整体隔振方案可行。

3 号裙房中单元结构动力特性变化　　表 5-3-14

柱底弹簧水平刚度/竖向刚度	1 阶振型		2 阶振型		3 阶振型		T_3/T_1
	同期 T_1 (s)	扭转系数	同期 T_2 (s)	扭转系数	同期 T_3 (s)	扭转系数	
75%	0.992	0.01	0.941	0.04	0.862	0.94	0.869
柱底刚接	0.849	0.00	0.767	0.02	0.705	0.91	0.830

钢弹簧支座不同于常规橡胶隔震支座，无法有效减小结构在水平地震作用下的基底剪力。当设置钢弹簧支座导致结构抗侧刚度降低过多，楼层层间位移角不满足规范要求时，可在裙房周边变形较大位置设置黏滞阻尼器，以增大结构的等效阻尼比，减小水平地震作用。对于裙房单元，按图 5-3-37 布置 12 对共 24 个黏滞阻尼器（X 向和 Y 向各 12 个），各阻尼器的阻尼指数 α 为 0.2。小震下结构 X 向阻尼比增大至 0.074，Y 向阻尼比增大至 0.101，结构底部隔振层层间位移角及基底剪力变化如表 5-3-15 所示。

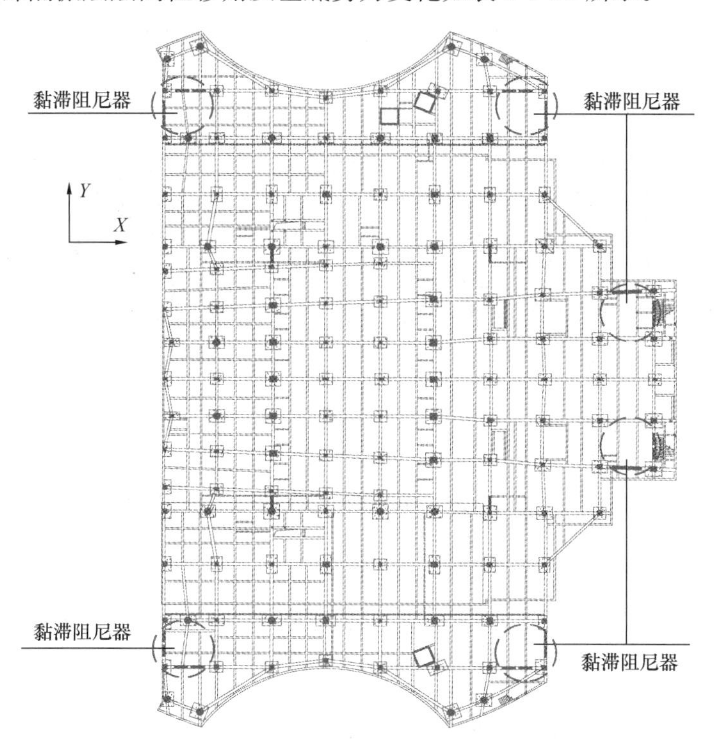

图 5-3-37　裙房中单元隔振层黏滞阻尼器平面布置

裙房中单元层间位移角及基底剪力变化　　表 5-3-15

柱底隔振层支墩约束	最大层间位移角（楼层）		底部隔振层层间位移角		基底剪力（kN）	
	X 向	Y 向	X 向	Y 向	X 向	Y 向
仅钢弹簧隔振器	1/554（3 层）	1/592（3 层）	1/1202	1/1470	28294	27136
钢弹簧隔振器＋黏滞阻尼器	1/651（3 层）	1/733（3 层）	1/1451	1/1827	25290	22418

由表 5-3-15 可以看出，黏滞阻尼器显著减小了水平地震作用，从而减小了层间位移角。小震下单个阻尼器出力约 280kN（图 5-3-38），罕遇地震下单个阻尼器出力增大至 450kN（图 5-3-39），阻尼器的滞回曲线饱满，耗能作用显著。

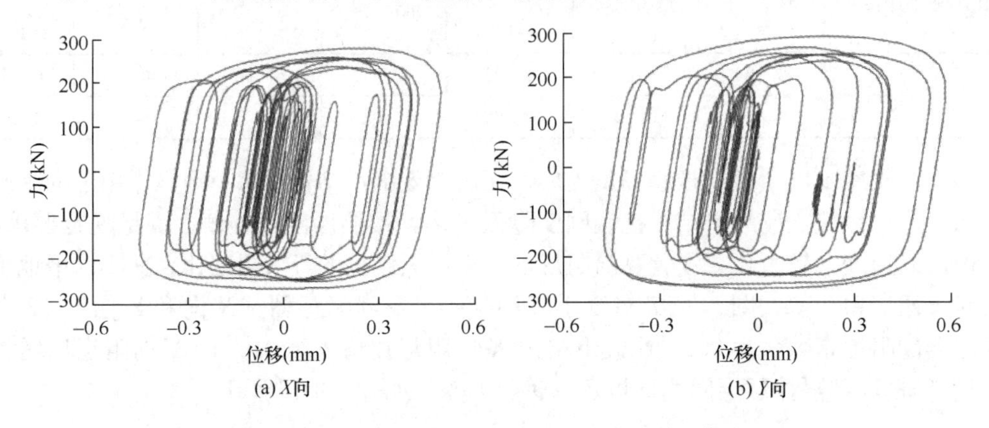

图 5-3-38　小震下单个阻尼器的力-位移滞回曲线

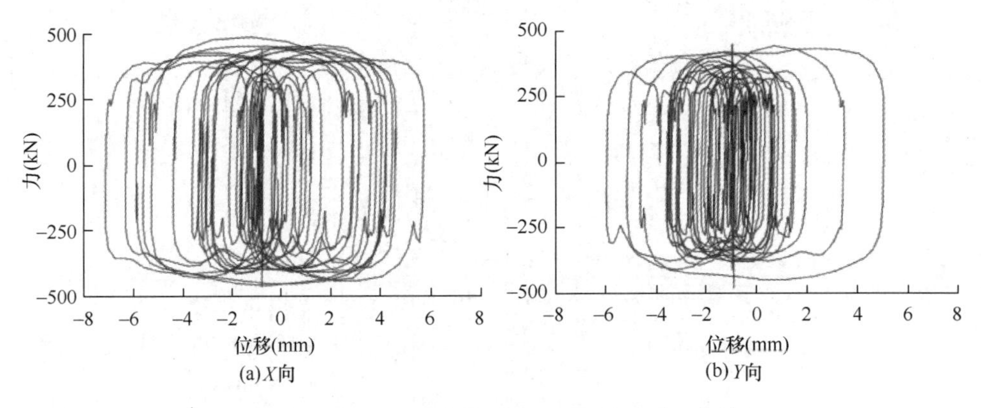

图 5-3-39　大震下单个阻尼器的力-位移滞回曲线

5. 振动实测评价

项目自 2021 年 7 月投入使用，为评价采用隔振方案的建筑振动噪声水平，进行了振动噪声现场测试，主要测试内容包括：①房间及宴会厅振动测试，评价酒店振动是否达标；②房间的二次噪声测试，评价酒店二次噪声是否达标；③同步采集建筑下方对应地铁线路断面振动响应，以确定地铁过车时间。振动测点布置选择两个酒店中距离地铁线路最近位置且具有代表性的房间，测试楼层分别选择 2、4、6、8 层。噪声测点布置选择悦享酒店 6401 房间和云享酒店 8459 房间，采集一小时噪声数据，并根据地铁测点过车信号确定房间噪声选取时间。云享酒店（主楼 1 号）房间号：8846、8653、8459、8237；悦享酒店（主楼 2 号）房间号：6801、6601、6401、6205（图 5-3-40）。

根据行业标准《城市轨道交通引起建筑物振动与二次辐射噪声限值及其测量方法标准》JGJ/T 170—2009 计算建筑物室内分频最大 Z 振级 VL_{max}，表 5-3-16、表 5-3-17 分别给出了各房间及宴会厅振动实测数据。

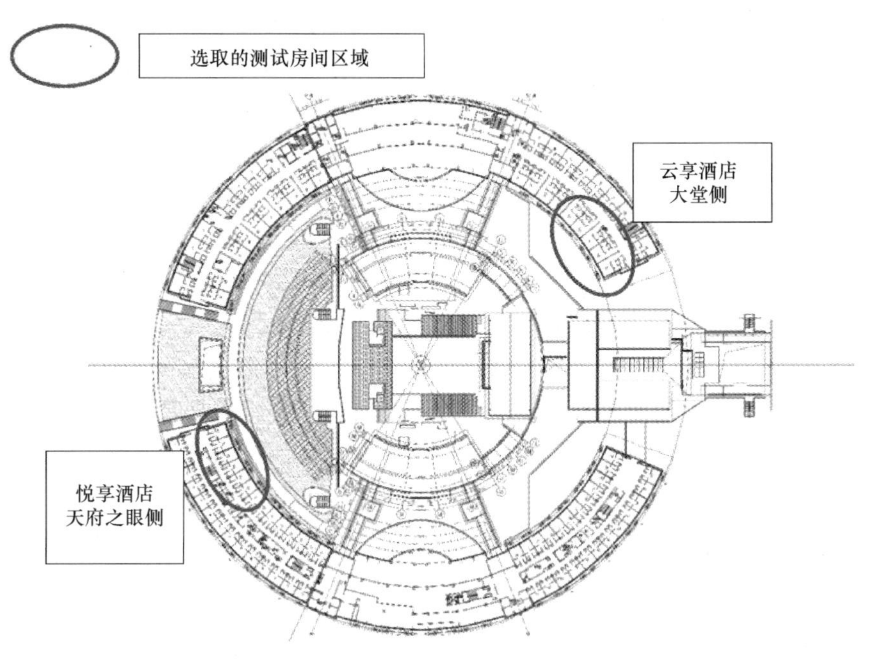

图 5-3-40　振动测点区域分布图

酒店房间分频最大 Z 振级 VL_{max}（单位：dB）　　**表 5-3-16**

房间		地铁车次序号										平均值
		1号	2号	3号	4号	5号	6号	7号	8号	9号	10号	
悦享酒店（主楼1号）房间号	6801	50.2	49.8	49.8	50.5	49.8	49.8	50.3	49.8	49.9	49.8	50.0
	6601	49.8	49.2	49.4	50.8	49.6	49.4	49.9	49.5	49.5	49.5	49.7
	6401	48.5	47.6	47.5	48.5	47.8	47.6	48.1	47.7	47.7	47.5	47.9
	6205	46.5	46.0	45.9	46.1	46.0	45.9	46.1	46.2	45.9	45.9	46.1
云享酒店（主楼2号）房间号	8846	47.2	47.0	48.0	47.2	47.5	47.1	47.1	47.9	46.9	47.2	47.3
	8653	47.2	46.8	47.9	47.9	48.1	48.2	46.1	47.2	48.2	47.8	47.5
	8459	50.7	50.0	52.9	51.0	50.4	51.5	48.6	51.3	50.7	51.4	50.8
	8237	50.0	47.7	50.2	48.3	50.0	50.4	47.1	49.5	49.2	49.8	49.2

宴会厅前厅分频最大 Z 振级 VL_{max}（单位：dB）　　**表 5-3-17**

VL_{max}		车次序号											各点平均值
		1号	2号	3号	4号	5号	6号	7号	8号	9号	10号	平均值	
宴会厅前厅	中间	60.2	60.0	57.1	54.3	58.2	62.0	56.5	61.0	59.9	58.3	58.8	52.3
	左上	50.7	55.2	54.3	48.4	52.2	50.7	55.2	51.2	52.1	47.3	52.2	
	左下	47.7	54.2	51.8	47.8	51.8	50.6	52.0	49.4	51.8	46.0	50.8	
	右上	49.4	48.1	48.2	45.9	48.6	47.0	51.4	48.9	47.6	45.2	48.3	
	右下	51.8	52.4	51.3	48.4	49.7	49.2	53.9	51.8	51.7	47.1	51.1	

由表可知：酒店各个房间分频最大振级在 46～51dB 之间，低于标准昼间 65dB、夜间 62dB 的限值要求，酒店宴会厅分频最大振级为 52.3dB，同样低于标准限值 70dB，上述振动时程信号中无地铁过车信号，可认为地铁振动对酒店房间及宴会厅无影响。

［实例 4］合肥新桥国际机场振震双控项目

合肥新桥国际机场综合交通中心由地下室和地上三个单体构成，地上单体分别为交通中心上盖、多功能厅和旅客过夜用房，各单体由二层室外平台连通。总建筑面积约 20 万 m^2，地下室东西总长约 730m，最大宽度约 270m，旅客过夜用房位于 T2 航站楼南侧，是综合交通中心的组成部分（图 5-3-41）。南北走向有机场地铁 S1 线，采用隧道结构，轨道标高和隧道顶板标高分别为－14.6m 和－7.42m。沿着西北方向与南北向轴线呈 26°交角方向有合新六城际线高铁，采用隧道结构，轨道标高和隧道顶板标高分别为－25.82m 和－7.42m（图 5-3-42）。

图 5-3-41　合肥新桥国际机场航站区工程总鸟瞰图

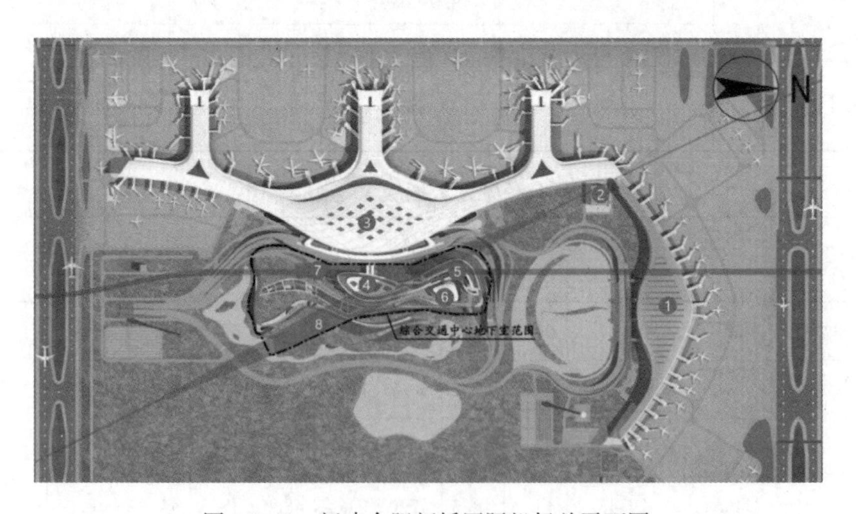

图 5-3-42　新建合肥新桥国际机场总平面图

如图 5-3-43 所示，旅客过夜用房外形呈长腰形，长度约 172m，宽度约 23.6m，地上 8 层，建筑大屋面高度约 31.600m，大屋面以上有小屋面及飘顶，其结构抗侧体系采用钢结构框架-钢支撑体系。旅客过夜用房平面投影径向长宽比约 7.28，为均衡结构平面刚度，控制扭转效应，钢支撑布置于结构两端，采用承载型屈曲约束钢支撑（图 5-3-44）。

图 5-3-43　旅客过夜用房效果图

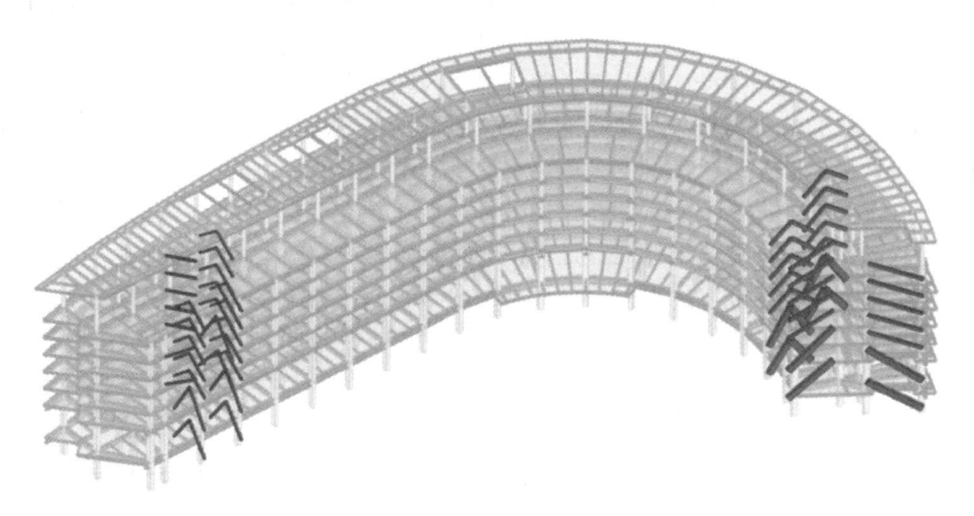

图 5-3-44　承载型屈曲约束钢支撑布置图

旅客过夜用房柱网与地下室柱网无法完全对齐，需在地下室车库－2.500m 标高顶板转换（图 5-3-45）。地下车库框架梁为一级转换梁，二级转换梁沿旅客过夜用房轴网双向布置，以使两个方向的一级转换梁受力较为均匀，将梁高度控制在 2m 以内，以保证地下一层车库净高，一、二级转换梁及转换柱均采用型钢混凝土构件。高铁隧道结构投影与旅客过夜用房相切，顶板距离旅客过夜用房正下方仅 9m，旅客过夜用房与轨道线的平面及剖面关系见图 5-3-46。

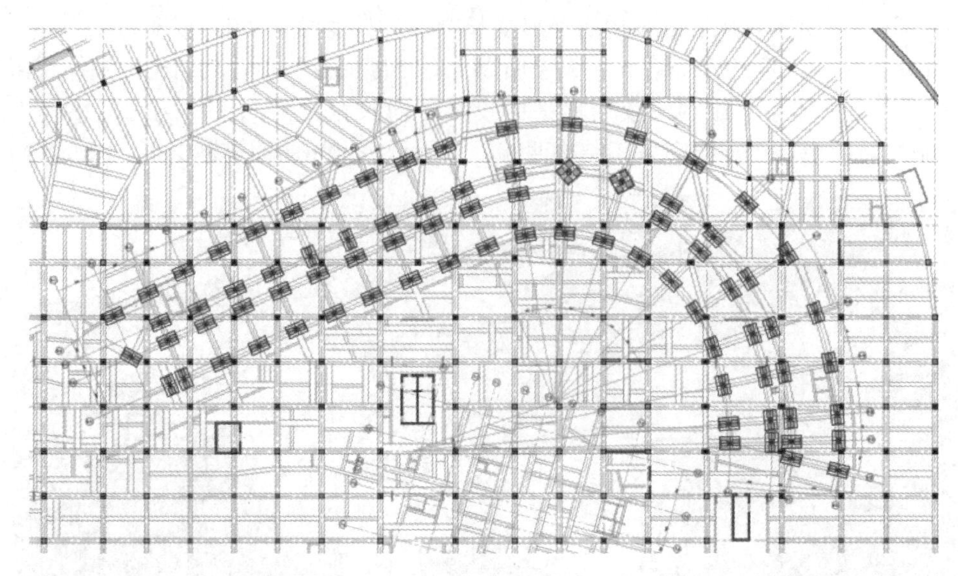

图 5-3-45 旅客过夜用房柱网（红色示意）与车库柱网（黑色示意）位置关系图

1. 振动控制方案

(1) 高铁、地铁振动影响评估

旅客过夜用房主要功能为客房，还包括接待大厅、全日餐厅、会议厅等功能，对舒适度要求较高。高铁和地铁轨线的支承结构与旅客过夜用房结构连为一体，且高铁、地铁轨道本身均未采用主动隔振措施，土-结构相互作用模型轮轨激励动力时程分析显示，在未对旅客过夜用房采用隔振措施情况下，部分客房区域不满足城市轨道交通沿线建筑物室内振动限值要求。为减小高铁与地铁运行导致的振动和二次辐射噪声对过夜用房旅客的影响，最大限度确保旅客过夜用房的品质，本项目采用了整体浮筑的隔振方案：旅客过夜用房框架柱底部设置隔振器，隔振器在传递上部楼层荷载至－2.500m 标高地下室顶板层的同时，最大限度降低高铁、地铁运行过程中的轮轨激励振动往上部结构传递。为确保隔振效果，根据以往工程实践，隔振系统设计基频取 3.5Hz，隔振器采用钢弹簧隔振支座。旅客过夜用房－0.150m 层的每个框架柱下布置一组钢弹簧隔振支座，隔振支座落在－2.500m 层的转换梁上，转换梁直接承受支座的竖向荷载（图 5-3-47）。

(2) 隔振支座布置

根据 $f=\frac{1}{2\pi}\sqrt{K/m}$（质量 m 取 1.0 恒荷载＋0.5 活荷载），隔振层总竖向刚度约为 25672.75kN/mm。每个柱下的支座竖向刚度依据各支座压缩变形尽可能接近的原则，按每个柱底的不同反力进行支座的选择，最终共采用了 25 种不同规格的支座，每个框架柱下布置一组（2～4 个），共 79 组。由于每个框架柱需对应数个支座，柱底在－0.150m 楼层设置了承台，双向型钢混凝土梁将承台相连，形成了面内外刚度足够大的上部结构底盘。

钢弹簧隔振支座在地震下的受力按下述目标控制：水平向承受多遇地震、设防地震和罕遇地震的全部水平力，弹簧可自由变形；竖向在多遇、设防地震下保证支座不承受拉力，压缩变形不超过弹簧极限压缩量，罕遇地震下由增设的三向限位装置承受竖向拉力、

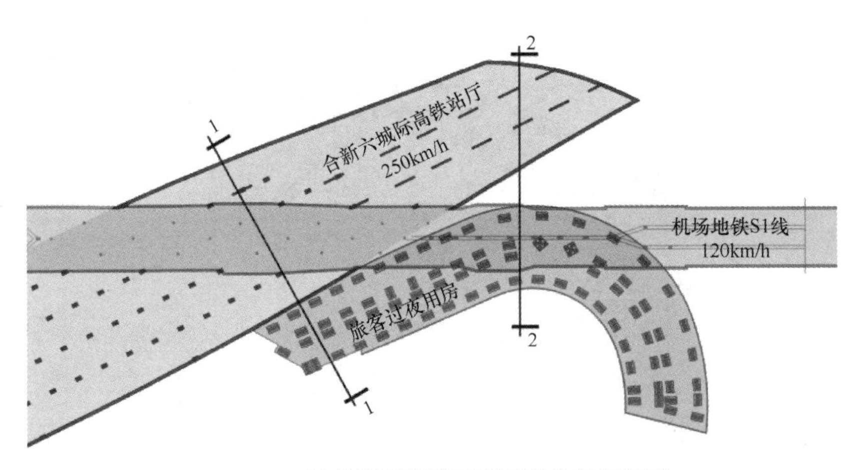

(a) 旅客过夜用房与高铁地铁轨道平面投影

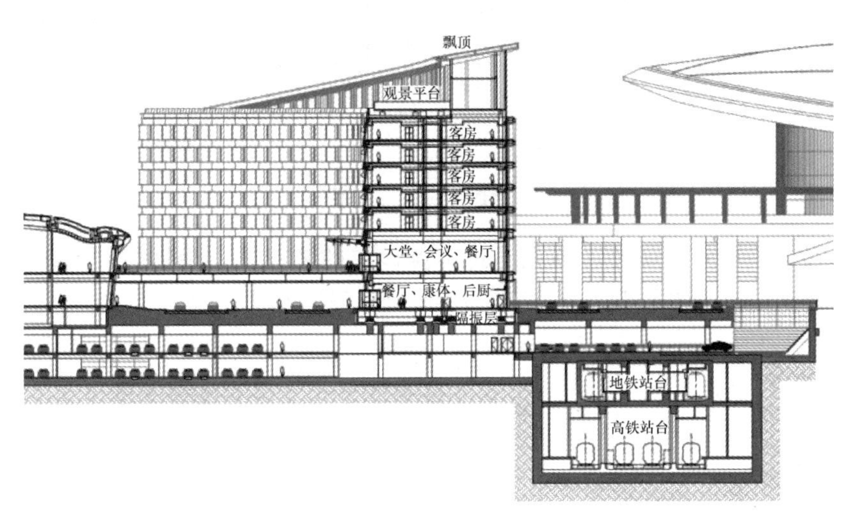

(b) 1-1剖面图

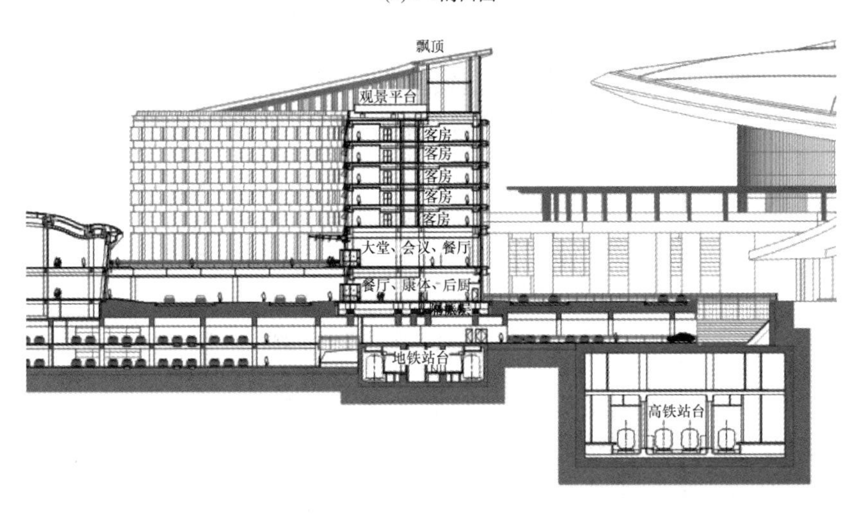

(c) 2-2剖面图

图 5-3-46　旅客过夜用房与高铁地铁相对关系

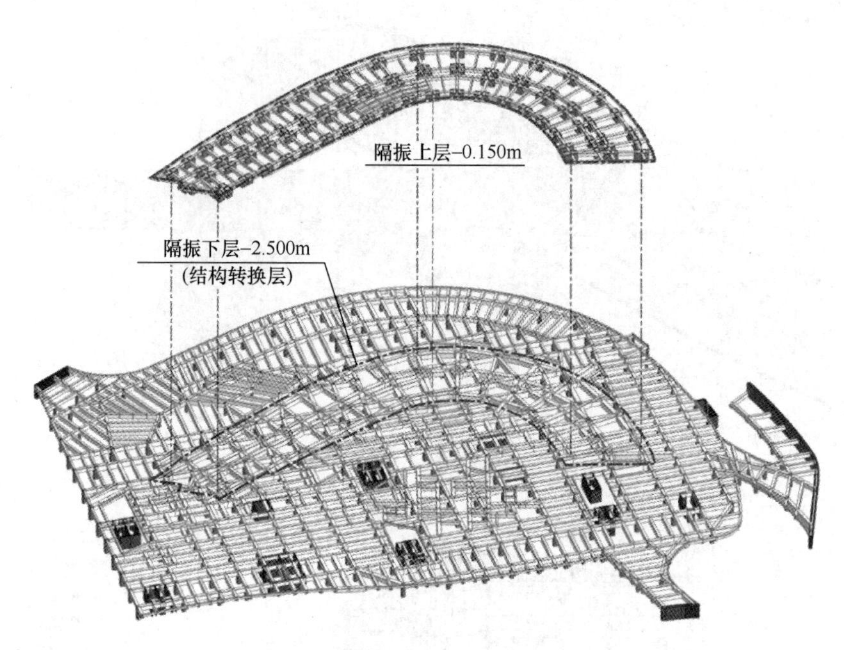

图 5-3-47 隔振层上下层结构分解示意

阻止弹簧压并，该三向限位装置可在超过罕遇地震的情况下，为钢弹簧支座提供水平限位，避免弹簧产生过大水平变形导致支座倾覆（图 5-3-48）。

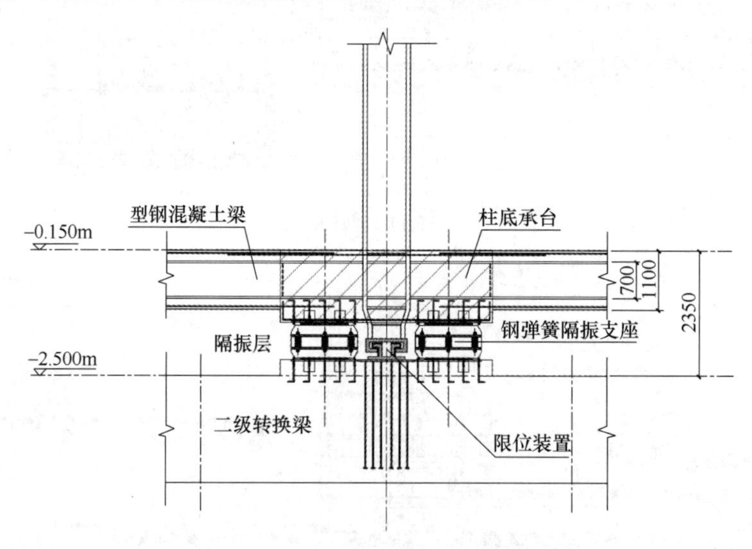

图 5-3-48 隔振支座布置剖面图

由于每个柱底布置了多个隔振支座，柱底实际有一定的弯矩抵抗能力而非理想铰接，因此同一柱底的各钢弹簧隔振支座反力不同，并且支承支座的转换梁在各支座处的竖向刚度也有差异，使得同一柱底下按照相同刚度布置的各支座实际反力可能会出现较大的差异，因此需多次迭代调整支座刚度，以使同一柱下各个支座反力基本相同。隔振支座布置流程见图 5-3-49。

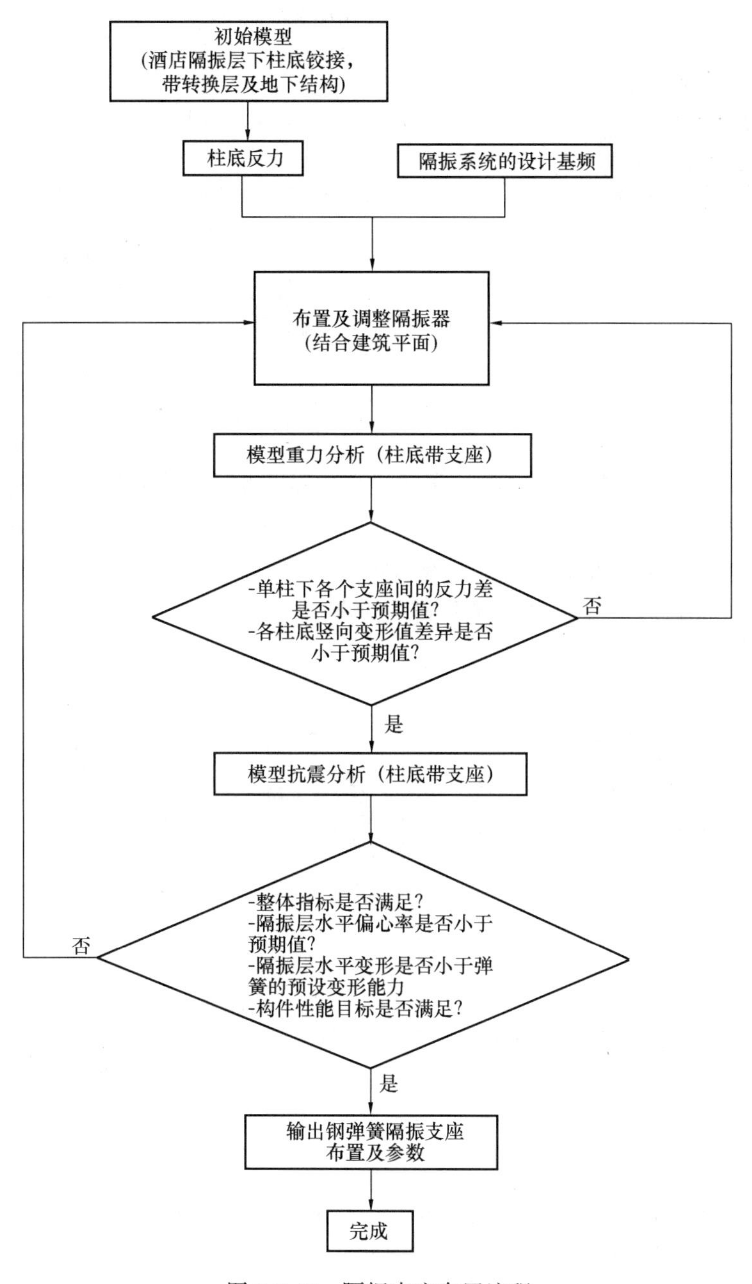

图 5-3-49　隔振支座布置流程

2. 振动控制分析

考虑以土-结构相互作用模型的动力时程分析，分别以高铁运行轮轨力作用计算得出的振动加速度时程和相似高铁运行场地实测振动加速度时程作为输入激励（图 5-3-50），模态阻尼比取 0.02。

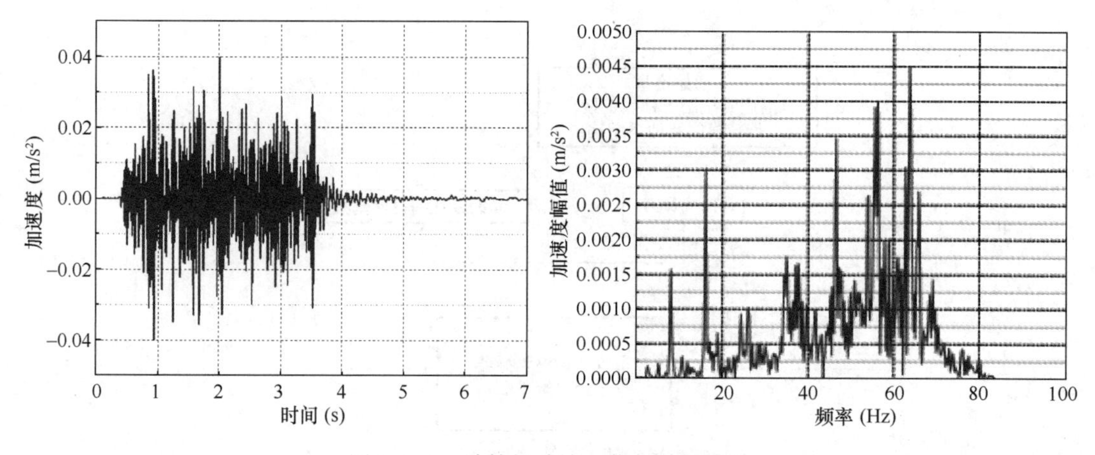

图 5-3-50 计算振动输入荷载时频域图

提取隔振层上部结构各层振动响应最大点的加速度时程，并进行 1/3 倍频程分析与标准限值对比（图 5-3-51）。隔振前各层在 20～40Hz 频段间的最大振级均超过行业标准《城市轨道交通引起建筑物振动与二次辐射噪声限值及其测量方法标准》JGJ/T 170—2009 规定限值，隔振后全频段全天候均满足要求。

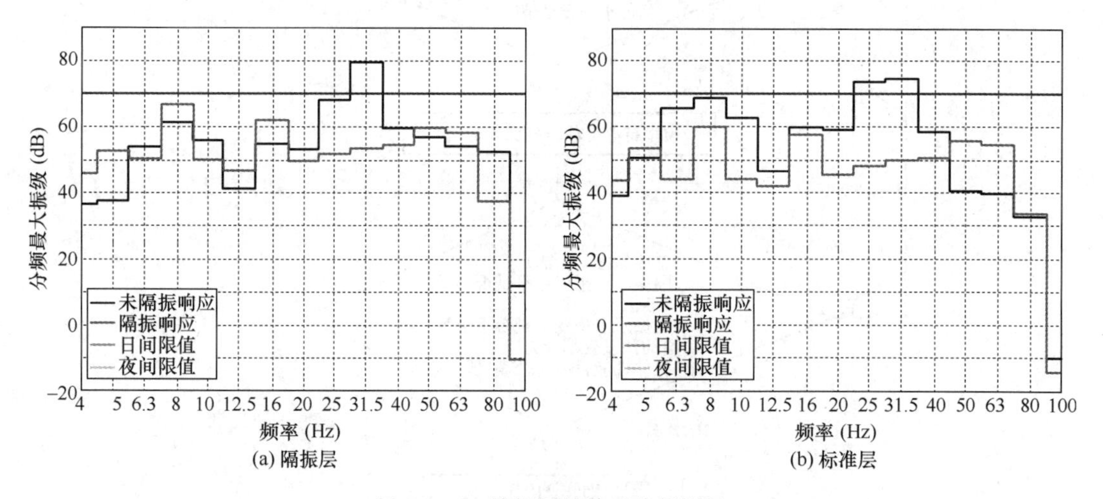

图 5-3-51 楼板隔振前后分频振级

旅客过夜用房单体在－0.150m 标高周边设有防震缝，为避免管线出户时与周圈型钢混凝土梁或隔振支墩碰撞，设备管线从首层顶部出户后再下穿至隔振层内周圈梁以外位置，最后穿出挡土墙进入覆土区域连接总管，设备管线在出墙前均设置柔性接头（图 5-3-52）。

3. 隔振层抗震设计

（1）性能目标

根据行业标准《高层建筑混凝土结构技术规程》JGJ 3—2010 第 3.11.1 条和国家标准《建筑抗震设计标准》GB/T 50011—2010（2024 年版）附录 M 有关要求，考虑旅客过夜用房超限情况，整楼抗震性能目标总体为 D 级，隔振层相关构件提高，具体控制目标如表 5-3-18 所示。

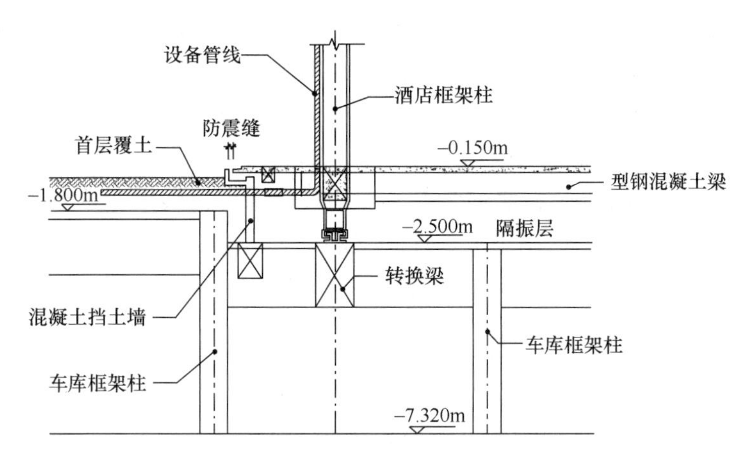

图 5-3-52　设备管线连接示意图

隔振层构件抗震性能目标　　　　表 5-3-18

地震影响		多遇地震	设防地震	罕遇地震
结构整体性能	性能水平	1	3	5
	定性描述	完好无损，一般不需修理即可继续使用	中度损坏，修复或加固后可继续使用	比较严重损坏，需排险大修
	计算方法	按规范常规设计	按规范常规设计（不考虑抗震调整系数）	动力弹塑性分析
隔振支座上下支承梁及下层转换柱（关键构件）		无损坏（弹性）	无损坏（弹性）	轻微损坏（受剪弹性、受弯不屈服）
隔振支座（关键构件）		无损坏（弹性）	无损坏（弹性）	无损坏（弹性）
限位支座（关键构件）		无损坏（弹性）	无损坏（弹性）	轻微损坏（受剪、受弯不屈服）

（2）结构模型及假定

旅客过夜用房的弹性分析采用 YJK 和 ETABS 建模对比分析（图 5-3-53），计算模型包含−7.32m 嵌固层以上的−2.500m 转换层、隔振层及旅客过夜用房上部结构，其中旅客过夜用房上部结构总质量（隔振层以上）约 5.1 万 t。−2.500～−0.150m 按实际情况

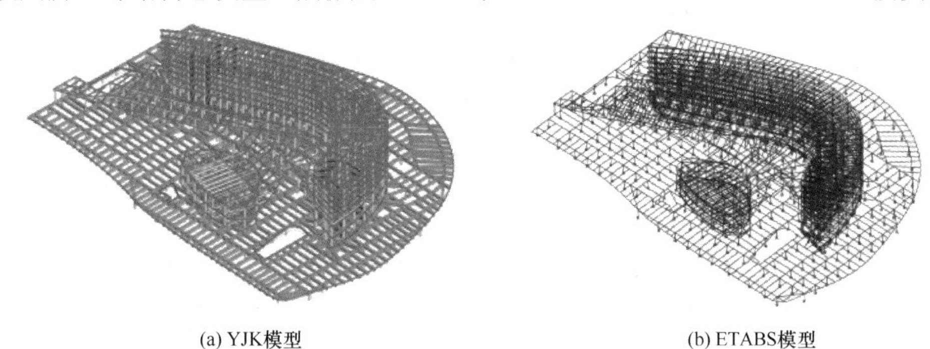

(a) YJK模型　　(b) ETABS模型

图 5-3-53　YJK 及 ETABS 计算模型

体现钢弹簧隔振支座（将弹簧支座布点设为受力支点，即一个柱下有 2～4 个弹性支座），依据各支座的弹簧刚度输入节点的竖向刚度和水平刚度。考虑双向地震及竖向地震作用，水平振型参与质量系数超过 95%，竖向振型参与质量系数超过 90%；考虑竖向地震作用系数底线值（多遇地震 0.105/0.08×0.05≈0.066，设防地震 0.144，罕遇地震 0.313）、偶然偏心（X 向和 Y 向偶然偏心值均为 0.05）、双向地震扭转效应、最不利地震作用方向，并按照 15°增量附加地震作用角度。柱底支座计算假定及分析方法见表 5-3-19。

支座计算假定及分析方法　　表 5-3-19

地震作用	柱底约束情况	柱底约束简图	分析方法
多遇地震	弹性支座		反应谱
设防地震	弹性支座		反应谱
罕遇地震	弹性～固定铰的非线性支座		动力弹塑性分析

（3）结构动力特性

表 5-3-20 和图 5-3-54 给出了 YJK 模型和 ETABS 模型计算得到的结构前三阶自振周期。YJK 模型与 ETABS 模型均以刚性楼板计算，X、Y 向平动振型参与质量系数分别为 96.59%和 96.58%。

前三阶自振周期及周期比　　表 5-3-20

分析软件	周期（s）	平动比例（%）		扭转比例（%）	扭转周期比	规范要求
		X	Y			
YJK	$T_1=1.636$	5	91	4	$T_t/T_1=T_3/T_1=0.89$	$T_t/T_1\leqslant 0.90$
	$T_2=1.554$	82	8	10		
	$T_3=1.461$	13	2	85		
ETABS	$T_1=1.643$	5	91	4	$T_t/T_1=T_3/T_1=0.89$	
	$T_2=1.563$	82	8	10		
	$T_3=1.467$	14	1	85		

（4）多遇地震及设防地震

结构地震作用计算采用考虑扭转耦联的振型分解反应谱法。多遇地震作用下，旅客过夜用房 X 向和 Y 向最大层间位移角分别为 1/791 和 1/659，位移比分别为 1.17 和 1.3，满足规范要求。多遇地震、设防地震下隔振层以下最大层间位移角见表 5-3-21，钢弹簧隔振支座的最大位移见表 5-3-22，满足建筑隔震设计标准要求。

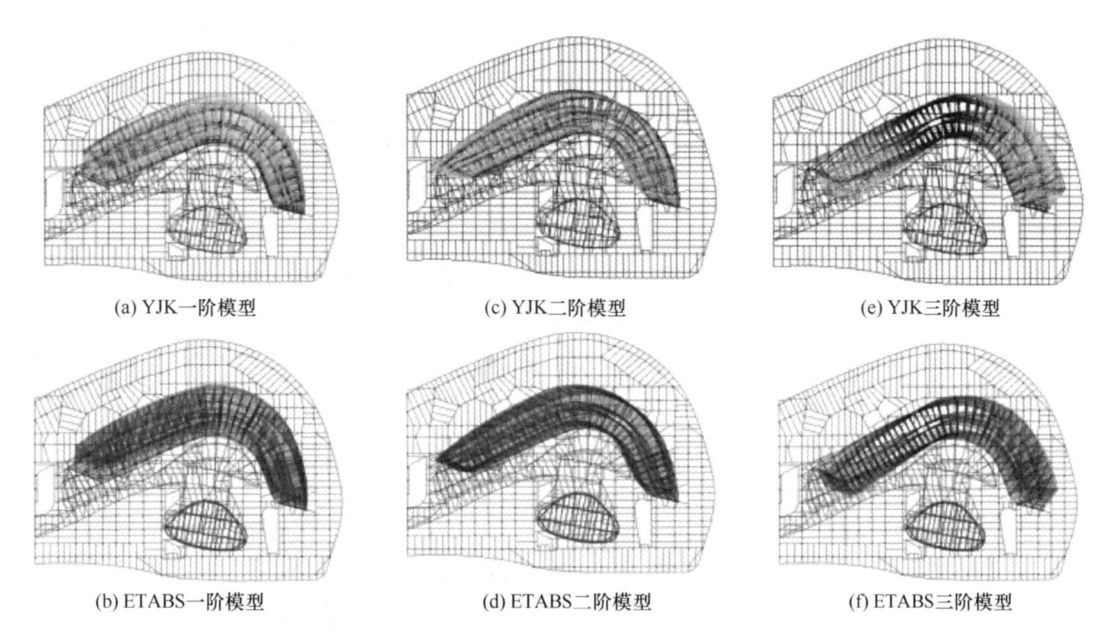

图 5-3-54 YJK 及 ETABS 前三阶模态对比

隔振层以下结构最大层间位移角 **表 5-3-21**

地震级别	X 向位移角	Y 向位移角
多遇地震	1/1664	1/1449
设防地震	1/760	1/698

钢弹簧隔振支座最大位移（单位：mm） **表 5-3-22**

工况	X 向位移	Y 向位移	Z 向位移
恒荷载	0	0	22.3
活荷载	0	0	8.5
多遇地震	1.1	1.4	5.2
设防地震	2.2	2.5	9.2

铰接模型与弹簧模型反应谱分析基底剪力如表 5-3-23 所示，与柱底铰接的模型相比，设置弹簧隔振支座后，隔振支座所在层的地震水平剪力有一定增大，竖向地震反力有较大幅度增大。

铰接模型与弹簧模型反应谱分析基底剪力 **表 5-3-23**

模型		模型一 柱底带支座模型	模型二 柱底铰接模型	模型一/ 模型二
上部结构重力荷载代表值（kN）		510889	510885	1.000
隔振层地震剪力（kN）	X 向	17297	16203	1.068
	Y 向	17700	17428	1.016
隔振层竖向地震总反力（kN）		10872	6039	1.800

续表

模型		模型一 柱底带支座模型	模型二 柱底铰接模型	模型一/ 模型二
隔振层剪重比	X 向	3.39%	3.17%	1.069
	Y 向	3.46%	3.41%	1.015

罕遇地震地面最大加速度为 220cm/s^2，特征周期为 0.4s。罕遇地震分析中，根据 YJK 计算模型建立 ABAQUS 弹塑性分析模型进行分析（图 5-3-55）。罕遇地震下柱底会出现拉力，限位支座起作用。隔震支座与限位装置均采用连接单元 CONN3D2 模拟，其中隔震支座的刚度按照支座的实际参数设置，力-位移为线性相关。限位装置的刚度关系如图 5-3-56 所示，在－55～0mm 的竖向变形、－25～25mm 的水平变形范围内可自由变形，刚度为零；当位移超过上述限值时，三向限位装置提供限位作用，刚度迅速增大，按最大单个钢弹簧隔振器竖向刚度的 30 倍取值。

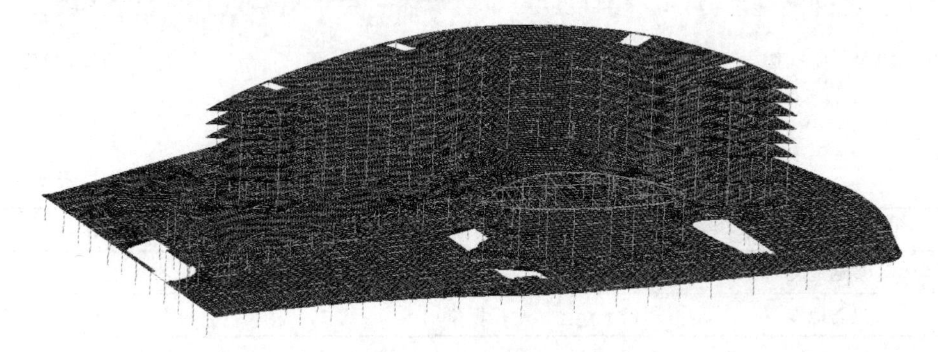

图 5-3-55　结构分析模型

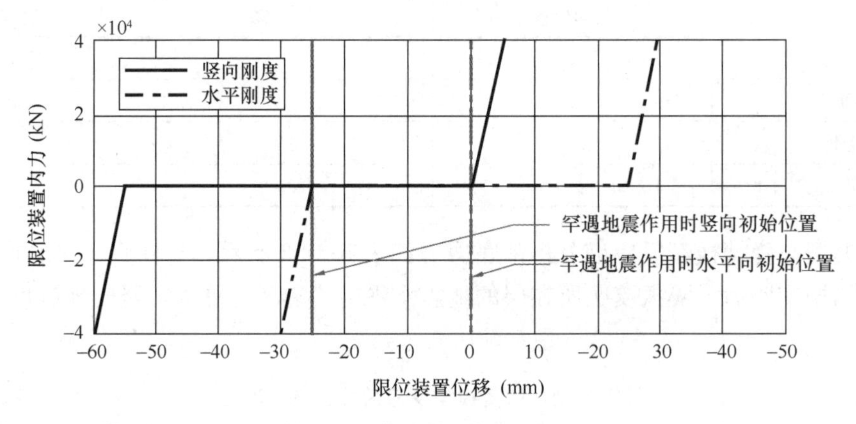

图 5-3-56　限位装置的刚度关系

罕遇地震分析采用 5 组天然波和 2 组人工地震波，地震波均采用三向输入（1∶0.85∶0.65），地震波有效持续时间均满足第一周期 5～10 倍的要求。罕遇地震弹塑性分析中，7 组地震波作用下结构在 X、Y 两个主方向隔振层剪力平均值分别为 82610kN 和 77703kN，对应的剪重比分别为 16.19%和 15.19%，分别为罕遇弹性分析结果平均值的 93%和 89%。

罕遇地震下，钢弹簧隔振支座最大 X 向、Y 向水平位移分别为 17.3mm 和 19.5mm，最大竖向受压方向位移为 19mm，限位装置在水平向及竖向受压方向均未开始受力，受拉方向位移超过预留量 25mm，有部分支座处于受力状态（图 5-3-57）。

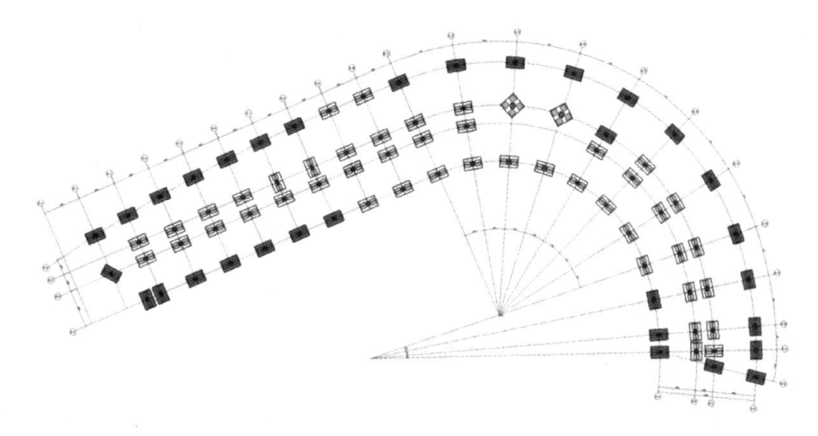

图 5-3-57　罕遇地震作用下处于受拉状态限位支座示意图

（5）限位装置弹簧建模合理性分析

为验证限位装置的碰撞效应，建立 ABAQUS 多尺度有限元模型进行地震弹塑性分析并与弹簧建模结果进行对比（图 5-3-58）。限位装置采用壳单元进行精细化建模，在壳的各表面设置面接触对，使限位装置的上半部分与下半部分出现几何重叠时模拟其接触与碰撞效应。本分析仅对比人工地震波组 ArtWave 与天然地震波组 RSN3125 的分析结果。这两条地震波分别代表了人工波与天然波的最大响应和最大碰撞力。

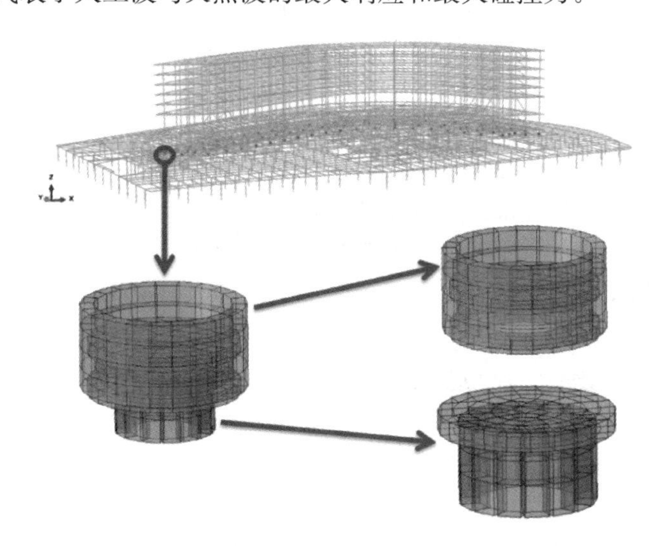

图 5-3-58　ABAQUS 多尺度有限元模型

以 ArtWave 波组 X 主向为例，图 5-3-59 和图 5-3-60 给出了各工况碰撞力最大的限位装置出力时程。从时程波形上看，多尺度模型与弹簧模型碰撞发生的时间、碰撞过程中力的变化、力的幅值吻合良好，可以认为采用双线性弹簧模拟限位装置的力学行为所得结果相对可靠。

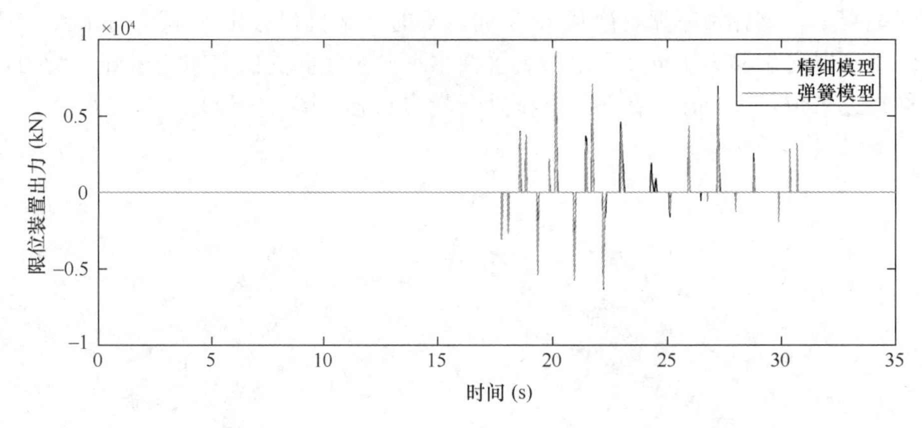

图 5-3-59　ArtWave 波组 X 主向（全程）

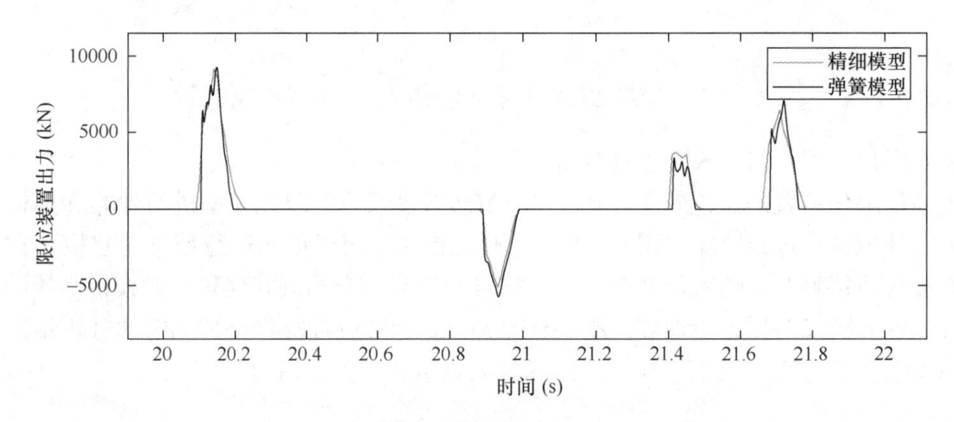

图 5-3-60　ArtWave 波组 X 主向（20～22s 间）

4. 限位支座设计

限位支座考虑三向限位，选型上需受力合理且易于安装，因此，选用上下盘相互嵌套并且预留间隙的方式，保证在隔振支座正常工作状态下，上下盘独立工作。而限位支座开始受力时，在水平各个方向上下盘之间均有足够接触面保证水平限位，轴向受拉受压的时候上下盘之间有足够接触面保证轴向限位，从而达到各向限位的目的。考虑竖向限位装置起作用时的冲击荷载对结构的影响，在限位装置中增设了柔性隔离材料，同时在罕遇地震动力分析时，对限位装置的间隙和刚度情况进行了模拟，补充模拟接近真实冲击情况的分析结果（图 5-3-61）。

限位支座需要预留合适的变形量，使隔振支座在正常工作情况下，不影响弹簧的竖向自由变形，从而确保隔振支座的正常工作，有效阻隔振动响应。在多遇地震、设防地震及罕遇地震作用下保证水平变形自由，且支座需满足在温度作用下的变形。根据当地夏天、冬天的实际情况，温度作用荷载（室内与半室外）取升温 9℃、降温 16℃。经计算，结构在温度作用下，隔振层上下层之间的水平相对位移小于 2mm。

当隔振弹簧的压缩量达到极限设计值时，限位支座开始发挥作用，因此，限位支座的上盖板间隙为弹簧极限压缩设计值（按 50mm 取值）与设计初始预压力下变形的差值。设计初始预压力取重力荷载代表值，恒荷载下的支座最大竖向变形量为 22mm，活荷载下

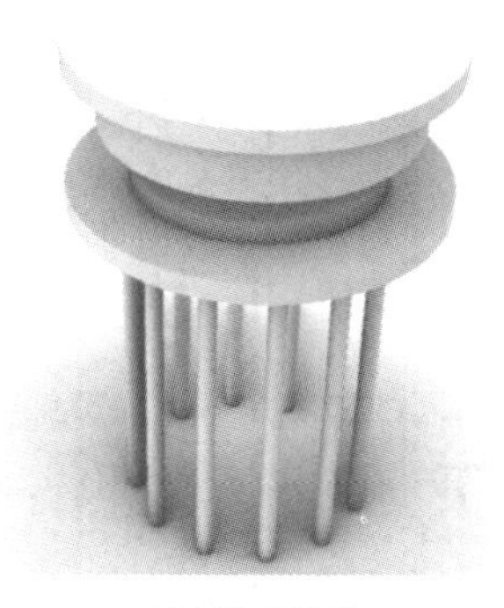

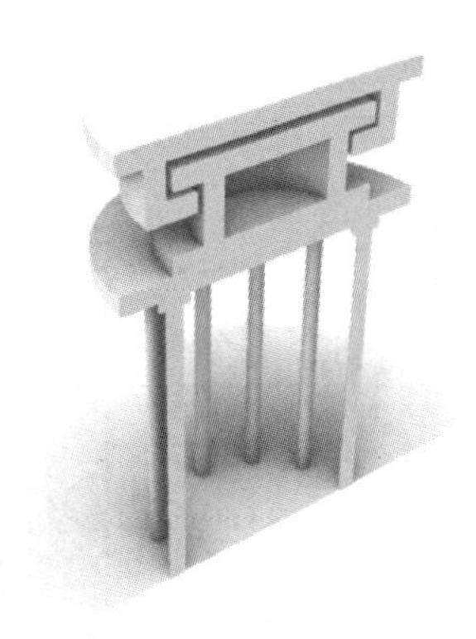

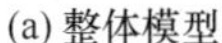

(a) 整体模型　　(b) 模型剖面

图 5-3-61　限位支座

支座最大竖向变形量为 8mm。因此，上部间隙为 $a=50-(22+0.5\times8)=24$mm，取 $a=$ 20mm，保证限位支座先于弹簧压缩启动。罕遇地震下支座的最大水平位移为 19.5mm。超过罕遇地震下水平最大位移时支座限位装置受力，预留量 b 和 d 取 25mm（图 5-3-62），大于罕遇地震与温度共同作用下的水平位移量（19.5+2=21.5mm）且小于钢弹簧极限剪切变形设计值（按 30mm 取值）。当弹簧恢复原始长度时（柱底拉力克服初始预压力后），限位支座开始发挥作用，抗拉预留量为设计初始预压力下变形的差值，即 $c=22+0.5\times8=26$mm，取 $c=25$mm，保证限位支座在弹簧恢复原始长度前启动。限位外盘与限位内盘的预留间隙需采取临时固定措施，避免在施工安装过程中被消耗。在使用期间，对隔振支座的变形进行实时监测。

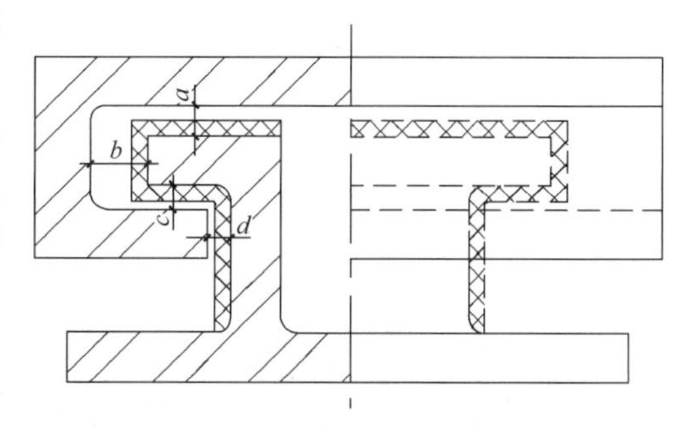

图 5-3-62　限位支座剖面图

［实例 5］厦门翔安国际机场振震双控项目

厦门翔安国际机场位于福建省厦门市翔安区大嶝街道大嶝岛东南端，西距厦门高崎国际机场 22km，西南距离厦门本岛市中心 25km，为 4F 级海峡西岸区域国际枢纽机场、海丝门户枢纽机场。厦门翔安国际机场航站楼面积为 55 万 m^2，民航站坪设 196 个机位，2 条远距平行跑道分别长 3600m 和 3800m，可满足年旅客吞吐量 4500 万人次、货邮吞吐量 75 万 t、飞机起降 38 万架次的使用需求。轨道交通在建地铁 3 号线、4 号线及在建城际 R1 线下穿酒店旅客用房，地铁 3、4 号线限速 120km/h，城际 R1 线限速 160km/h。由于车辆运行速度高，对于酒店类振动噪声敏感建筑，必须在轨道或者建筑上采取减振降噪措施以满足相关标准要求。轨道交通与厦门翔安机场酒店位置关系如图 5-3-63、图 5-3-64 所示。

1. 振动控制方案

为确保机场酒店的振动噪声达标，保证舒适性，对建筑结构采用钢弹簧隔振技术。隔振系统的隔振效果可以用传递率来表示，图 5-3-65 给出了阻尼比、调谐比和传递比三者

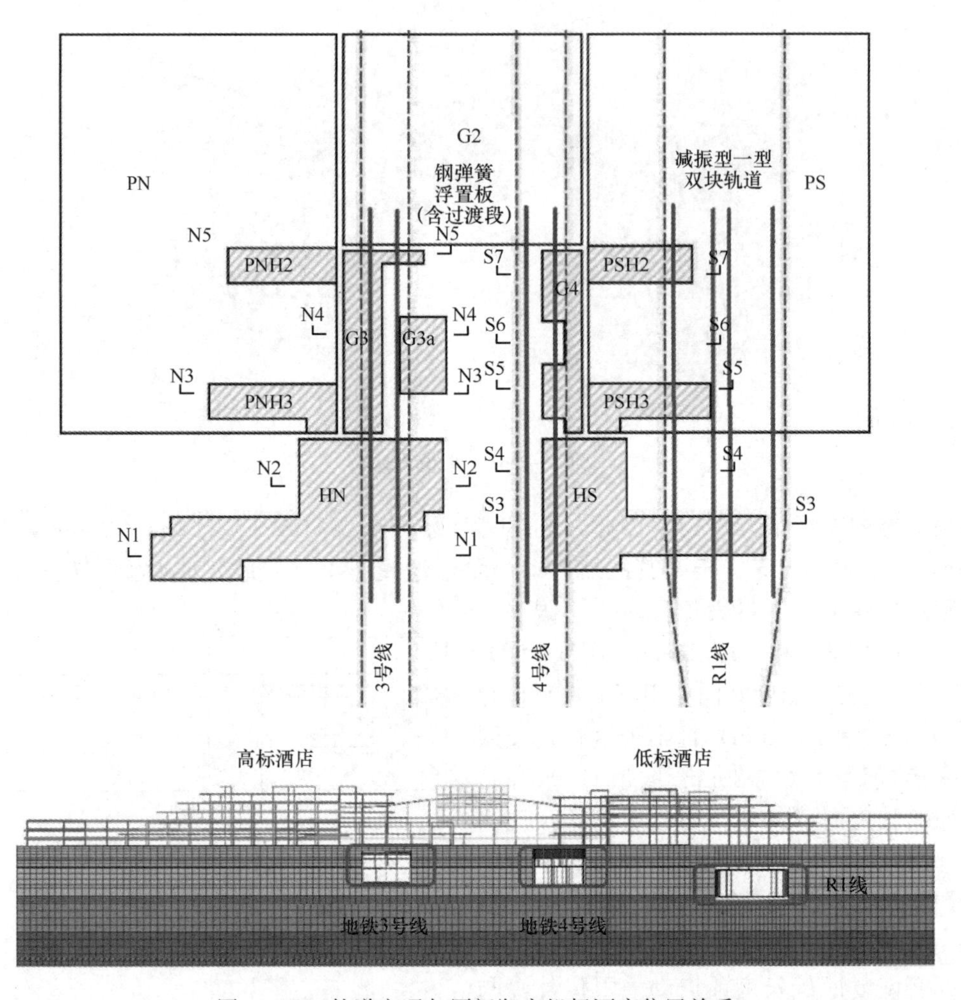

图 5-3-63　轨道交通与厦门翔安机场酒店位置关系

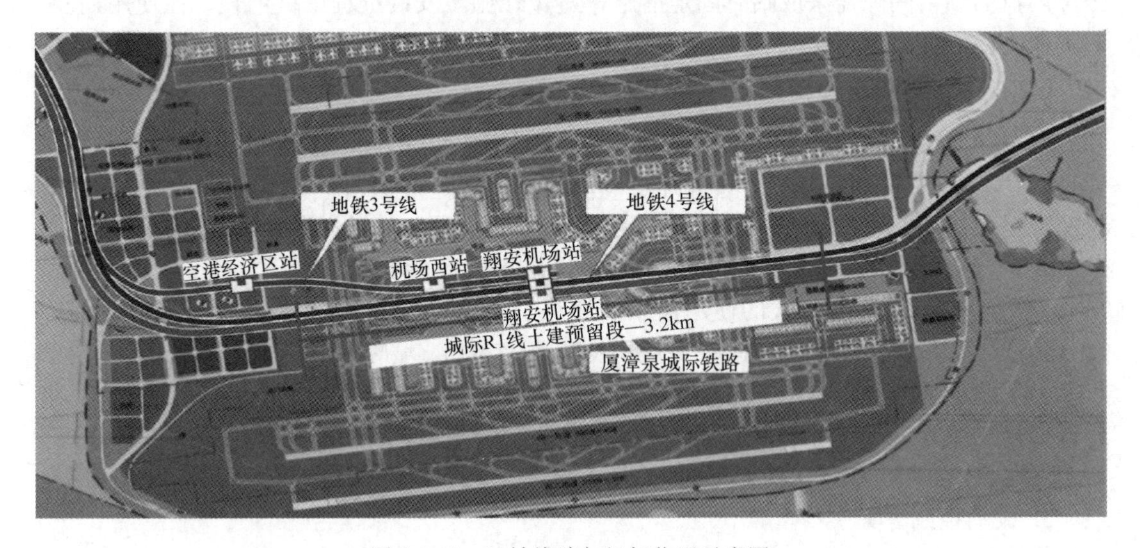

图 5-3-64　地铁线路与机场位置示意图

之间的关系曲线。

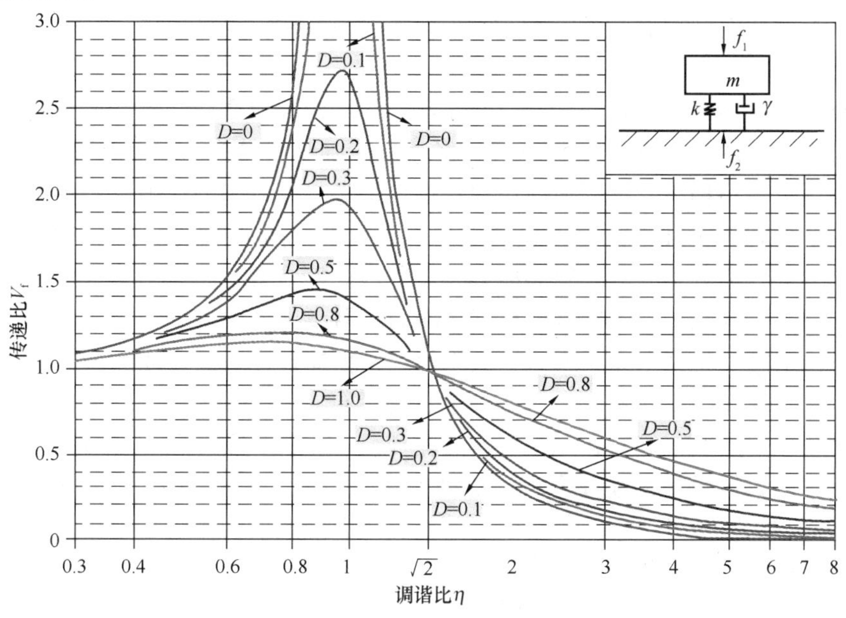

图 5-3-65　隔振原理示意图

计算时假设激励力为一正弦函数，横坐标轴为激励频率与系统固有频率的比值 $\eta = f_e / f_0$ ，简称调谐比；纵坐标轴为传递到基础上的基础力 f_2 振幅与激励力 f_1 振幅之比 V_f，简称传递比。

单质点-单自由度振动系统稳态的振动传递函数表达式为：

$$V_f = \sqrt{\frac{1+4D^2\eta^2}{(1-\eta^2)^2+4D^2\eta^2}} \tag{5-3-1}$$

式中：系统固有频率 $f_0 = \frac{1}{2\pi}\sqrt{\frac{k}{m}}$；

系统的阻尼比 $D = \frac{r}{2\sqrt{km}}$。

由图 5-3-65 可知，当调谐比接近 1 时，即当激振频率接近系统固有频率时，传递比大于 1，系统处于共振区；当调谐比 η 大于 $\sqrt{2}$ 时，传递比开始小于 1，基础力动载振幅小于激振力振幅。调谐比 η 大于 $\sqrt{2}$ 时，随着 η 的增大，基础力动载振幅越来越小。此时，质量块的惯性力与激励力相位相反，相互抵消，仅有少量的残余动荷载通过隔振元件传递到基础上。表 5-3-24 给出了不同调谐比下隔振系统的隔振效率，由表可见调谐比越大，隔振效果越好。地铁运行时振动的主频率一般在 50～100Hz，建筑楼板墙体的主要固有频率在 10～30Hz，根据理论分析并参考国内相关工程的经验，为达到良好的隔振效果，选用系统固有频率在 3.0～5.0Hz 的整体隔振系统。

隔振效率　　**表 5-3-24**

调谐比 η	$\sqrt{2}$	2	3	4	5
隔振效率（%）	0	66.7	87.5	93.3	95.8

本项目中的地铁线路未采用高等级及以上的减振措施，故采取建筑结构隔振技术。按减振效果区分，建筑结构隔振可分为建筑钢弹簧隔振和建筑减振垫隔振（聚氨酯材料或橡胶材料）。

建筑钢弹簧隔振一般是将原结构柱截断，上下结构改为柱帽结构便于扩大受力支撑面积，保证具有足够的隔振支座安装空间，将通过基础结构传过来的振动荷载与建筑物隔断，使隔振器以下结构主要承受荷载作用。钢弹簧是一种应用范围很广的隔振器，从轻巧的精密仪器隔振到数百吨重的城市铁路道床隔振，在一般通用设备、电力行业、建筑领域、金属加工业、舰船工业、桥梁隔振等多个领域广泛应用。既可用于空调机组、锻锤、破碎机、压力机、发动机、汽轮发电机组等动力机器及设备的主动隔振，也可用于光刻设备、三坐标测量仪、精密车床、磨床、天平等精密仪器及设备的被动隔振。设计得当可以获得低至3Hz（对于现行轨道隔振的钢弹簧隔振系统一般设计为8Hz以上）左右的固有频率，低频段的隔振效果好。相比橡胶类隔振产品，钢弹簧隔振器具有更好的水平刚度，更好的抗震能力，但对于抗震要求较高的建筑体系仅依靠其自身的水平刚度抗震仍有不足，通常辅以结构限位以达到抗震目的。隔振支座内置阻尼的作用是使整个系统在动态扰力作用下快速稳定下来，防止系统摆动幅度过大，启动时不至于产生共振。

建筑钢弹簧隔振的主要组成部分为钢弹簧隔振器（钢弹簧隔振支座）、上下预埋钢板、调平垫板、限位支墩等，钢弹簧隔振器是整个建筑隔振系统的关键承载元件。钢弹簧隔振器由上下支承结构、多组圆柱螺旋压缩弹簧及黏滞性阻尼器构成，具有承载力大、阻尼适中、固有频率低、隔振效果好、性能稳定和使用寿命长的特点。预埋钢板含上预埋钢板和下预埋钢板，由直径20mm的HRB400钢筋和厚度30mm的Q235B钢板焊接而成，作为隔振器的上下支撑面，避免隔振器直接接触混凝土。焊缝宽度不小于8mm。其中下预埋钢板带排气孔，调平钢板为1mm和2mm厚的Q235B钢板，尺寸与隔振器的上表面相同，用于调整隔振器的竖向标高。

建筑隔振适用于轨道交通、工业设备邻近建筑的基础整体隔振，可有效隔离来自各个方向振源的振动，尤其是中低频减隔振效果更为显著，是目前建筑隔振行业内最有效的治理措施之一，能保证整栋建筑物的振动和声学特性，提供高品质工作及生活环境，提升建筑市场价值，同时响应了国家环保政策，降低后期振动噪声超标风险。

综合减振效果和性价比考虑，本项目采用钢弹簧隔振措施，隔振器设置在地下一层顶部，结合地下室空间整体作为隔振层。考虑到隔振器高度及检修空间，本项目隔振层设计高度约3～6m。弹簧隔振器上部主体结构采用钢筋混凝土框架结构体系，考虑到下部结构的抗震功能，隔振器下部柱帽之间设置连梁结构，隔振器上部柱帽采用嵌入顶板设计，实施效果见图5-3-66。

2. 隔振装置选型

厦门翔安国际机场旅客过夜用房隔振项目深化设计中充分考虑地域特点、产品应用特性，包括隔振器结构优化（产品高度和节点荷载定制化设计、预留顶升检修空间等）、沿海地区的防腐加强处理（全密封防护）、阻尼系统优化（共缸体阻尼结构）、吊装结构优化、锁紧螺栓软连接优化（防止形成“声桥”避免振动传导）、抗震防冲撞结构（配合结构限位柱紧急限位缓冲）等，也包含钢弹簧隔振器的布置图、上下预埋钢板和调平钢板的合理深化设计。

图 5-3-66　钢弹簧隔振实施效果图

（1）隔振器固有频率可低至 2～5Hz；

（2）唧筒式阻尼结构阻尼性能稳定，阻尼比可调范围大（0.05～0.30）；

（3）弹簧元件设计疲劳寿命达 500 万次以上，设计刚度可调范围大；

（4）隔振器可通过调平垫板精确调整设备平整度、不均匀沉降；

（5）产品采用预紧结构，易于运输安装养护；

（6）隔振效率达 90%以上，大幅度减小冲击和振动对环境、建筑、人员的影响；

（7）采用弹簧隔振后，地基受到扰力大幅减小，有效缓解基底沉降；

（8）可以缓解建筑受到的由地震等地基传来的冲击干扰；

（9）产品系列可针对专用设备专项定制化设计。

按上述原则初选布置隔振层，隔振后体系的竖向基本频率 3.2Hz；弹簧隔振装置水平刚度与竖向刚度具有相关性，水平刚度约为竖向刚度的 0.6～0.8 倍，隔振层刚心与上部结构质心基本重合；重力荷载作用下隔振支座的竖向设计变形为 24mm。

[实例 6] 上音歌剧院振震双控项目

上音歌剧院地处上海原法租界的中心区域（汾阳路、近淮海中路），不仅是商业轴线与人文轴线交界处，也是现代建筑与历史建筑的汇集地。如图 5-3-67 所示，上音歌剧院为一幢 8 层综合体建筑，建筑面积 31926m^2，地下 3 层，地上 5 层，最高处建筑高度为 34m。剧院内拥有 1 个 1200 座的中型歌剧厅和歌剧、管弦乐、合唱、民乐 4 个排演厅，以及一个专业学术报告厅。为与淮海路的周边建筑取得尺度上的统一，设计以歌剧厅为中心，围绕其布置了 9 个较小体量的功能空间，如排演厅、售票厅及入口接待大厅等。化整为零的体量与淮海路的周边建筑取得尺度上的统一，强化了建筑与自然和城市的互动性（图 5-3-68，其中 A 单体为歌剧厅）。

根据建设方要求，歌剧厅要能够演出古典西方歌剧，同时又要兼具演出浪漫派歌剧及其他形式演出的条件，因此，歌剧厅借鉴古典歌剧院的形式，呈现马蹄形（观众席呈半包

鸟瞰图

图 5-3-67　上音歌剧院鸟瞰图

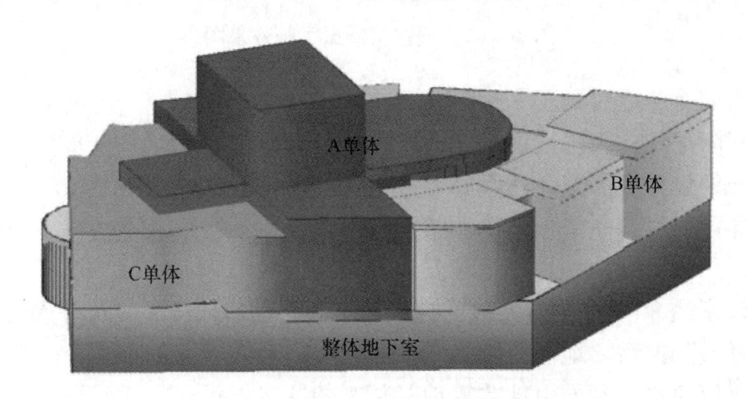

图 5-3-68　上音歌剧院结构单体整体构成图

围式的环形结构)，该结构让观众更贴近舞台，即使在三层，也不会觉得离舞台太过遥远；独特的可升降反声板和可升降乐池设计能为各类声乐、器乐演出提供一流的声场效果；座椅后方的字幕显示屏可提供 8 种不同语言的字幕切换，当今世界仅有维也纳国家歌剧院等几所国际级的歌剧院使用了这一技术。这座歌剧院是一所世界一流的，集文艺演出、艺术普及、原创基地、国际交流为一体的现代化智慧歌剧院。

上海地铁 1 号线自东向西沿淮海中路从项目北侧穿过，歌剧厅地下室北侧外边缘至地铁 1 号线隧道最近处仅 7.4m。上海地铁 1 号线是上海市境内第一条开通运营的地铁线路，1993 年就投入运行，轨道未采取任何减振降噪措施，原有线路已不具备全面减振降噪的改造条件。歌剧院是声学要求很高的建筑，并且建设方的目标是将其打造为亚洲一流的歌剧院，如何消除轨道交通运行引起结构振动及二次辐射噪声成为歌剧院建设面临的难题。

1. 振动控制方案

地铁 1 号线已经建成并运行多年，建设初期地铁轨道没有进行减振降噪措施，而原有线路已不具备全面减振降噪的处理条件，故在新建的歌剧院上，对建筑物自身采取特殊的隔振设计。为了使歌剧院的功能不受地铁振动的影响，保证歌剧院的演出品质，结构设计将整体歌剧院部分（包括主舞台、侧台、后台和观众厅）从下到上侧边均与周边结构完全结构性脱开，仅通过底部的弹簧（隔振系统）支承。结合相关的国内外工程案例，隔振系统竖向频率设计为 3.5Hz。

图 5-3-69 给出了隔振的主要区域，侧台和后台隔振区位于首层，观众厅隔振区位于地下一层，主舞台（含台仓）和乐池隔振位于地下三层（基础底板上）。为了控制地震作用下隔振器的变形，在弹簧隔振器侧向变形最大处布置黏滞阻尼器（图 5-3-70、图 5-3-71）。

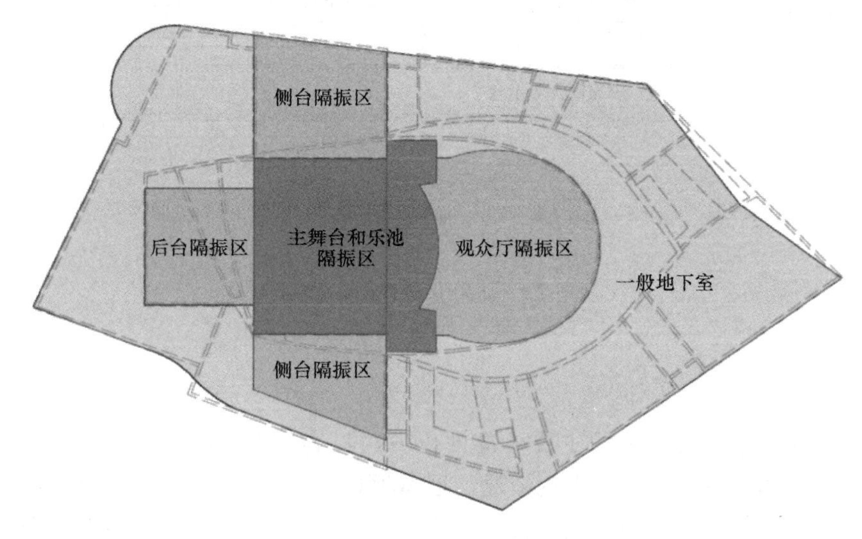

图 5-3-69　歌剧院隔振区域示意图

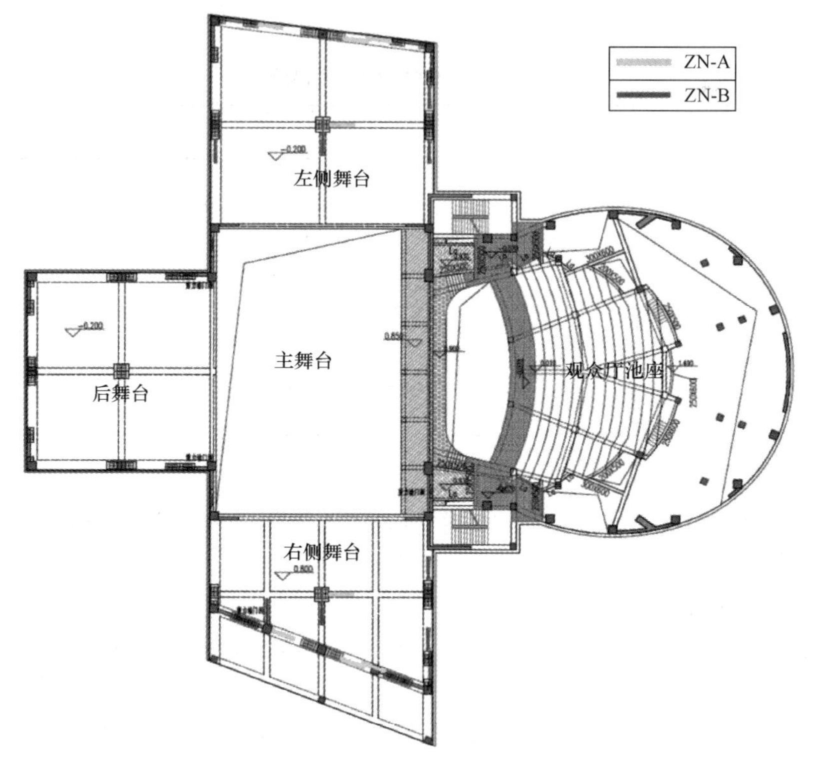

图 5-3-70　黏滞阻尼器布置示意图

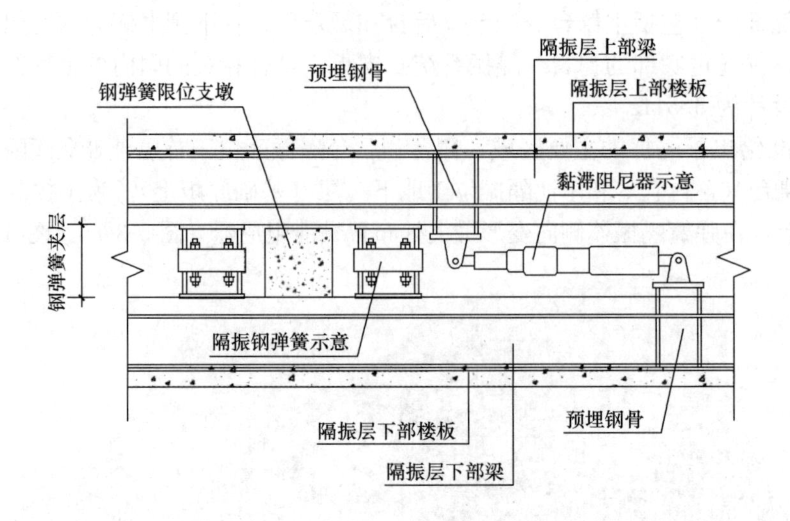

图 5-3-71　黏滞阻尼器安装示意图

2. 振动控制分析

（1）振动评价指标

我国有关建筑物振动评价的主要标准评价方法见表 5-3-25，由于城区采用单值计权法，不易反映振动在各频段上的表现情况，且本项目为观演类建筑对振动噪声要求较高，因此采用行业标准《城市轨道交通引起建筑物振动及二次辐射噪声限值及其测量方法标准》JGJ/T 170—2009 评价方法中的特殊住宅区限值进行评价，即夜间限值 62dB（表 5-1-3）。

三部国家标准的评价指标对比　　表 5-3-25

标准名称	标准编号	评价指标	评价方法	评价范围
《住宅建筑室内振动限值及其测量方法标准》	GB/T 50355—2018	振动加速级 La	分频多值不计权	1～80Hz
《城市区域环境振动标准》	GB 10070—1988	铅垂向 Z 振级 VLz	单值计权	1～80Hz
《城市轨道交通引起建筑物振动及二次辐射噪声限值及其测量方法标准》	JGJ/T 170—2009	铅垂向最大振动加速度级 VLmax	分频计权最大值	4～200Hz

（2）隔振结构设计及分析

在方案设计阶段，对项目所在场地进行振动实测，测点布置及 1/3 倍频程加速度级见图 5-3-72 和图 5-3-73。

通过对典型测量结果分析，场地受地铁振动影响明显，地铁过车时地面振动强烈，数值超出规范限值（特殊住宅区），特别是在 50～80Hz 区段地铁振动最为剧烈，是该场地地铁振动的卓越频段。

根据结构荷载，A 单体下部最终设置 53 种型号、共计 197 套钢弹簧隔振器，隔振系统竖向频率 3.5Hz，钢弹簧隔振器布置见图 5-3-74。

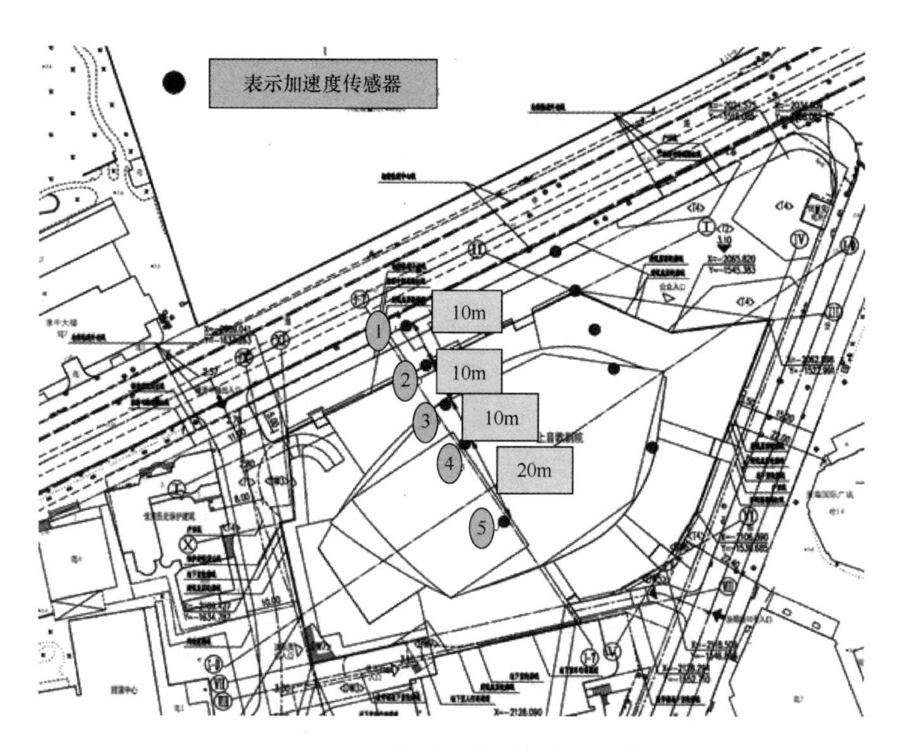

图 5-3-72　场地振动测试测点布置图

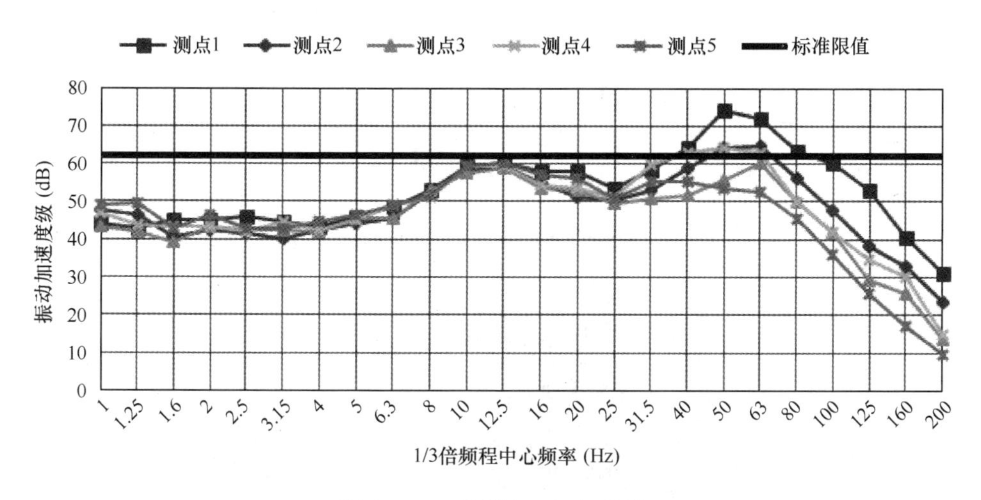

图 5-3-73　各测点 1/3 倍频程

采用 SAP2000 有限元软件进行隔振结构振动响应分析，计算模型如图 5-3-75 所示。在结构底部输入 5 个测点的实测加速度时程，选取一层池座低区 4000802 号节点、一层池座高区 5000417 号节点、二层楼座 6000407 号节点以及三层楼座 7000434 号节点进行分析，评价点分布见图 5-3-76。

未采取隔振措施与采取钢弹簧整体隔振措施后结构各测点振动响应如图 5-3-77 所示。由图可知，采取钢弹簧整体隔振措施后，结构振动加速度显著降低。按照行业标准《城市轨道交通引起建筑物振动及二次辐射噪声限值及其测量方法标准》JGJ/T 170—2009 对结

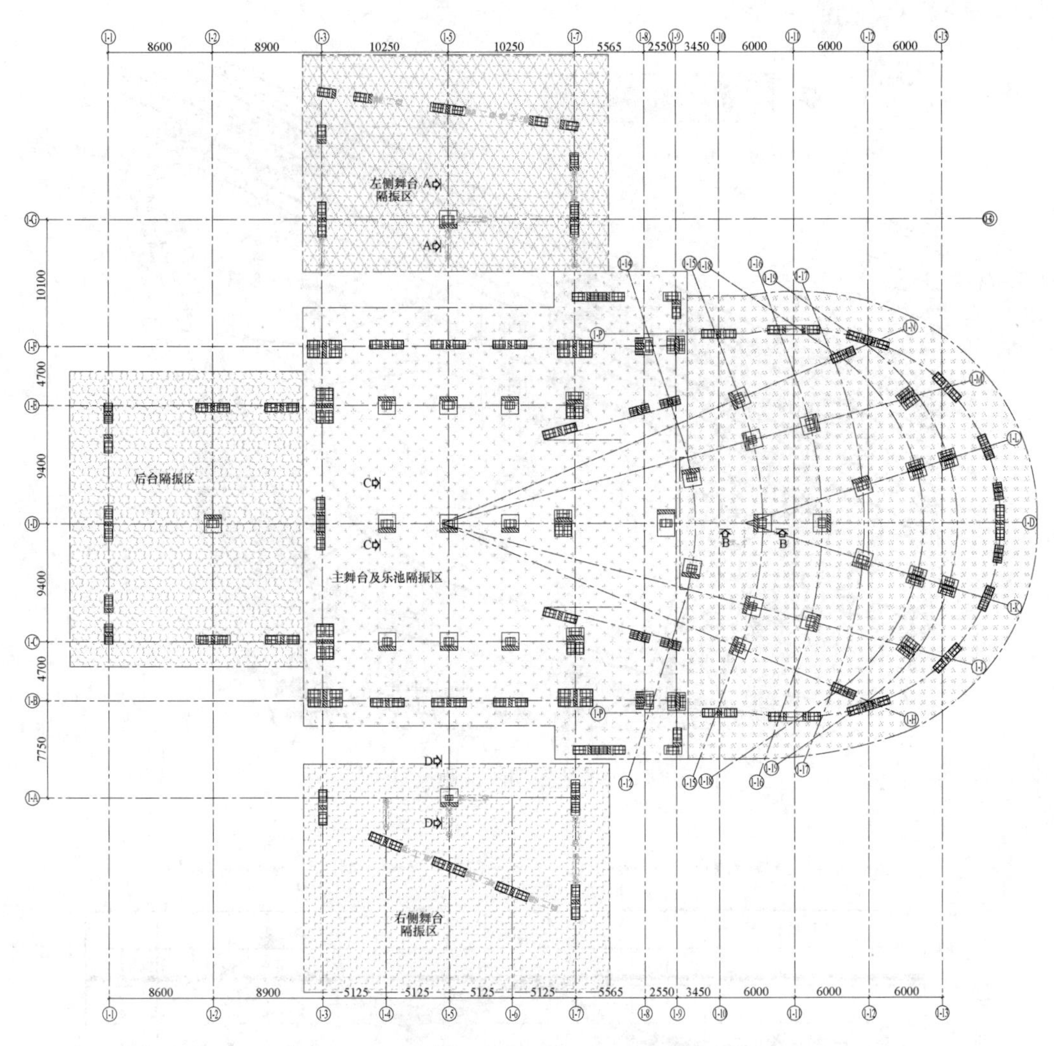

图 5-3-74　单体 A 隔振结构平面及剖面示意图

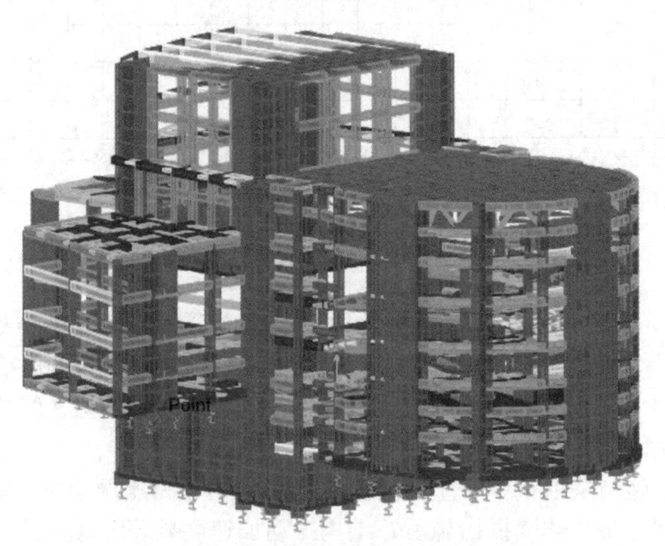

图 5-3-75　单体 A 结构计算模型示意图

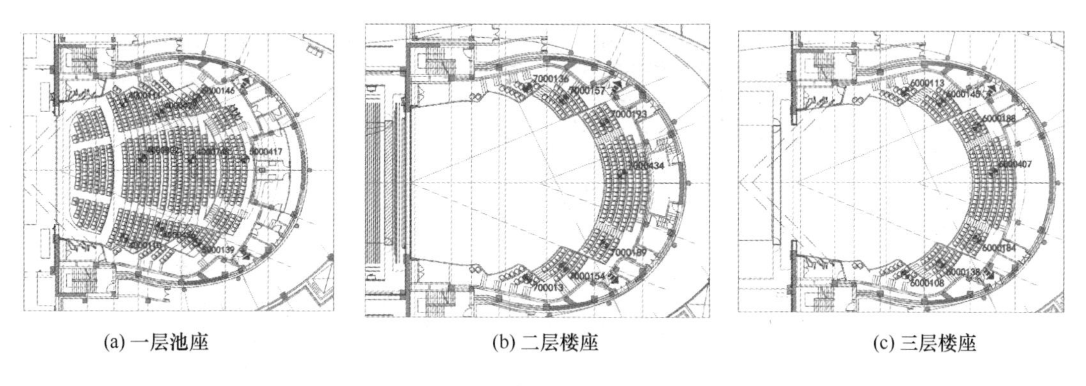

(a) 一层池座　　(b) 二层楼座　　(c) 三层楼座

图 5-3-76 各评价点的布置图

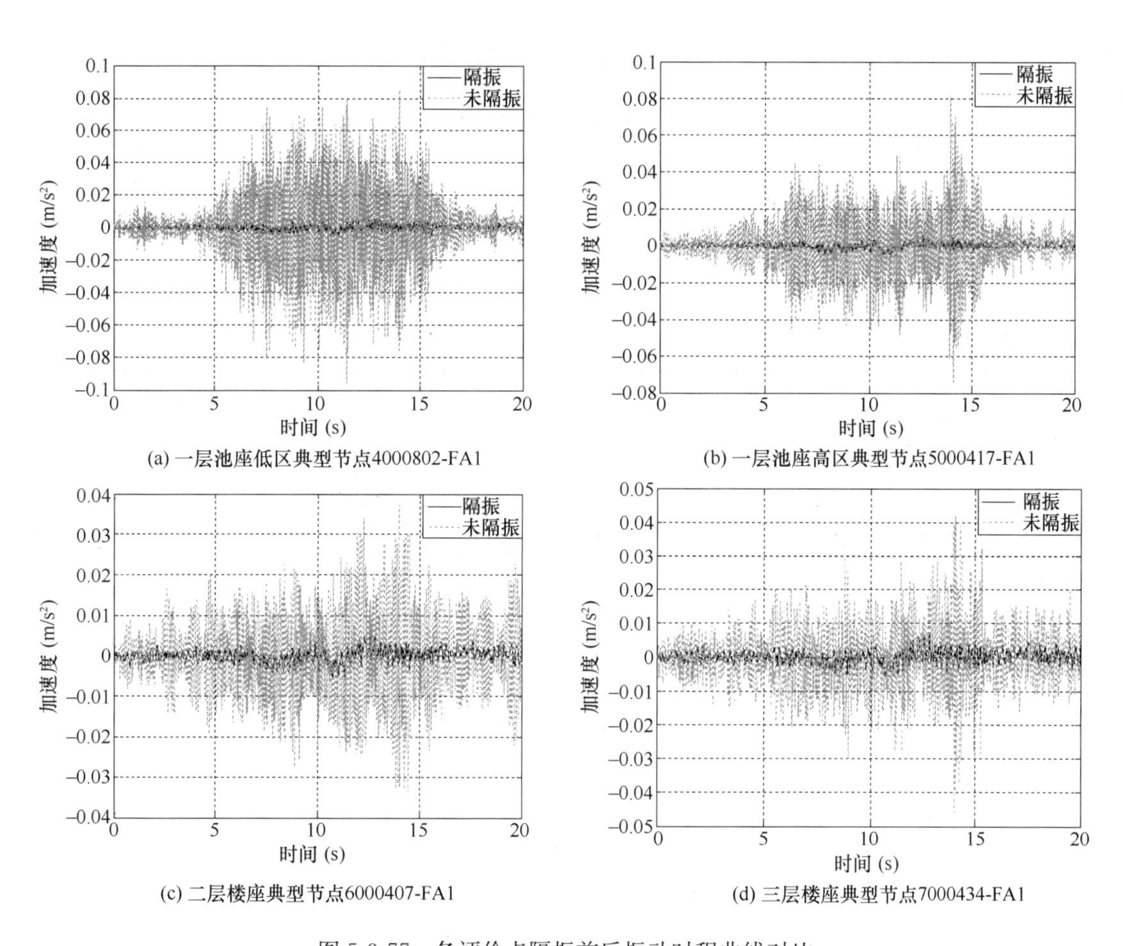

(a) 一层池座低区典型节点4000802-FA1　　(b) 一层池座高区典型节点5000417-FA1

(c) 二层楼座典型节点6000407-FA1　　(d) 三层楼座典型节点7000434-FA1

图 5-3-77 各评价点隔振前后振动时程曲线对比

构振动响应进行评价，各测点 1/3 倍频程振动加速度级如图 5-3-78 和表 5-3-26 所示。由图表可知，未采取隔振措施时结构振动响应超出标准限值（62dB），采用系统频率为 3.5Hz 钢弹簧整体隔振措施后，结构在 5.0Hz 中心频率后开始表现出隔振效果，特别是在 10Hz 以后的中高频段隔振效果显著。

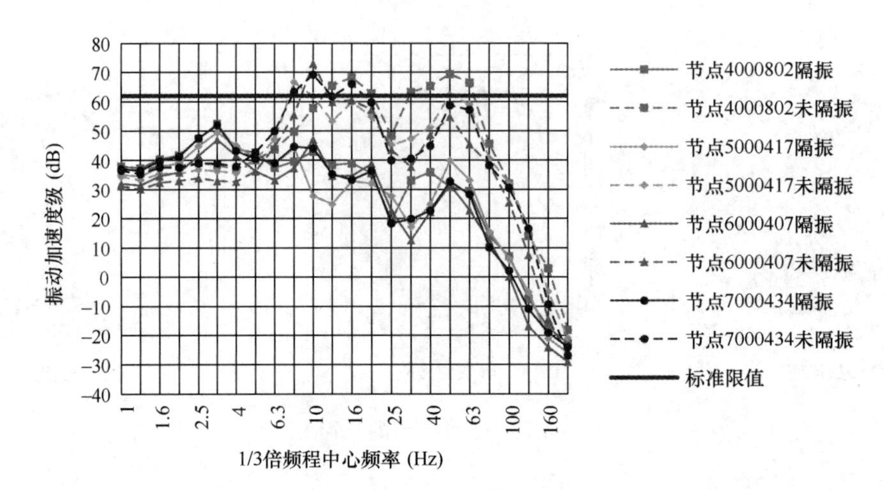

图 5-3-78　各评价点隔振前后 1/3 倍频程振动加速度级对比

各评价点隔振分频最大振级对比　　　　**表 5-3-26**

节点编号	分频最大振级（dB）			备注
	未隔振结构	钢弹簧隔振结构	差值	
4000802	69.35	43.65	−25.70	限值：62dB
5000417	66.65	45.12	−21.53	
6000407	73.04	47.15	−25.89	
7000434	69.20	44.67	−24.53	

3. 地震作用分析

（1）多遇地震弹性时程分析

对于小震的水平地震分别考虑了双向地震以及偶然偏心的影响，考虑了不同方向的地震作用，地震作用采用时程分析法，主要计算参数见表 5-3-27，实际计算振型数满足振型参与质量不小于总质量的 90%，如表 5-3-28 所示。

主要计算参数表　　　　**表 5-3-27**

计算参数	取值或说明
地震作用	考虑偶然偏心及双向地震作用
设法烈度	7 度（0.10g）
设计地震分组	第一组
场地类别	Ⅳ类
特征周期	0.9s
上部结构阻尼比	0.05
上部结构周期折减系数	1.0

前三阶振型质量参与系数　　　　**表 5-3-28**

振型	周期（s）	X 向质量参与系数	Y 向质量参与系数	扭转质量参与系数
1 阶振型	0.87	0.43	0.17	0.00
2 阶振型	0.85	0.17	0.44	0.00
3 阶振型	0.70	0.00	0.00	0.71

多遇地震作用下，结构最大层间位移角和顶层最大位移等主要分析结果如表 5-3-29 所示。图 5-3-79 给出了剧院结构在 X、Y 向地震作用下结构的层间位移角，结构层间位移最大发生在 S1 层（X、Y 向），小于规范规定的 1/800 限值。阻尼器的滞回曲线如图 5-3-80所示，可以看出阻尼器滞回曲线饱满，发挥了良好的耗能特性。

主要计算结果　　表 5-3-29

方向	X 向	Y 向
最大层间位移角	1/2680	1/2693
位移比	1.06	1.14
顶层最大位移	10.77	10.73
嵌固层地震作用剪力（kN）	12822.78	12080.45
嵌固层减重比	4.13%	3.89%

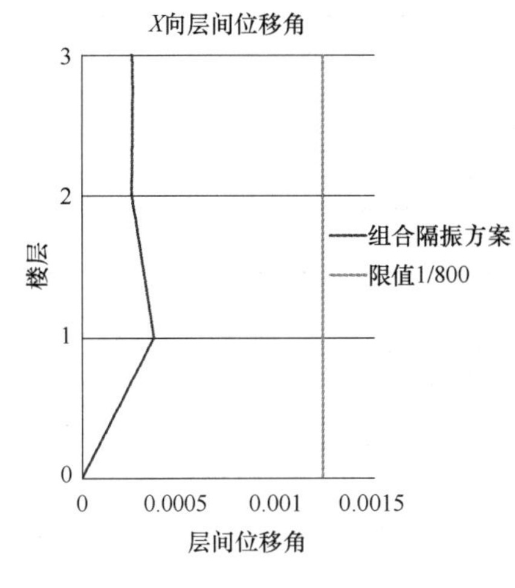

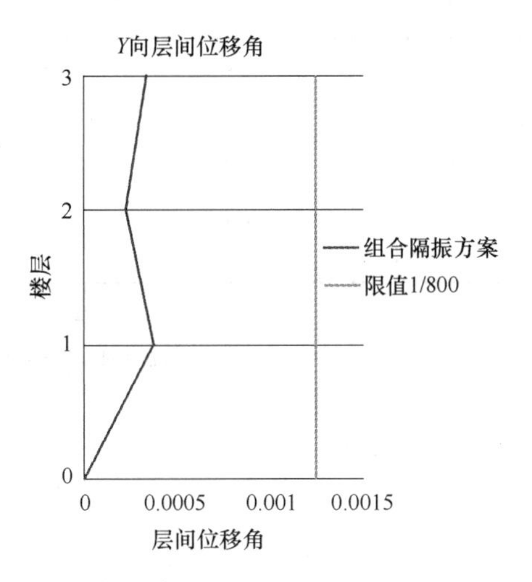

图 5-3-79　层间位移角分布

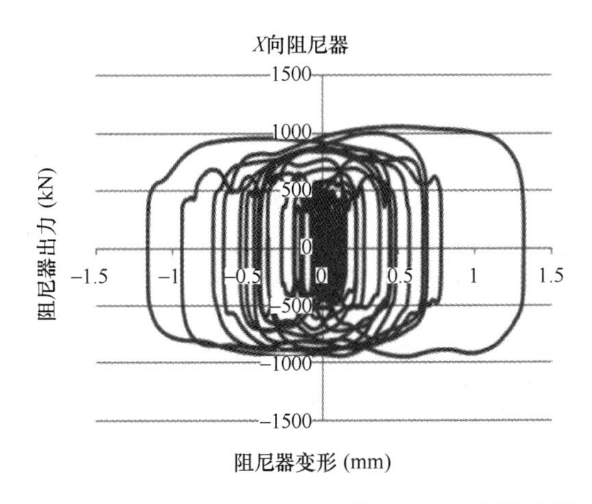

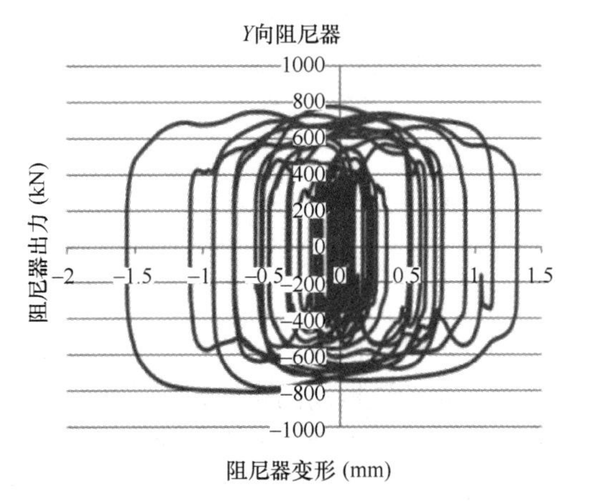

图 5-3-80　多遇地震时程下阻尼器滞回曲线

(2) 罕遇地震弹塑性时程分析

罕遇地震下时程分析的地震波从上海地区Ⅳ类场地、特征周期为1.1s的地震波库中选取，选用5组天然波和2组人工波（共7组波）。罕遇地震下弹塑性时程分析时考虑了每组地震波的三向分量，即各地震分量沿结构抗侧力体系的X、Y、Z向分别输入。水平主向、水平次向和竖向的加速度峰值按照抗震规范的比例系数（1.0∶0.85∶0.65）进行调幅。

罕遇地震作用下，结构的最大层间位移角和顶层最大位移等主要分析结果如表5-3-30所示。隔振弹簧支座的最大水平变形平均值为11.99mm，最大竖向变形平均值为34.84mm，小于弹簧支座位移限值35mm。在罕遇地震下，钢弹簧压缩变形量大于0mm，即弹簧与上部结构不会脱开（图5-3-81）。阻尼器的滞回曲线饱满，发挥了良好的耗能特性（图5-3-82）。

主要分析结果 **表5-3-30**

作用方向	X向	Y向
最大层间位移角	1/367	1/337
顶层最大位移（mm）	68	61
嵌固层地震作用剪力（kN）	59553	59269
嵌固层减重比	19.9%	19.8%

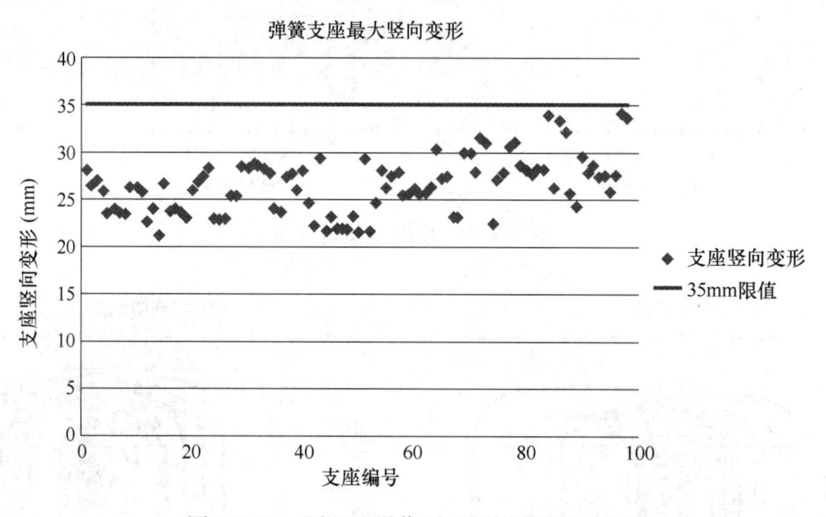

图5-3-81 罕遇地震作用下隔振器竖向变形

上音歌剧院建成后，第三方对钢弹簧隔振系统的减振降噪效果进行了现场实测，测试结果表明对地铁振动的隔振效果为10～20dB，建筑内的结构噪声量低于NC16，满足设计要求，达到了较为理想的声学效果。

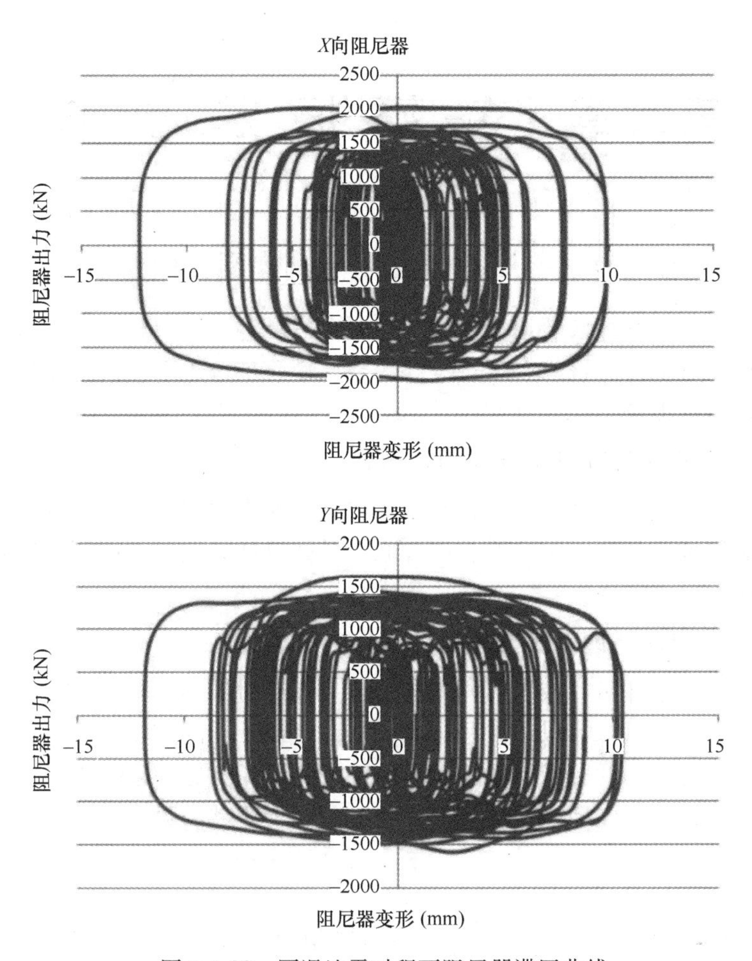

图 5-3-82　罕遇地震时程下阻尼器滞回曲线

第六章　多 维 振 震 双 控

第一节　叠层橡胶支座与钢弹簧支座组合

叠层橡胶支座与钢弹簧装置组合设计，主要考虑高烈度区下穿或毗邻城市轨道交通线的新建建筑结构振震双控，该组合设计一般用叠层橡胶抵御水平向的地震作用，而用钢弹簧支座减轻竖向地铁振动。

一、叠层橡胶支座与钢弹簧支座组合形式

叠层橡胶支座与钢弹簧装置的组合有多种方式，如采用叠层橡胶支座与钢弹簧支座串联，或者采用叠层橡胶支座与钢弹簧支座并联，具体设计时主要考虑振（震）动控制目标是否易于在结构设计中实现。

二、叠层橡胶支座与钢弹簧支座组合设计方法

叠层橡胶支座与钢弹簧（或碟簧）支座组合装置通过运动解耦而达到多维振震双控的效果。进行性能化设计时，需采用时程分析方法，使设计后的支座承载力和变形能力同时满足地震作用和环境振动的要求。图 6-1-1 给出了叠层橡胶支座与钢弹簧支座组合设计方法流程示意图，该设计优先考虑振动控制，在此基础上还需满足抗震需求。

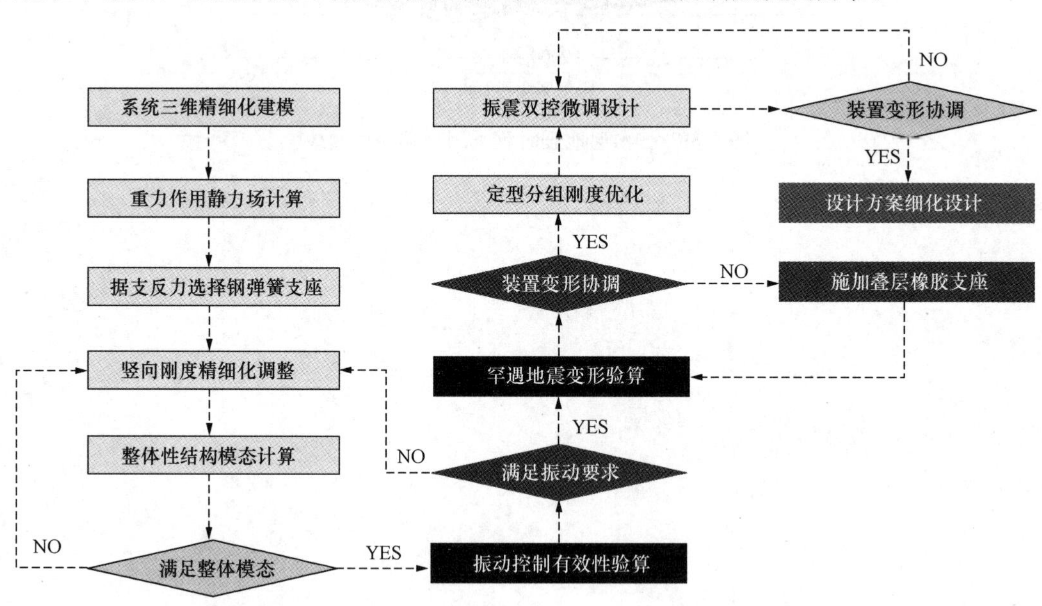

图 6-1-1　叠层橡胶支座与钢弹簧支座组合设计方法

1. 场地环境振动测试

若拟建场地周边地铁已经建成，则可直接进行地铁对场地的振动影响测试，根据测试结果判断振动是否超出规范相应规定，以此来决定是否需采取相应的减隔振措施及采取何

种减隔振措施。若拟建场地周边地铁还未建成，则可采用类比的方式来判断地铁振动的影响。经过处理的场地振动测试数据或类比数据，可作为三维模型振动影响时域分析的激励荷载。

2. 三维精细化模型振动计算仿真分析

首先，对建筑结构建立三维精细化仿真分析模型进行模态分析，确保仿真分析模型的准确性；再根据建筑结构形式，决定振震控制层的布置位置，对计算模型进行重力作用下的静力场计算，获得振震控制层各个支座处的支反力，以此确定钢弹簧支座的竖向刚度值，通过多次迭代计算，可对钢弹簧支座的竖向刚度进行精细化调整。对调整后的仿真模型输入地铁振动的激励荷载，便可进行建筑结构振动控制有效性的验算，若不满足规范规定的振动要求，则需重新调整钢弹簧支座的竖向刚度，直至满足振动要求为止。

3. 三维精细化模型抗震计算仿真分析

振动满足要求后，则需进行建筑结构的抗震反应分析，包括常遇地震、设防地震和罕遇地震三种情况的地震反应分析。国家标准《建筑抗震设计标准》GB/T 50011—2010（2024 年版）第 5.1.2 条规定：采用时程分析法时，应按建筑场地类别和设计地震分组选用实际强震记录和人工模拟的加速度时程曲线，其中实际强震记录的数量不应少于总数的 2/3，多组时程的平均地震影响系数曲线应与振型分解反应谱法所采用的地震影响系数曲线在统计意义上相符。根据以上选用强地震动记录的方法，选用合适的强震动记录，分别计算不增加叠层橡胶支座的情况下三种地震工况钢弹簧支座的水平位移值，判断该值是否超过钢弹簧支座的极限位移值，若三种地震工况均未超钢弹簧的水平位移限值，则可不增加叠层橡胶支座，若超限值，则先初步确定叠层橡胶增加的位置及增加数量，再根据地震反应分析结果对设计的位置和数量进行优化，使最终设计结果能满足抗震要求。

国家标准《建筑抗震设计标准》GB/T 50011—2010（2024 年版）规定：隔震层的支墩、支柱及相连构件，应满足罕遇地震下隔震支座底部的竖向力、水平力和力矩的承载力要求；隔震层以下的地下室，满足嵌固刚度比和隔震后设防地震的承载力要求，并满足罕遇地震下的受剪承载力要求。同时，由于振震控制层钢弹簧（或碟簧）支座的设立，导致隔振后结构的竖向整体刚度减小；因此，对于采用叠层橡胶支座与钢弹簧（或碟簧）支座组合的隔振结构，应进行地震作用下的最大水平位移计算、水平剪力计算、竖向位移计算、抗风承载力、大震下恢复力及整体倾覆验算等。

当叠层橡胶支座与钢弹簧（或碟簧）支座采用并联组合时，钢弹簧支座的底部或顶部设置可滑动面（图 6-1-2）；地震发生时，钢弹簧支座可水平滑动，地震作用主要由叠层橡胶支座承担。为了不影响竖向减隔振效果，叠层橡胶顶部可设计靴帽，靴帽与叠层橡胶顶部留有空隙（图 6-1-3）。

三、叠层橡胶支座与钢弹簧支座组合设计要求

叠层橡胶支座与钢弹簧支座组合设计应符合下列规定：

（1）叠层橡胶支座与钢弹簧支座组合设计时，应进行振震控制层的水平向隔震和竖向振动控制。

（2）叠层橡胶支座与钢弹簧支座组合设计应进行罕遇地震作用下的抗倾覆验算，抗倾覆安全系数不应小于 1.4。

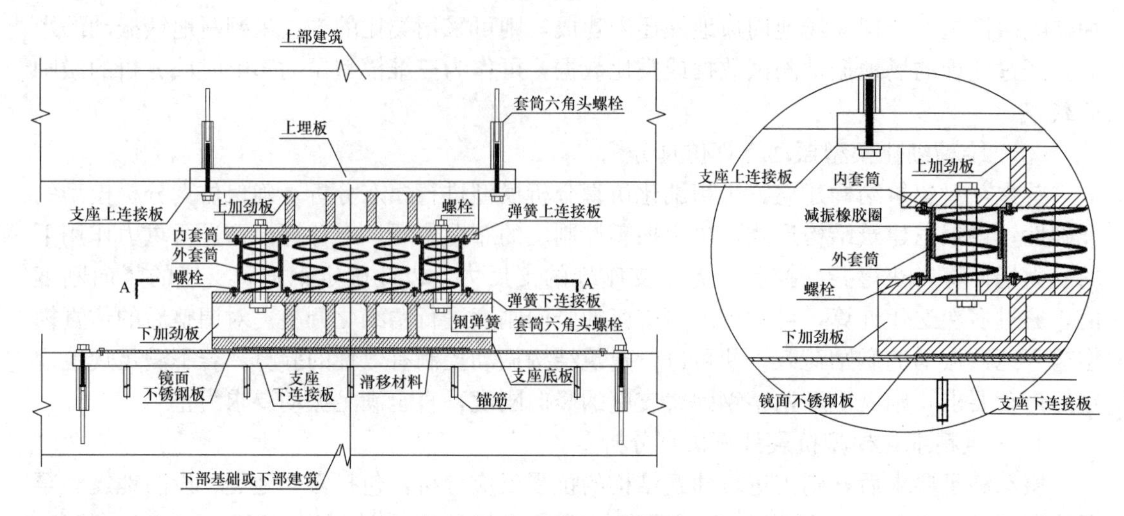

图 6-1-2　可滑动钢弹簧支座

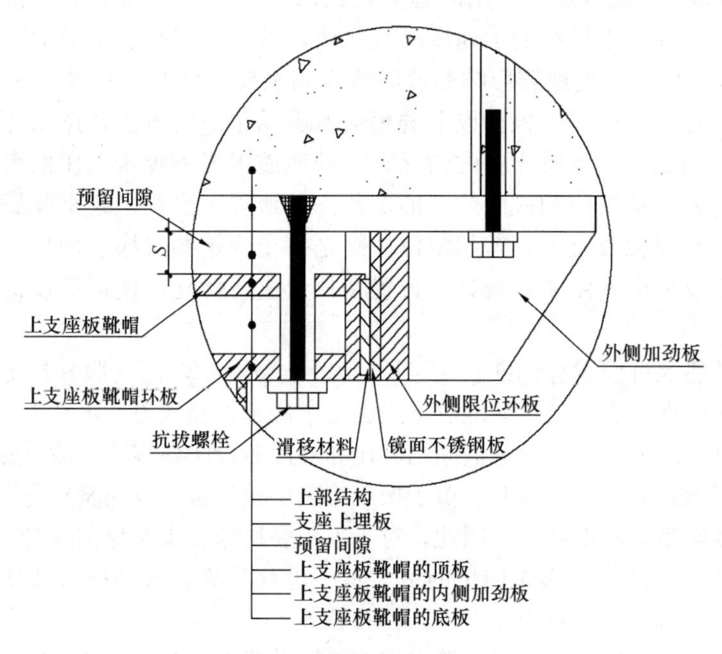

图 6-1-3　带靴帽叠层橡胶支座

（3）振震双控装置的竖向隔振，应设置抗侧刚度较大的运动解耦装置，运动解耦装置可采用轴承式或导轨式等。

（4）对于钢弹簧支座，其拉应力不应超过钢弹簧支座设计受拉承载力。

（5）叠层橡胶支座与钢弹簧支座串联组合时，钢弹簧支座设计承载力不应小于叠层橡胶支座设计承载力；钢弹簧支座的变形设计值应根据承载后的性能设计或时程分析的变形需求确定。

（6）叠层橡胶支座与碟形弹簧组合时，振震双控装置在地震作用下不应出现拉应力；当可能出现拉应力时，应设置抗拉装置。

（7）叠层橡胶支座与碟簧串并联组合时，碟簧并联数量应根据橡胶支座的设计承载力确定，单碟簧的设计承载力宜取变形≤0.75 倍碟簧内锥高时的承载力，并联后碟簧组合设计承载力不应小于叠层橡胶支座设计承载力；碟簧串联数量应根据隔振性能设计或时程分析时的变形需求确定。

（8）在多遇和设防地震作用下，叠层橡胶支座不应出现竖向拉应力，而在罕遇地震下，竖向拉应力不应超过表 6-1-1 所规定的限值，且同一地震动加速度时程曲线作用下出现拉应力的支座数量不宜超过支座总数的 30%。

竖向拉应力限值　　表 6-1-1

建筑类别	特殊设防类建筑	重点设防类建筑	标准设防类建筑
拉应力限值（MPa）	0	1.0	1.0

（9）叠层厚橡胶支座可采用普通橡胶支座增加各层橡胶厚度制成，支座的第一形状系数可取 4～16。

（10）叠层厚橡胶支座的隔震设计与计算分析，可按国家标准《建筑隔震设计标准》GB/T 51408—2021 中普通橡胶支座的规定执行。

（11）支座性能参数应通过试验确定，性能试验应符合国家标准《橡胶支座　第 1 部分：隔震橡胶支座试验方法》GB/T 20688.1—2007 的规定。

（12）设计压应力下叠层厚橡胶支座的极限水平位移不应小于其有效直径 0.55 倍和支座内部橡胶总厚度 3 倍的较大值。

（13）经设计工作年限耐久性试验后，叠层厚橡胶支座刚度、阻尼特性变化不应超过初期值的 20%，徐变量不应超过支座内部橡胶总厚度的 5%。

第二节　摩擦摆支座与钢弹簧支座组合

摩擦摆支座形成水平向刚度较低的隔震层，可有效降低地震作用下的上部结构响应；当建筑邻近轨道交通或附近区域有重型机械工作时，住宅或振动敏感类建筑（如音乐厅、带有精密仪器实验室、工厂等）宜采用隔振技术，通过增加钢弹簧隔振器可有效降低系统竖向固有频率，从而对振动及噪声进行隔离。对摩擦摆支座及钢弹簧进行有效组合，可同时提升结构的耐震性和防振能力，以达到振震双控的效果。随着城市土地资源日益紧缺，土地利用率提升，国内地铁沿线地段的建筑发展仍呈上升趋势，多维振震双控技术具有十分广阔的应用前景。

利用摩擦摆隔震装置与大负载钢弹簧元器件结合，形成可同时具有振震双控功能的复合型装置。装置由减震摩擦板、转动摩擦板、滑动摩擦板、止动板、钢弹簧等组成，通过合理封装钢弹簧元器件，可使钢弹簧部件在摩擦摆动过程中侧向不变形，竖向频率稳定。

一、摩擦摆与钢弹簧支座组合形式

摩擦摆支座与钢弹簧组合支座一般由Ⅰ型或Ⅱ型摩擦摆支座与支撑式圆柱螺旋弹簧隔振器采用竖向串联方式组合而成，隔振器壳体设置通孔，采用螺栓连接隔振器与摩擦摆支座耳板（图 6-2-1）。

组合支座中摩擦摆支座部分（上下座板、球冠体、耳板）由钢材加工而成，相对摩擦面采用不锈钢、聚四氟乙烯板（PTFE）或其他耐久性能优越的材料。其构造要求、性能指标、实验方法、检测项目等均应满足国家标准《建筑摩擦摆隔震支座》GB/T 37358—2019的规定。

组合支座中钢弹簧部分一般采用支撑式圆柱螺旋弹簧隔振器，由圆柱螺旋弹簧、阻尼器（可选）、上下壳体及柔性垫片组成。圆柱螺旋弹簧常用材料为弹簧钢，具有承载力高、力学性能稳定、疲劳性能好、寿命长等特点，其材料性能应满足国家标准《弹簧钢》GB/T 1222—2016的规定，弹簧线径选型可参考国家标准《圆柱螺旋弹簧尺寸系列》GB/T 1358—2009。隔振器中阻尼器一般采用黏滞阻尼器，其中阻尼介质应采用使用寿命长、不易老化、随温度变化小的液压油或黏流体。

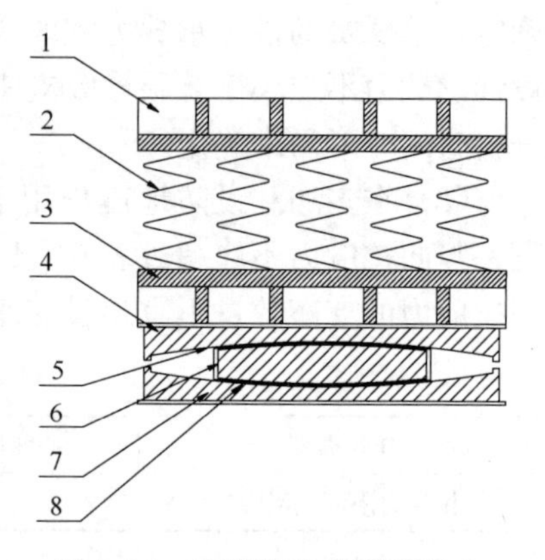

图 6-2-1 摩擦摆与钢弹簧组合支座构造示意图

1—隔振器上壳体；2—圆柱螺旋弹簧；3—隔振器下壳体；4—摩擦摆支座上座板；5—上滑动摩擦面；6—球冠体；7—下滑动摩擦面；8—下座板

二、摩擦摆与钢弹簧支座组合工作原理

摩擦摆与钢弹簧组合支座为两种装置的串联组合，两种装置相互独立，各自针对不同工况发挥减隔振（震）功能。组合支座中摩擦摆部分是一种通过球面摆动延长结构振动周期和通过滑动界面摩擦消耗地震能量实现隔震功能的支座，其运动状态可简化为单摆模型（图 6-2-2）。通过摩擦摆的延长结构周期有效隔绝地震能量向上部结构输入，降低上部结构在水平地震作用下的响应。力学特性可采用荷载-位移滞回曲线的双线性模型进行模拟（图 6-2-3）。

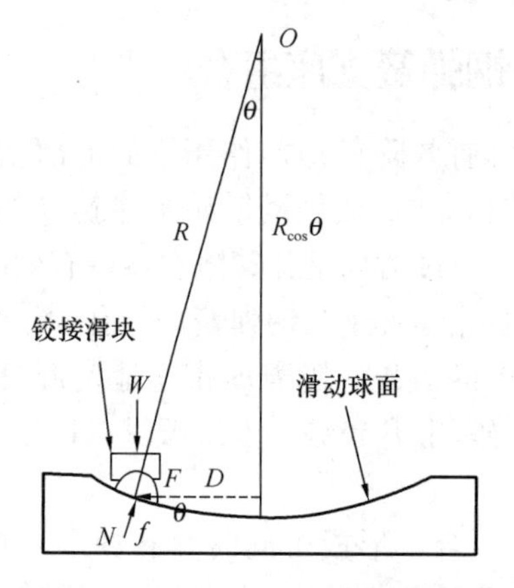

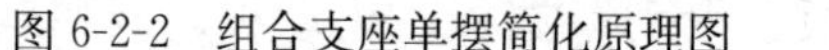

图 6-2-2 组合支座单摆简化原理图

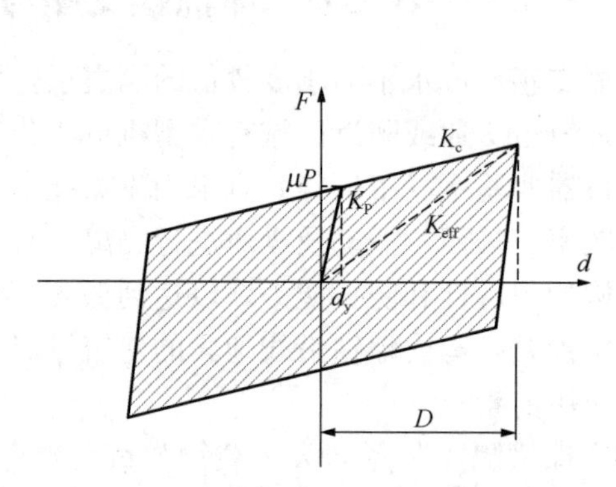

图 6-2-3 组合支座荷载-位移滞回曲线

控制组合支座隔震效果的关键参数主要有：等效曲率半径R、滑动面摩擦系数μ和水平位移D，其余力学性能参数（如恢复力、等效水平刚度、屈服后水平刚度、等效阻尼比、等效周期等）均可由关键参数计算得出，计算公式如下：

$$K_{\mathrm{eff}}=\left(\frac{1}{R}+\frac{\mu}{D}\right)\cdot P \tag{6-2-1}$$

$$\xi_{\mathrm{e}}=\frac{E_{\mathrm{D}}}{2\pi K_{\mathrm{eff}} D^{2}}=\frac{4\mu PD}{2\pi K_{\mathrm{eff}} D^{2}} \tag{6-2-2}$$

$$K_c = \frac{P}{R} \tag{6-2-3}$$

$$F = \frac{P}{R}D + \mu P(sgn\,\dot{D}) \tag{6-2-4}$$

$$T = 2\pi\sqrt{\frac{P}{K_{eff}g}} = 2\pi\sqrt{\frac{DR}{g(\mu R + D)}} \tag{6-2-5}$$

式中：K_{eff}——等效水平刚度；

ξ_e——等效阻尼比；

K_c——屈服后水平刚度；

F——恢复力；

T——等效周期。

结构设计时可通过调节组合支座的等效曲率半径、滑动面摩擦系数等关键系数，调节支座隔震效果，以达到隔震设计优化的目的。

组合支座中钢弹簧隔振器通过改变系统的竖向刚度，调节整体结构的竖向固有频率，使隔振体系的固有频率远小于外部激振主频，可以明显减小环境振动，有效消除结构噪声的传递，降低建筑物的振动反应及室内二次结构噪声，确保实验室、工厂内精密仪器的正常使用，保证居民楼内人员舒适度。针对建筑物隔振，依据国家标准《圆柱螺旋弹簧设计计算》GB/T 23935—2009 选取并设计隔振器中圆柱螺旋弹簧的材质、线径、中径、有效圈数、自由高度、节距等基本参数，实现较低的系统竖向固有频率，从而降低振动传递率，振动传递系数可由下式计算：

$$T = \frac{\sqrt{1 + (2Dz)^2}}{\sqrt{(1 - z^2)^2 + (2Dz)^2}} \tag{6-2-6}$$

式中：T——振动传递系数，基础振幅与建筑物振幅之比；

D——系统阻尼比；

z——频率比。

图 6-2-4 给出了频率比与振动传递系数在不同阻尼比下的传递曲线，当频率比接近 1 时，系统固有频率接近外激振频率，系统处于共振区，振动传递系数大于 1，此时隔振装置会放大振动作用，对上部结构产生不利影响；当频率比大于 $\sqrt{2}$ 以后，系统进入隔振区，振动传递系数随频率比增大而减小，且逐渐趋近于 0，隔振装置隔绝竖向振动效果逐渐显现；当频率比在 2.5～5 之间时，隔振效率达到 80%～90%。作为地铁上盖建筑，地铁正常运行引起的振动频率在 40～80Hz，主频在 60Hz 左右，按隔振系统频率为 3～8Hz 设计圆柱螺旋弹簧，可大幅降低

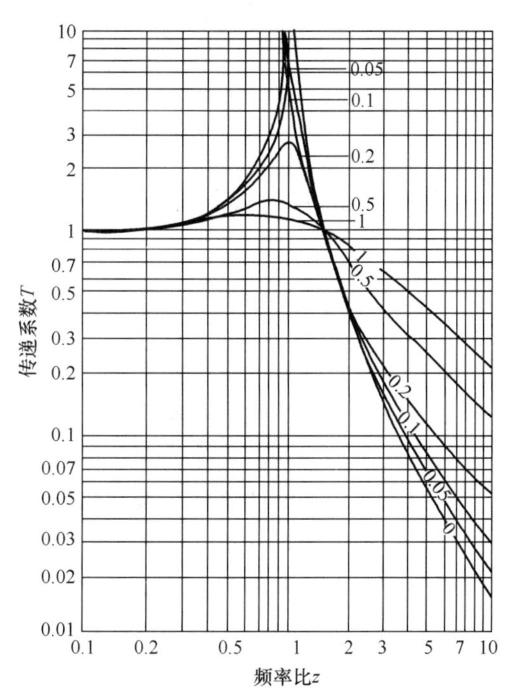

图 6-2-4　振动传递系数随频率比变化曲线

地铁沿线邻近建筑物的结构振动。

三、摩擦摆与钢弹簧支座组合设计方法

摩擦摆与钢弹簧组合支座设计时，宜符合协会标准《建筑工程振震双控技术标准》T/CECS 1234—2023的设计要求，应先进行上部结构的抗震设计，确定水平隔震性能及隔震效果，再进行正常使用状态下的结构竖向隔振设计；上部结构及组合支座摩擦摆部分设计应符合国家标准《建筑隔震设计标准》GB/T 51408—2021的规定，摩擦摆部分的深化设计应按国家标准《建筑摩擦摆隔震支座》GB/T 37358—2019的规定，满足水平剪切性能和水平极限变形要求。正常使用状态下的竖向隔振设计应符合国家标准《工程隔振设计标准》GB 50463—2019的规定，钢弹簧隔振器部分的设计和计算应符合国家标准《圆柱螺旋弹簧设计计算》GB/T 23935—2009的规定，并针对钢弹簧的承载力、刚度和横向稳定性等参数进行校核，还应考虑圆柱螺旋弹簧的颤振频率，可由式（6-2-7）表达，当外激振频率较高时，有可能与弹簧的颤振固有频率发生共振，在弹簧设计时应使颤振频率远离外激振频率：

$$f = 356\frac{d}{nD^2} \tag{6-2-7}$$

式中：f——颤振频率；

d——圆柱螺旋弹簧线径；

D——圆柱螺旋弹簧中径；

n——有效圈数。

进行上部结构抗震设计时，除常规隔震分析计算外，还应考虑组合支座在地震作用下发生水平位移时，钢弹簧水平向刚度对上部结构运动及组合支座摩擦摆部分变形状态的影响，钢弹簧的横向刚度可按下列公式计算：

$$K_{xj} = \frac{1-\xi_p}{0.384-0.295\left(\dfrac{H_p}{D_1}\right)^2}K_{zj} \tag{6-2-8}$$

$$\xi_p = 0.77\frac{\Delta_1}{H_p}\left[\sqrt{1+4.29\left(\frac{D_1}{H_p}\right)^2}-1\right]^{-1} \tag{6-2-9}$$

$$\Delta_1 = \frac{P_g}{K_{zj}} \tag{6-2-10}$$

$$H_p = H_0-\Delta_1-d \tag{6-2-11}$$

式中：K_{xj}——钢弹簧的横向刚度；

K_{zj}——钢弹簧的轴向刚度；

P_g——钢弹簧的工作荷载；

ξ_p——钢弹簧的工作荷载与临界荷载之比；

H_p——钢弹簧在工作荷载下的有效高度；

H_0——钢弹簧的自由高度；

Δ_1——钢弹簧在工作荷载作用下的变形量；

d——钢弹簧的线径。

钢弹簧隔振器所用的钢弹簧横向刚度主要与弹簧的高径比有关，钢弹簧所承受的工作

荷载大小，即重力作用产生的压缩量变化，对钢弹簧横向刚度的影响并不大；但在地震作用下，竖向地震及水平地震作用会对钢弹簧水平向刚度起控制作用，结构各支墩点位竖向荷载变化较大，引起钢弹簧水平刚度变化不均匀。应在对钢弹簧采用竖向限位构造措施的同时，针对组合节点进行最不利工况计算，并在最不利工况下对钢弹簧进行抗剪验算，保证地震作用下组合支座可有效运动，以达到良好的隔震效果。在进行钢弹簧设计时，钢弹簧内外圈应选高度相等的组合，保证内、外弹簧同时到达承载力应力点，防止内圈弹簧先于外圈弹簧压并，以确保钢弹簧在各工况下的稳定以及正常使用。

第三节　消能减震装置与钢弹簧支座组合

消能减震装置与钢弹簧支座的组合形式主要应用于高烈度设防地区有竖向振动控制要求的建筑物中，如下穿地铁线的实验室、精密设备厂区、学校、音乐厅等。由于钢弹簧支座具有较低的竖向刚度和水平向刚度，在发挥竖向隔振效果的同时，隔振层具有较低的水平向刚度，在设防地震或罕遇地震作用下隔振层位移过大，超出钢弹簧支座水平向位移限值，将导致支座竖向承载力失效，严重影响上部结构安全。通过在隔振层布置消能减震装置，消能减震装置与钢弹簧支座组合使用，可有效降低隔震层水平向位移，提升上部结构在水平向地震作用下的安全性，实现多维振震双控的目标。

一、消能减震装置与钢弹簧支座组合形式

消能减震装置与钢弹簧在隔振层宜以并联形式分开布置，采用大负载低频钢弹簧配合大出力阻尼器的组合形式，利用钢弹簧的径向弹性力学特征，延长结构的竖向自振周期，通过错频和外加竖向阻尼减震，减弱竖向振动对上部结构的影响；通过水平向布置消能减震装置，控制设防地震及罕遇地震作用下隔振器侧向变形超限，防止地震作用下钢弹簧压并，满足结构抗震能力验算，二者组合设计、协同工作从而达到振震双控的效果。

钢弹簧支座布置于隔振层上下支墩间，与上部结构刚度及质量串联；消能减震装置一端与顶板连接，一端与底板连接，与钢弹簧支座水平向刚度与阻尼并联，组合节点形式如图 6-3-1 所示。在隔振层布置消能减震装置时，宜选取两个水平主轴方向数量相等、型号一致的阻尼器，轴心对称布置于建筑平面外围，速度型阻尼器与位移型阻尼器均可与钢弹

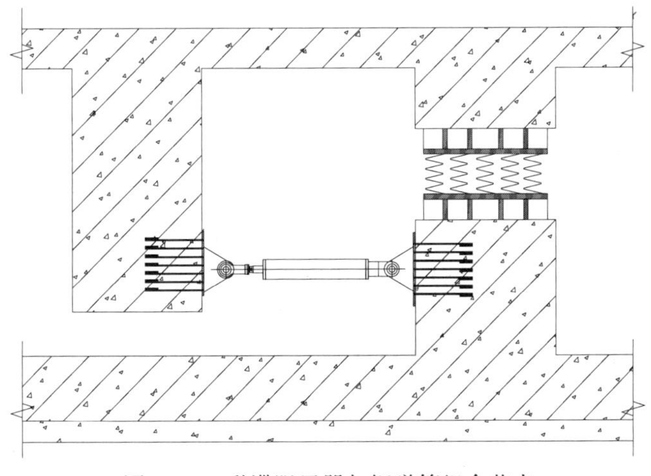

图 6-3-1　黏滞阻尼器与钢弹簧组合节点

簧支座协同工作并能有效控制隔振层位移。

二、消能减震装置与钢弹簧支座组合工作原理

消能减震装置与钢弹簧支座工作形式为水平方向刚度、阻尼并联组合，两种装置协同抵抗水平向地震作用，限制隔振层相对位移；竖向钢弹簧支座与上部结构独立串联，降低隔振体系竖向固有频率，实现隔离环境振动的效果。

由于钢弹簧支座与上部结构独立串联，消能减震装置对隔振器正常使用状态下的隔振效果影响不大，竖向隔振与单独使用钢弹簧支座原理相同。在水平向抗震设计时，钢弹簧支座与消能减震装置刚度与阻尼并联，钢弹簧支座水平向刚度可按公式（6-2-8）计算得出，水平向阻尼系数应由厂家根据钢弹簧支座内置阻尼器产品性能提供；与隔振器组合并联的消能减震装置类型主要分为速度相关型阻尼器和位移相关型阻尼器两类。黏滞阻尼器是速度相关型阻尼器的主要代表，一般由缸筒、活塞、阻尼介质（黏滞流体）和活塞杆等零件组成（图 6-3-2）。当活塞与缸筒之间发生相对运动时，由于活塞前后的压力差使介质从阻尼结构中通过，从而产生阻尼力。阻尼器对结构进行振动控制的机理是将外部激励传递到结构中的部分振动能量通过阻尼器转变并耗散掉，达到减小结构振动反应的目的。

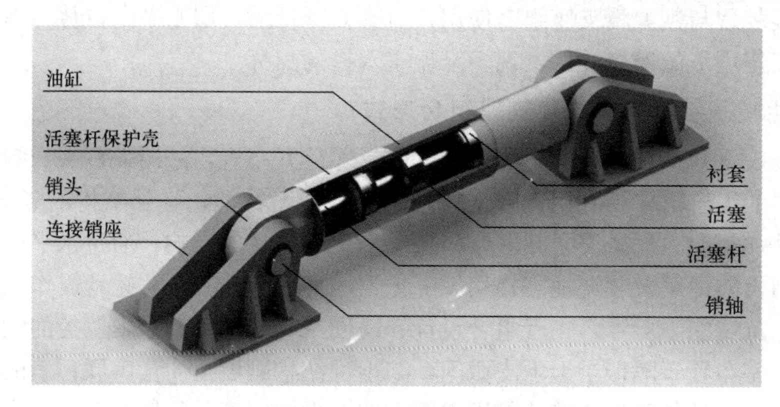

图 6-3-2　单出杆式黏滞阻尼器构造

黏滞阻尼器一般可由 Maxwell 模型进行模拟，阻尼力与活塞运动速度之间的关系为：

$$F = Cv^{\alpha} \tag{6-3-1}$$

式中：F——阻尼力；

C——阻尼系数；

v——速度；

α——速度指数。

阻尼系数与油缸直径、活塞直径、导杆直径和流体黏度等因素有关，速度指数与阻尼器内部的构造有关，不同的产品具有不同的取值，线性和非线性黏滞阻尼器输出的阻尼力与速度的关系如图 6-3-3 所示，阻尼力与位移关系如图 6-3-4 所示。

钢屈服阻尼器是位移相关型阻尼器的主要代表，采用低屈服点钢作为主体材料，钢材进入弹塑性范围后滞回性能良好，可通过金属材料的塑性屈服来吸收和耗散能量。钢屈服阻尼器具有屈服点低、坚固耐用且长期使用免维护的优点，抗震性能不受温度影响，是目前各类消能减震装置中性价比较好的产品。

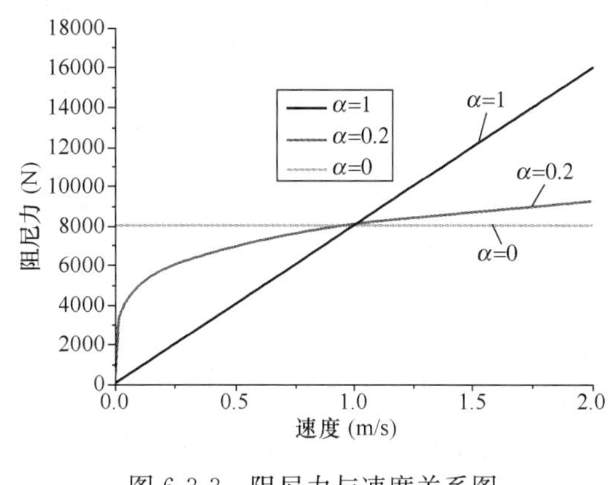

图 6-3-3　阻尼力与速度关系图

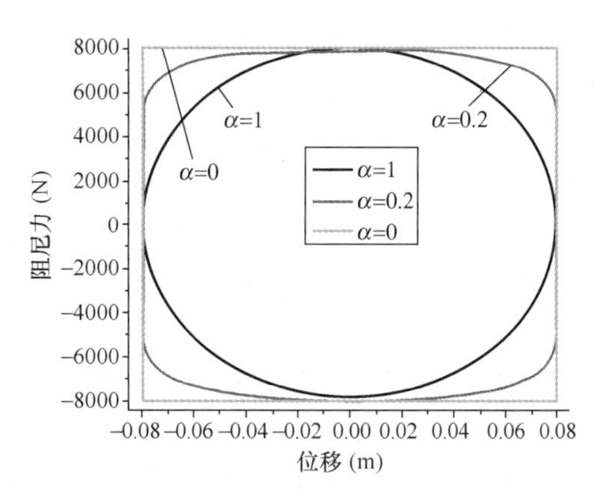

图 6-3-4　阻尼力与位移关系图

钢屈服阻尼器可采用双线性模型模拟阻尼器骨架曲线，阻尼力与位移 u 之间的关系如图 6-3-5 所示，阻尼器弹性刚度、第 2 刚度、有效刚度可按下列公式计算：

$$K_{d} = F_{dy} / u_{dy} \tag{6-3-2}$$

$$K_{2E} = (F_{dmax} - F_{dy}) / (u_{dmax} - u_{dy}) \tag{6-3-3}$$

$$K_{eff} = F_{dmax} / u_{dmax} \tag{6-3-4}$$

式中：K_{d} ——阻尼器弹性刚度；

K_{2E} ——阻尼器第 2 刚度；

K_{eff} ——阻尼器有效刚度；

F_{dy} ——阻尼器屈服承载力；

F_{dmax} ——阻尼器设计承载力；

u_{dmax} ——阻尼器设计位移；

u_{dy} ——阻尼器屈服位移。

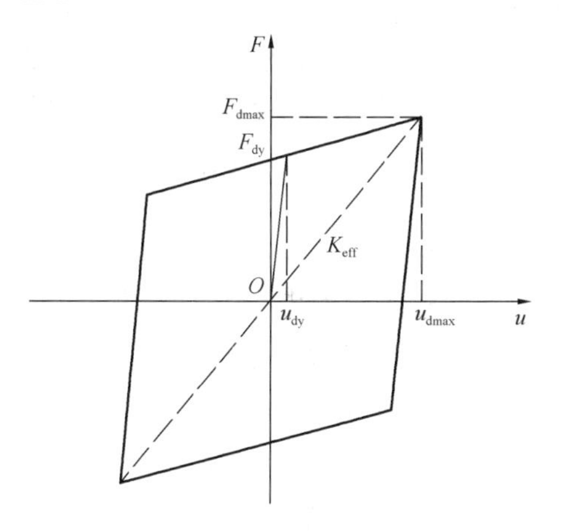

图 6-3-5　钢屈服阻尼器双曲线滞回模型

钢屈服阻尼器双线性模型只需根据阻尼器的滞回曲线确定屈服点和屈服后刚度，即可得到双线性模型的骨架曲线，但该模型受屈服点影响较大，当采用初始屈服点时将低估计算阻尼器在设计位移下的耗能效果，当采用全截面屈服点时可能会高估阻尼器的耗能效果；屈服点的不同取值方法及阻尼器力学性能要求可参考行业标准《建筑消能阻尼器》JG/T 209—2012 的相关规定。

三、消能减震装置与钢弹簧支座组合设计方法

消能减震装置与钢弹簧组合设计应以振动控制设计为主导，依据国家标准《工程隔振设计标准》GB 50463—2019 的规定首先进行竖向隔振设计，根据建筑功能布局、支墩实际受力进行钢弹簧设计并通过模态参数化分析确定隔振层布置方案，验证竖向隔振后地铁振动影响是否超出国家标准《建筑工程容许振动标准》GB 50868—2013 的相关要求。

隔振层初步方案完成后，应根据国家标准《建筑抗震设计标准》GB/T 50011—2010（2024 年版）要求，进行设防地震、罕遇地震时程分析验算，验证钢弹簧侧向变形是否满足设计要求。若不满足，则需根据协会标准《建筑工程振震双控技术标准》T/CECS

1234—2023 及行业标准《建筑消能减震技术规程》JGJ 297—2013 规定，在隔振层内布置消能装置，经过减震优化设计达到限制隔振层水平位移的效果，消能减震装置各项性能指标应满足行业标准《建筑消能阻尼器》JG/T 209—2012 的要求，保证钢弹簧在地震作用下的正常使用，实现振震双控的目标。

消能装置主要用于地震设防，当装备振震双控采用消能装置与钢弹簧装置组合设计时，消能装置应符合行业标准《建筑消能减震技术规程》JGJ 297—2013 的规定，在设计时可进行独立设计。

在对消能装置与钢弹簧装置组合设计时，原则是要保持二者的功能相互不影响且最大限度发挥出各自的特性。首先，消能装置与钢弹簧装置宜采用并联方式连接，地震设防以抗震体系为主，振动控制仍然以隔为主。由于消能减震部件受力较大，且在一定条件下也可作为结构件，所以其尺寸一般也较大，如阻尼墙、暗支撑、金属阻尼器、防屈曲支撑等，宜根据钢弹簧支座面积尺寸和协同作业限制要求进行一体化设计，且消能装置应在弹塑性时程分析结果中最不利构件附近进行安装。

消能减震与钢弹簧组合的设计前置条件是根据建筑结构承载能力确定钢弹簧装置竖向稳定变形值，主要是为了确保地震作用下钢弹簧不会因消能减震装置失效而出现压并情况。在设防地震、罕遇地震作用下，组合装置的侧向变形不应大于控制层整体变形限值，从而确保地震作用下隔振装置不会受损，且当采用软钢类材料时，宜根据设计要求增大其弯剪模量。在构造方面，为保证消能减震部件在地震作用下正常服役，但不对结构产生损坏，消能装置的活动耗能部件与端头固定套筒之间的结构间隙不应大于 3mm。

第四节　各向异性多维振震双控装置

现有振震双控技术除采用水平隔震支座与钢弹簧支座组合外，还包括其他类型的各向异性多维振震双控装置，如叠层厚橡胶支座、水平隔震支座与碟簧组合的振震双控支座。

一、叠层厚橡胶支座

通过增加单层橡胶厚度形成的第一形状系数为 2～16、第二形状系数不小于 3 的叠层橡胶支座，包括天然厚橡胶支座（TNRB）、铅芯厚橡胶支座（LTRB）、高阻尼厚橡胶支座（THDRB）和水平限位型厚橡胶支座（HR-TRB）。

天然厚橡胶支座（TNRB）是内部无竖向铅芯，由多层增加厚度的天然橡胶和多层钢板或其他材料交替叠置而成的支座；铅芯厚橡胶支座（LTRB）是内部含有竖向铅芯的支座。两类支座的第一形状系数不小于 6。

高阻尼厚橡胶支座（THDRB）是用复合橡胶制成且增加橡胶厚度的具有较高阻尼性能的支座，第一形状系数不为 6。

水平限位型厚橡胶支座（HR-TRB）是通过设置刚性限位装置，不允许水平变形的天然厚橡胶支座，其第一形状系数为 2～6。

用于隔震设计的叠层厚橡胶支座的竖向刚度应按照国家标准《橡胶支座　第 1 部分：隔震橡胶支座试验方法》GB/T 20688.1 规定的竖向压缩刚度计算，计算宜采用时程分析法。

用于隔振设计的叠层厚橡胶支座应根据传递率曲线初步设计其第一形状系数和第二形状系数，振动传递率不宜大于 0.3，针对目标振动的主要频率，计算得到采用叠层厚橡胶支座的结构竖向频率；根据结构上部质量，计算得到所需叠层厚橡胶支座的竖向隔振刚度。根据初步设计得到的叠层厚橡胶支座参数，应采用时程分析法验证叠层厚橡胶支座的竖向隔振效果，往复迭代满足隔振设计需求。最后，由所需的竖向隔振刚度，确定第一形状系数和第二形状系数，进行叠层厚橡胶支座选型。

用于振震双控结构设计的支座形式包括天然厚橡胶支座、铅芯厚橡胶支座和高阻尼厚橡胶支座或其组合支座，与阻尼装置共同工作的天然厚橡胶支座以及水平限位型厚橡胶支座与水平隔震支座组成的装置等。

二、组合三维振震双控支座

组合三维振震双控支座是水平向采用隔震支座（如叠层橡胶支座和摩擦摆支座）、竖向采用新型构造的碟形弹簧装置组合而成的三维振震双控支座。

碟形弹簧具有几何非线性特征和"高静低动"的力学特点，即同时具有较大静态刚度和较小动态刚度，是一种较为理想的竖向隔振器。然而，将碟形弹簧组合使用时，隔振系统内部摩擦力的影响会降低碟形弹簧隔振器的隔振效率。因此，可增设加载环等新型构造形式，串联碟簧和加载环，从而降低库仑摩擦对非线性组合碟簧竖向隔振系统的影响。

为使水平向隔震支座和竖向隔振支座串联后能各自发挥其功能，应设置解耦装置实现水平向和竖向力学性能的运动解耦。设计时，可根据上部结构和结构隔震需求设计水平隔震支座，具体步骤如下：

①由水平隔震支座的竖向设计承载力，确定碟形弹簧的并联数量，并联后组合碟簧的设计承载力不应小于水平隔震支座设计承载力；②根据上部结构减振需求，针对目标振动的主要频率，计算组合三维振震双控支座的竖向频率；③根据结构上部质量，计算组合三维振震双控支座的竖向隔振刚度，由于水平隔震支座的竖向压缩刚度很大，计算得到的竖向隔振刚度即为组合碟簧的竖向隔振刚度；④确定组合碟簧的串联数量及加载环等构造形式，完成竖向隔振装置选型。

三、各向异性多维振震双控装置

各向异性多维振震双控装置的主要应用场景是特种环境下的建构筑物和设备，在多源振动和地震复合危害下，需要在多个方向上具有一定的自由度调频、变形或耗能能力，实现振震双控的目标。主要分为两类，一类为机构类，如三向或多自由度下的机械复合振动控制装置；另一类为材料类，如高分子聚合物或金属橡胶等。

针对建筑工程及重要装备，当进行振动控制设计时支座节点处具备高负载能力，同时在多维度还要满足不同振动目标需求，几何空间要求限高限位。因此，双控装置要具有体积小、位移小、多方向、多模态等特征。图 6-4-1 给出了一种多层机械元件混合嵌入式三向振动控制装置，该装置竖向由钢弹簧和油液阻尼、水平向由联合机械滑轨和限位器构成。

具有各向异性的减振材料是多维减隔振技术发展的热点之一，在既有材料中，金属橡胶类似形状记忆合金，也具备一定的多维减振特性，见图 6-4-2。

金属橡胶是以细金属丝为基本材料，经过卷制成螺旋、定距拉伸、编织成网、压力成型等工序而形成的具有一定形状的金属制品。金属橡胶可承受较大变形，具有类似于橡胶

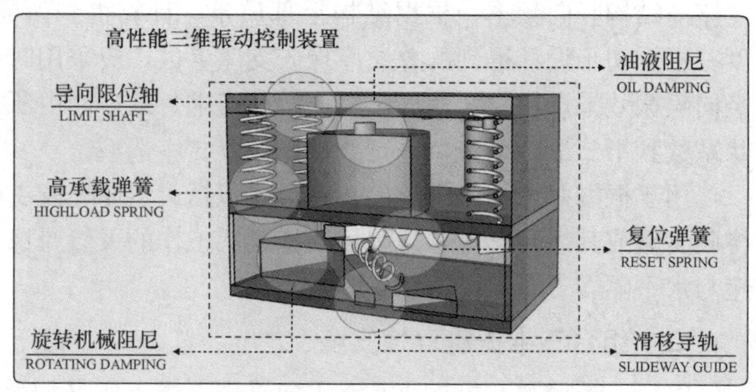

图 6-4-1 高性能三维振动控制装置示意图

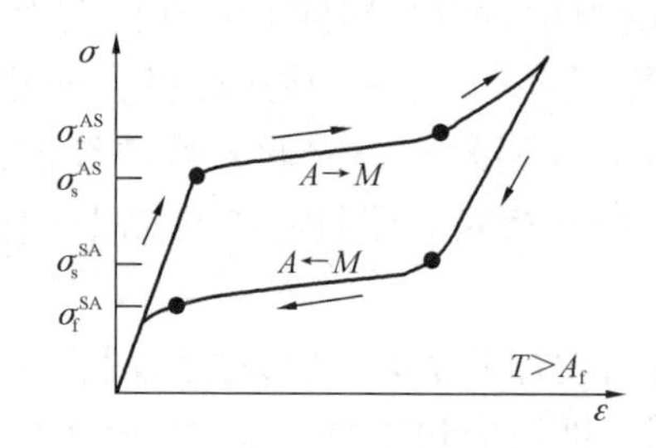

图 6-4-2 多维振震双控用相关材料

的优良特性。在受到载荷作用产生变形时，金属丝之间相互挤压、滑移，产生摩擦，可以耗散大量的能量，从而起到减振作用。由于全部为金属材料制成，金属橡胶可以在高低温、真空及腐蚀介质中工作。

金属橡胶也可以制作为具有减振性能的形状记忆合金，其力学性能取决于两方面，即形状记忆合金本身的特性以及金属橡胶的制作工艺。大量实验结果表明形状记忆合金金属橡胶的等效阻尼比要大于 304 不锈钢金属橡胶的等效阻尼比，从而表现出更好的阻尼性能。对形状记忆合金金属橡胶和传统橡胶隔振器的减振性能进行对比研究，结果表明相同额定载荷的 SMA 金属橡胶的耗能及隔振性能优于普通橡胶隔振器。

四、各向异性多维振震双控装置标准应用

多维振动控制装置采用各向异性结构或材料设计时，可以制作成复合机构集成化装置，也可以制成特种材料减振模块。当采用集成化装置时，只有当水平向和竖向振源卓越频带不同且幅值量级相近时，方可采用同类装置和材料进行各向调频组合设计，否则同类器件或材料的多维调谐性能差异难以设计；如果水平向和竖向振源卓越频带不同且幅值量级差异较大，宜采用不同类型装置或材料进行调频与耗能组合设计，避免因各维度减振性能差异过大而导致振动控制装置使用率较低的情况出现。

如果采用的是类似材料，宜通过叠层的方式进行多维控制，各向异性的叠层阻尼减振系统需要考虑层间材料的动力特性，应计入各层纤维铺设角度、纵横向剪切模量等各向异性参数对薄板损耗因子的影响，应充分考虑各层之间的耦联作用。由于平面内相对变形小，仿真验算时可不计入结构的平面、横向剪切及纵向拉伸作用。同时，阻尼层的胀缩变形耗能优化提升时，宜提高各向异性叠层阻尼薄板结构的剪切刚度，确保最终叠合形成的

阻尼减振系统三向性能接近，进行剪切模量较大的各向异性约束阻尼梁或板设计时，应计入约束层剪切模量。

当振震双控节点采用各向异性结构或材料时，需要对多维减振系统进行极限状态下的性能保护，并在设计时严格考虑其服役环境的疲劳、腐蚀等要求。节点竖向变形处应设置保障控制层整体性的限位器，不应产生节点协调不均匀造成的局部严重受弯和受拉；各向异性结构或材料方案应计入材料的动力特性随温度等环境变化的影响，不得在性能易退化的环境中使用。

第五节　多维振震双控减振机架

一、多维振震双控减振机架技术发展历程

我国传统的公共、民用及工业建筑等，多是针对抗震、舒适度等开展设计，而面向工程振动等进行的专项设计尚未系统纳入建筑结构设计之中，部分建筑结构在建成后，由于空调风机、冷却水泵、压缩机等动力设备运行对结构产生有害振动，导致结构振动超标，甚至引发安全问题（图 6-5-1）。地震验算、风荷载舒适度验算等结构设计日趋成熟，医院、学校等建筑与各类动力设备的使用密切相关，常规动力设备通常不会在前期开展振动控制咨询和专项设计，或者部分动力设备依据经验采取一定技术手段避免振动超标，但取得效果甚微，投入使用后依然导致剧烈振动。动力设备在建筑结构中普遍存在、种类较多、分布较广，振动危害不容忽视，已成为影响结构舒适和安全的重要因素（图 6-5-2）。

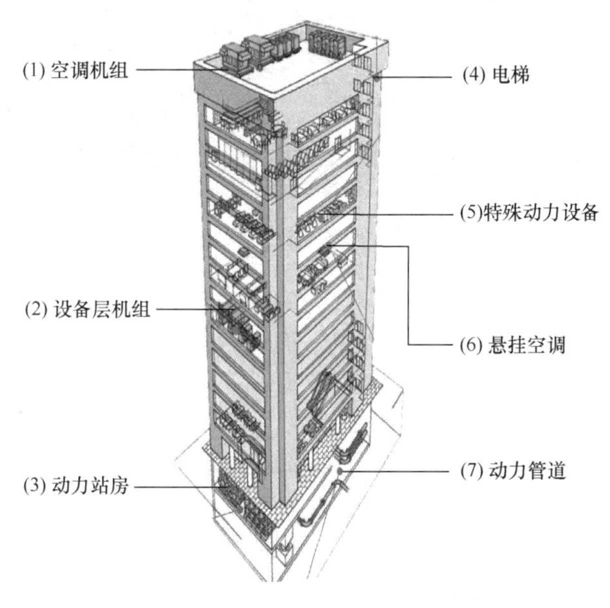

图 6-5-1　建筑结构常见动力设备主要分类图

常见建筑工程中的动力设备分类和振动特性如下（图 6-5-3）：

（1）空调室外机、冷冻机、冷却塔、送风机、发电机、横向管道。空调机组居多，放置于楼顶位置，单机振动卓越频段为 80～100Hz，机群运行振动基础卓越频段为 30～80Hz。

（2）数据机柜、空调机组、冷冻机组、变压器、水暖管道。设备层机组主要包括空调

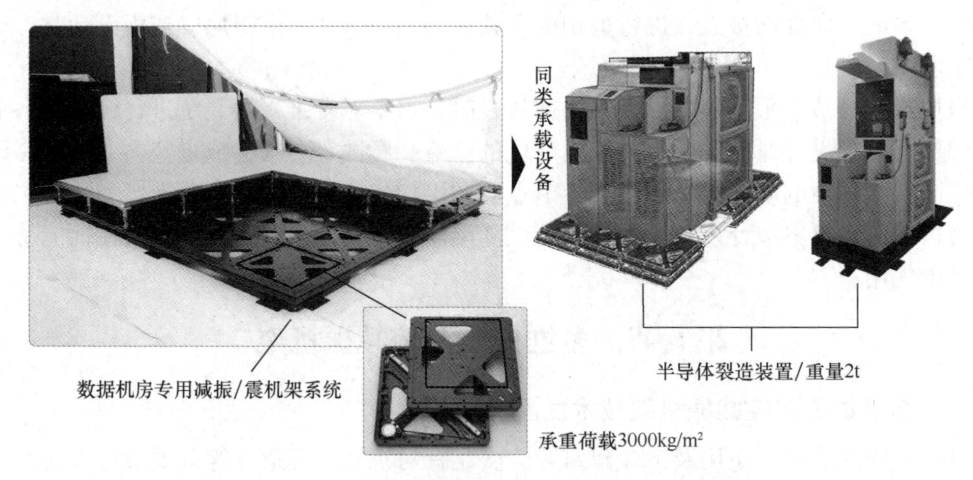

图 6-5-2　建筑结构常见多维振震双控机架场景

图 6-5-3　建筑结构常见多维振震双控机架实物安装图

机组、数据机房以及附属管道等，卓越频段为50～100Hz。

（3）冷却泵、冷冻机、发电机、压缩机、循环水管道类、机械式停车场。动力站房，置于地下室或地面一层，单机振动卓越频段为 50～100Hz，机群运行振动卓越频段为 50～80Hz。

（4）电梯用卷扬机、电梯间用 TMD（质量调谐阻尼器）。电梯的主要振源是卷扬机，可采用 TMD 和卷扬机基座减振方式处理，振源卓越频带为 20～60Hz。

（5）电影院、剧场、游乐场、托儿所、大型游乐设备、健身房、游泳池等特殊场景中的动力设备卓越频带较宽，一般情况下为 10～120Hz。

（6）悬挂空调主要用于民用建筑墙挂外机和工业用局部悬挂排风机，主要特征频率约为 50Hz。

（7）动力管道在工业建筑中较多，主要表现为消防水管、工业 PCW 废水系统等，振动情况较为复杂，通常与分布形式和流体速度等因素有关，主要频率在 15～50Hz 之间。

二、多维振震双控减振机架标准应用

从工程设计角度，多维减振机架属于机械装置，首要作用是解决动力设备自身振动的影响，在方案设计过程中，应符合国家标准《工程隔振设计标准》GB 50463—2019 中动力设备振动控制的基本规定。在此基础上，主要设计路径按照竖向承载力、三向刚度、水平变形能力、阻尼比的顺序来执行，水平向变形能力设计主要是为了应对地震作用下大变形耗能，变形能力一般不超出减振机架间元器件有效净高度值。

多维减振机架隔振系统的竖向刚度应根据上部质量、设备以及管道的振动频率等参数进行计算。计算的基本原则是确保机架竖向基本频率与振源错频率高于 40%，建议高于 60%。机架设计过程中特别需要考虑大口径管道接驳的影响，一般需要对管道的稳态脉冲振动荷载做预测，并基于此进行错频设计。

对于大型设备，如工业发电机、风冷机组、冷却塔等，由于上部设备质量较大，减振机架宜设置水平向阻尼器，优选油液阻尼。而且减振机架由于承载大和服役环境差，一般要求其承载和关键器件钢材标号不低于 Q355-B。

当多维减振机架在地震设防中发挥作用时，为保障其上部动力设备与相关抗震设防标准协调，抗震性能设计应符合国家标准《建筑机电工程抗震设计规范》GB 50981—2014 的规定。

此外，大多数动力设备长期处于高频振动状态，当振动幅值超过临界疲劳应力限值，应考虑多维减振机架的结构与元器件疲劳效应，在设计过程中需要计算其疲劳应力。

如果减振机架的弹性元器件采用钢制螺旋弹簧，为保障机架自身刚度远大于弹簧刚度，充分发挥隔振元件能效，避免机架结构对减振效率产生不利影响，机架本体结构变形不应大于弹簧压缩量的 0.1 倍，如果不能满足要求，则在多维减振机架设计分析过程中，考虑钢框架与隔振系统的耦合作用影响。

在多维减振机架实际应用中，经常遇到动力设备与管道相连且穿越建筑结构沉降缝，应在设计过程中对不均匀沉降进行预测，如果预期沉降超过 5mm，应考虑管道的拉弯效应。减振机架在安装时一般是跟随设备进场，就位、调节、安装等过程存在施工误差，所以应具有水平调节和保证水平基准的功能，应确保设备重心垂线与安装平面保持 90°夹角。减振机架一般伴随着大规模的动力设备集群分布而配置，其主要配件和材料应采用通用规格，连接紧固件的构造应便于安装。

当采用多维减振机架时，由于机架具备一定的变形或位移能力，当设备接驳大口径水平管道，弯成竖向管道并与地面设备连接时，管道与设备之间应采用柔性连接，水平管道距竖向管道 0.6m 范围内应设置侧向支撑，竖向管道底部距地面大于 0.15m 时应设置抗震支撑，通过这样的柔性设置，确保在地震作用或大幅振动作用下，接驳的管道不受损。当多维减振机架用于冷却塔等房顶设备时，由于存在管道等设备穿行墙体或屋面，需要设置双层密闭防水，确保减振机架与屋面连接不破坏屋面的防水系统。

三、多维振震双控减振机架技术发展趋势

多维减振机架的发展主要伴随着建筑发展而不断更新迭代，传统的机架仅单一解决设备振动或地震设防问题，新一代的机架随着应用场景变化、用途细化，已逐渐融合了更多特点，如多功能、多维度、可装配、易调试等。主要的发展类型包括以下几种：

（1）有限选型配置钢弹簧框架组合隔振分置装置（图 6-5-4）。采用 100mm 方管钢焊接形成动力设备底座外轮廓，形成可支撑搭接的两层矩形框架结构，并根据额定转速情况按照单自由度体系选择钢制弹簧减振器放于两层框架之间，再进行现场就位和焊接固定，

形成分置式的钢弹簧与矩形钢框架组合式隔振装置。主要特征功能为通过钢弹簧选型实现错频调谐减振功能，对于额定工作频率较高的小型动力设备具有一定减振作用。该技术解决了既有工程的传统混凝土惰性基础在无改造空间下振动难以解决的问题，在具体的技术研发和工程应用中，其性价比尚需优化。一般适用于：动力设备质量 1.5～3.0t、长边尺寸 1.5～2.5m，对卧式旋转设备减振率＞50％（50～200Hz），对立式旋转设备减振率＞30％（50～200Hz）。

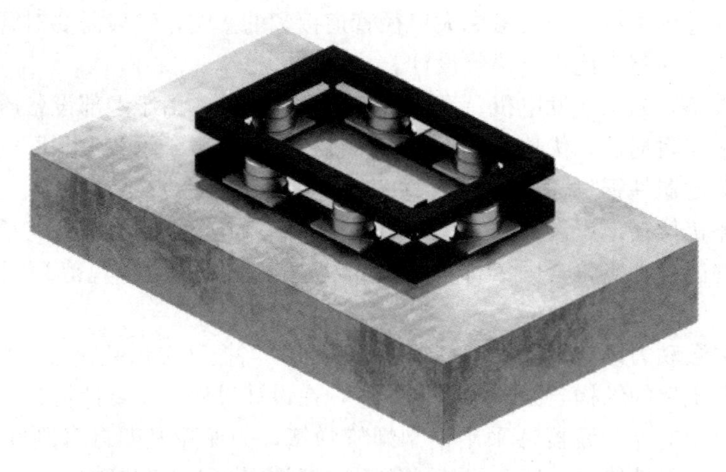

图 6-5-4　有限选型配置钢弹簧框架组合隔振分置装置

（2）有限选型配置钢弹簧框架组合隔振一体装置（图 6-5-5）。扩展了 80～150mm 的方管钢焊接形成动力设备底座外轮廓，形成可支撑搭接的两层矩形框架结构；根据额定转速情况按照单自由度体系选择钢制弹簧减振器置放于两层框架之间，为使弹簧单元和框架外轮廓线一致，进行现场就位和焊接固定；在机架结构外部增设一层 6～10mm 厚铁板进行外封，形成一体化的钢弹簧与矩形钢框架组合式隔振装置。整套装置安装后，形成一个封闭的箱体，可以通过钢弹簧选型实现错频调谐减振功能，对于额定工作频率较高的小型动力设备具有一定减振作用。该技术解决了既有工程的传统混凝土惰性基础在无改造空间下振动难以解决的问题，在具体的技术研发和工程应用中，其性价比尚需进一步优化。一

图 6-5-5　有限选型配置钢弹簧框架组合隔振一体装置

般适用于：动力设备质量为 1.5～3.0t、长边尺寸 1.5～2.5m，对卧式旋转设备减振率>50%（50～200Hz），对立式旋转设备减振率>30%（50～200Hz）。

（3）定制钢弹簧随形可变机架组合隔振可变装置（图 6-5-6）。系统由独立钢弹簧减振器、组合可变的刚性支撑架结构、支撑架定位限位器共同组成，能够自主调整相匹配的调谐弹簧单元，与机架元件可随意组装成型。对组合式减振机架进行了调谐单元的定制化、可调化的精细设计，提升了弹簧单元的减隔振性能；此外，进行了统一截面的单元化设计，设定了同样机架组合单元可以组合出不同尺寸规模的机架结构，实现了机架结构的可变组合功能。一般适用于：动力设备质量 1.5～5.0t 且长边尺寸 1.5～3.5m，对卧式旋转设备减振率>70%（30～200Hz），对立式旋转设备减振率>50%（30～200Hz）。

图 6-5-6　定制钢弹簧随形可变机架组合隔振可变装置

（4）油液阻尼器随形可变机架装配隔振装配装置（图 6-5-7）。系统由独立钢弹簧与油液阻尼器构成的初代复合型振动控制单元、组合可变的刚性支撑架结构、支撑架定位限位器共同组成。能够自主调整相匹配的调谐振动控制单元，与机架元件随意组装成型。增设了可调阻尼单元，使减振机架系统既可以调频调谐，也能耗能减振，大幅提升了随形减振机架的稳定性，使其应用范围得到提升，对于立式旋转装备和冲击装备具有明显的振动控制效果。一般适用于：动力设备质量 1.5～10.0t 且长边尺寸 1.5～5.0m，可对卧式旋转

图 6-5-7　油液阻尼器随形可变机架装配隔振装配装置

设备减振率>80%（30～200Hz），对于立式旋转设备减振率>70%（30～200Hz）。

（5）通配式规格化调频耗能减振机架精细装置（图 6-5-8）。系统由独立的调频耗能减振单元、通配式减振机架单元、定位和调平单元、独立的限位单元组合构成。对于宽泛型支撑式动力设备基础具有规格化、标准化、通配化的组合装配功能，装配后的随形减振机架具有较为宽频的调谐减振功能，不同负载和容许标准下具备可调阻尼减振功能，且减振机架的整体减隔振精细化程度得到大幅提升。一般适用于：动力设备质量 1.5～15.0t 且长边尺寸 1.5～6.0m，对卧式旋转设备减振率>90%（20～200Hz），对立式旋转设备减振率>85%（20～200Hz）。

图 6-5-8　通配式规格化调频耗能减振机架精细装置

（6）二元一体节能型多维随形减振机架多维装置（图 6-5-9）。技术构成有两部分：一部分是装置系统，由临时支撑单元及配件、DFZ4.0 系统、水平向独立阻尼器、三向防撞器等构成；另一部分是施工技术，临时支撑工艺、无尘化切削工艺、摇篮式外挂工艺、成套零部件组装工艺、系统置换工艺、调平方法、临时支撑拆除等效荷载标定等工艺构成。该套技术总体上具备了对于地震动（以水平向为主）、设备振动（以竖向为主）的两种动

图 6-5-9　二元一体节能型多维随形减振机架多维装置

力作用效应的兼顾控制功能，组合单元明显增多，但仍以可装配、易装配为主。一般适用于：动力设备质量1.5～15.0t且长边尺寸1.5～8.0m，可对卧式旋转设备减振率>95%（20～200Hz），对于立式旋转设备减振率>95%（20～200Hz）；另外对于地震动可降低一度。

第六节　气浮式多维振震双控装置

一、气浮式多维振震双控装置技术主要特点

气浮单元是一种内部充气的柔性密闭容器，利用空气内能变化达到隔振目的，具有很低的刚度及可调节的阻尼值，隔振系统具有很低的固有振动频率、较好的阻尼性能，具有良好的隔振效果及防撞效果，适用于精密设备及仪器的隔振（图6-6-1）。气浮式隔振器已经广泛应用于精密机械工业，气浮单元特征之一是低能耗、高承载力。气浮单元可以通过伺服阀进行控制，有效减小从地面传至隔振台板顶面的振动。适用于超精密仪器，如半导体领域中的扫描分析仪和光刻机是较为典型的应用场景。2000年后，气浮隔振技术进入我国，主要用于半导体工业中的精密设备，随着我国振动控制技术的快速发展以及橡胶制品材料技术的提升，气浮元器件也逐渐实现国产化，针对重要设备的气浮单元、气浮平台振动控制系统开始大量应用，由于气浮系统既可以有效隔离中高频振动，对于中小地震也具备一定的隔震能力，为满足日益增长的新型精密设备的振震双控需求，气浮减振技术也在蓬勃发展。

图6-6-1　气浮式多维振动控制系统单元与工程图

气浮式被动控制系统是一种重要的隔振方式，其设计关键难点在于如何实现台座和气浮单元装置协同工作，并构成一个低固有频率的隔振体系，且不产生局部模态共振，不会导致系统在中高频带宽内振动放大。经过大量的理论推导和科学实验，采用基于质刚重合原理的气浮隔振系统设计方法。该方法与传统的质量中心和刚度中心重合的设计方法不同，最大改进在于利用气浮式的控制系统，结合质刚重合理论，使被动控制隔振系统具有稳定的低频模态分布特性，还能通过自平衡系统确保微振动系统准确复位（图6-6-2）。

基于振动工程基本原理，对于单自由度体系，可以直接调整阻尼和刚度实现隔振设

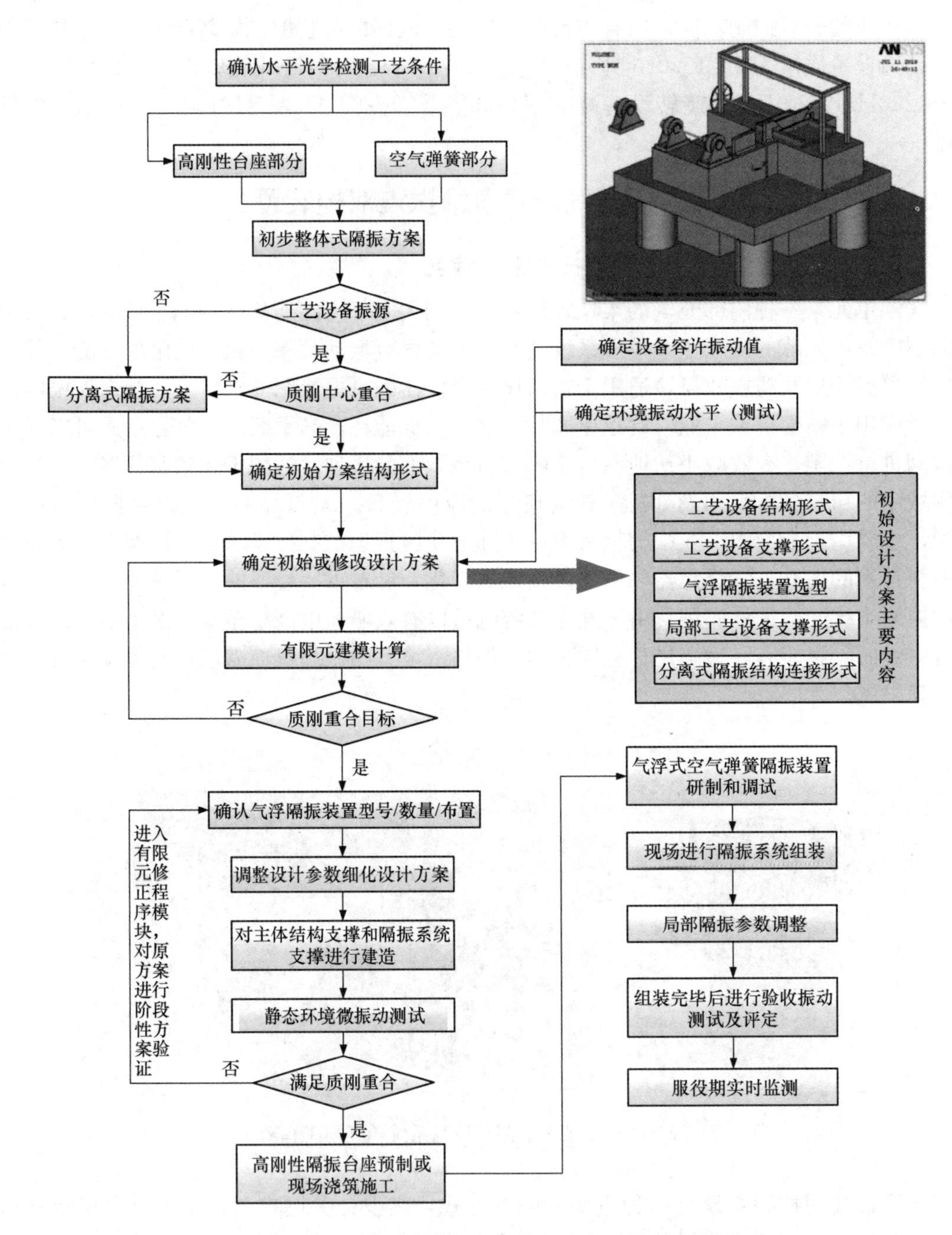

图 6-6-2　气浮式振动控制系统设计方法技术路线图

计，但是对于多自由度结构而言，合理且有效设计阻尼和刚度参数去实现振动控制设计具有一定的困难。

$$\boldsymbol{F}_{\text{input}}(x,y,z,t)=\sum_{i=1}^{N}f(\omega_i)=\sum_{i=1}^{N}q_i(x,y,z)\sin(\omega_i t+\varphi_i) \tag{6-6-1}$$

$$\boldsymbol{T}(\omega_i)=T(\omega_i)\sin(\omega_i t+\phi_i) \tag{6-6-2}$$

$$R(\omega_i) = f(\omega_i)T(\omega_i) \tag{6-6-3}$$

$$\boldsymbol{R}(\omega_i) = \sum_{i=1}^{N} R(\omega_i) = \sum_{i=1}^{N} f(\omega_i)T(\omega_i) \tag{6-6-4}$$

$$\boldsymbol{R}(\omega_i) = \sum_{i=1}^{6} f(\omega_i)T(\omega_i) + \Theta_{yl} \tag{6-6-5}$$

式中：$\boldsymbol{F}_{\mathrm{input}}(x,y,z,t)$ ——微振动荷载；

$q_i(x,y,z)$ ——不同类型微振动荷载；

$\boldsymbol{T}(\omega_i)$ ——传递函数矢量值；

$R(\omega_i)$ ——频率值为 ω_i 的传递函数值；

Θ_{yl} ——高阶振型参与振动累计余量，对于空间对称布置的被动隔振系统，由于前六阶振型质量参与系数累计量基本可以达到99.9%以上，所以 Θ_{yl} 为六阶以后的累计余量（图 6-6-3）。

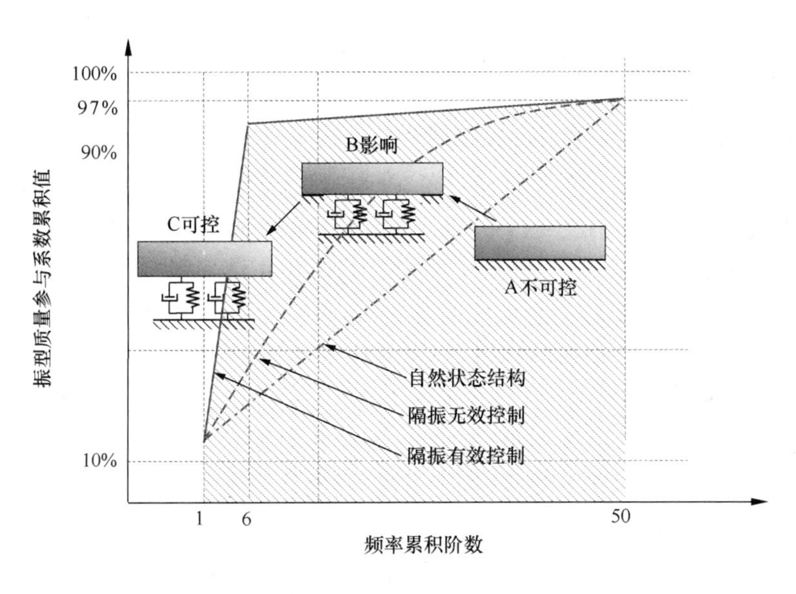

图 6-6-3　结构振型质量参与系数累积曲线

通过对气浮单元和匹配台座系统的合理设计，气浮系统的有效振型集中在前六阶，前三阶振型质量参与系数累积量可以达到95%以上。通过对大量实际工程研究，该方法可以使前三阶系统固有频率降低至 0.9Hz 以下。所以，在隔振系统工作时，如果环境振动卓越频率远离 0.8～0.9Hz 频段，隔振系统有效，如果靠近该频段，则隔振系统无效。图 6-6-4 给出气浮式隔振系统对应的三种支撑系统，即刚性约束、浮放约束和弹簧约束对应模态分布图。

气浮式振震双控系统的优势主要在于对中高频甚至局部中低频的振源隔振效果较为明显，且具有较好的气阻效应，对环境微振动控制高效，此外，由于气浮式振震双控系统的浮放顶部的囊式或膜式结构具有一定设计高度，可以设定一定范围的最大侧向形变能力和恢复能力，在设防烈度地震作用下，具有较好的隔震效果。

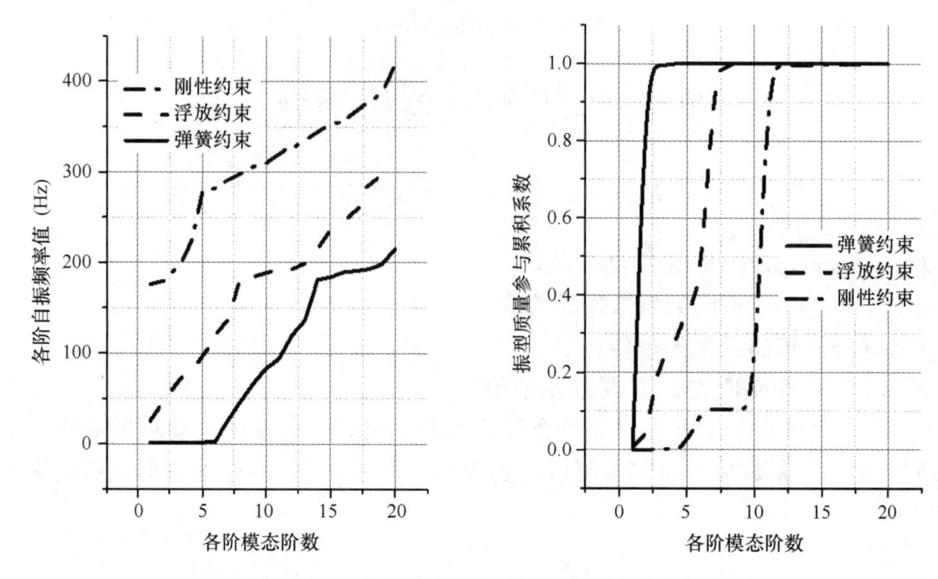

图 6-6-4　不同隔振设计系统各阶模态分布图

二、气浮式多维振震双控装置标准应用

气浮式多维振震双控技术是从精密设备减隔振技术延伸而来，在工程设计中应与国家标准《工程隔振设计标准》GB 50463—2019 中相关技术规定保持一致。气浮式振动控制系统从气源角度可分为有源和无源系统，在使用过程中需要根据场景和使用条件选用。一般情况下，当隔振体系质量较小且无实时高精度调平需求时，（如大规模小型化的电机、水泵等设备），可采用无源式气浮单元；当隔振体系质量较大且有实时高精度调平需求时（如大型独立扫描电镜、透射电镜、光学曝光机等），可采用有源式气浮单元。

为应对大震作用，气浮式多维振震双控一般会设置限位装置，使体系成为抗震体系，在设计过程中应符合国家标准《建筑机电工程抗震设计规范》GB 50981—2014 的规定。

无源式气浮振动控制系统主要依赖定型的空气弹簧单元，在充气达到额定压强和变形后，密封充气口保持内部恒压，应在服役期定期检查气密性和减振性能，二次充气后应使其达到设计服役压强值。

有源式气浮振动控制系统主要通过实时充排气的方式，配合静定组高度控制阀，来实现自动跟踪调平状态。在设计流程中，首先要保证气浮单元具有一定的承载冗余，保证气浮单元不存在超载情况，在进行承载力设计时，应根据气浮单元的额定工作承载力与上部隔振体系的质量进行对比，额定负载时不应超出气浮单元极限承载力的 80%。在受力均匀性方面，设备基础的重力荷载分布到气浮单元存在不均匀性，每个气浮单元的受力存在差异，但竖向变形要求保持一致，故每个气浮单元膜片或束袋需要进行差异化设计，为了保持气浮单元受力均匀，控制对象在重力场作用下的气浮单元约束面支反力应相对一致，即气浮单元受压时承载力最大单元与最小单元相差不应大于 15%。

在进行模态参数设计时，气浮系统的主要力学原则是将无限自由度转化为单质点六自由度系统，为了最大化实现气浮系统解耦控制，应保持前三阶平动振型质量累计参与系数不小于 95%，建议第一阶振型质量参与系数不低于 40%。

气浮系统的阻尼比一般由气室与阻尼调节孔调节，阻尼比可变范围较大，最高能达到0.8，在工作过程中，无源气阻应不低于0.08，有源气阻不宜小于0.15，当控制对象负载较大时，通过设置内部气室阻尼孔调节气流形成的阻尼力仍不足够，尚应增设黏滞阻尼器。同时，当气浮系统水平向存在较大振动荷载时，为增强系统的稳定性，保障气浮系统性能的正常发挥，应设置侧向黏滞阻尼器和限位器。

有源气浮式振动控制系统气路分组设计时，气浮单元应满足三点平衡原则进行分组设置，当气浮单元数为3个时，只能采用三组气路，每个气浮单元可各自成组、单独配置；当气浮单元数量大于3个时，应按照支反力对称性原则分3组配置，且要保持各组气浮单元相对集中且受力均匀；如果系统异型且几何尺寸较大，且气浮单元数量大于30个，除满足上述设计分组要求外，尚应计入各组气路长度的均匀性影响。

对于有极限微振动控制要求的系统，在自振频率段其固有模态易被激发，容易引发低频共振，需要在气浮系统基础上，增加伺服作动系统，即有源式气浮主动伺服控制系统。在力学系统中，被动气浮单元一般用于承载，主动伺服作动器用于控制，当控制对象的负载主要由被动气浮单元承担时，其单元总承载力可按上部负载的80%进行设计，当控制对象的作动主要由主动气浮单元承担时，其单元集合总承载力可按上部重量的20%进行设计。

为了保障气浮控制系统的性能稳定，需要充分考虑其洁净和耐腐蚀的环境要求，在辅助设计时，需要满足气浮单元的气源清洁性，气浮单元的囊或膜应做好防护并避免侵蚀老化。

三、气浮式多维振震双控装置工程应用

气浮式多维振震双控装置如果应用于精密工程类，工艺装置对环境的微振动要求极高，同时也存在地震设防问题；如果用于提高人体舒适度，未来的主要发展方向是车载类，车载舒适性的气浮系统振动幅度大、可靠性高、耐疲劳性强。

随着我国高科技制造业的不断发展，从精密制造到精密观测，传统的工业大尺寸、复杂的超大类气浮控制系统逐渐向小型化发展；另一方面，工业专用的气浮式振动控制系统从机械、电子、航空类领域应用转变，增加了其在地震设防领域的应用（图6-6-5）。

图6-6-5　嵌入型智能化气浮系统

随着自动化技术的不断发展，空气弹簧减振器也在不断创新和改进，以满足自动化系统对于高速、高效和节能的需求，气浮式振动控制系统搭载其他减隔震技术，可形成多场景、多工况、多目标的振震双控成套专用技术和产品（图 6-6-6）。

图 6-6-6　独立型智能化气浮系统

随着人工智能和物联网技术的迅猛发展，智能化已成为自动化系统的重要趋势，气浮单元和工艺也将朝着智能化方向发展。通过集成传感器和控制系统，空气弹簧减振器能够实现对气压、减振（震）效果等参数的实时监测和调节，使得该项技术能够根据不同的工况和需求进行自适应调节，更好地满足系统的要求，提高系统的稳定性和效率。

随着轻量化材料和高强度材料的不断涌现，气浮减振单元将更加注重产品的轻量化设计和提高强度结构。采用轻量化材料可以降低气浮系统的质量，减小系统的负载，提高系统的运行效率。高强度结构能够更好地抵御外部振动荷载作用，保证设备的稳定性和可靠性。这种轻量化和高强度化的设计理念将使气浮式振震双控技术更适应自动化系统的要求。

未来的气浮式振动控制装置还将朝着多功能化方向发展。除了提供稳定的柔性减振支撑以外，还可以具备其他功能，如能量回收和自愈合等。能量回收是指将设备在运动过程中产生的能量进行捕获和利用，从而节约能源、保护环境。自愈合则是指减振元件受到损坏时能够自动修复，保证气浮系统的长期稳定性和可靠性。这些多功能化的设计将进一步提升自动化系统的整体性能。

第七节　工　程　实　例

[实例 1] 西南医科大学附属医院振动控制项目

西南医疗康健中心西南医科大学附属医院位于四川省泸州市江阳区康城路二段 8 号，负一层制冷机房换热站内设置空调机组、冷水机组、冷却水泵及相关配套设施，空调机房内相关设备尚未满负荷运行，在冷水机组和冷却泵位置楼板有振动现象，一层振动与噪声明显，二层、三层振动与噪声有所减弱，相应部位的梁、板、柱未出现裂缝（图 6-7-1）。

图 6-7-1　西南医科大学附属医院

由于振动与噪声已经超出相应规范要求，需要对相应设备和管道采取隔振、减振措施，以降低或消除目前已经和未来可能造成的振动危害，确保医院的正常使用。图 6-7-2 和图 6-7-3 分别为振源和设备及管道连接方式（振动传递重点部位）。冷却泵机组分为冷却水泵机组和冷水泵机组，冷水机组分为离心式和螺杆式。螺杆冷水机组产生的噪声较大，冷却泵机组产生的振动较大。冷水机组与冷却泵机组等动力设备仅通过一层薄橡胶垫与刚性基础相连，橡胶垫出现硬化现象，未起到减振效果，大规模动力设备布置紧密，共同工作易产生振动放大。此外，大型管道与刚性基础直接相连，未采取任何隔振、减振措施，楼板上管道布置密集、集中工作，大型管道与楼板直接连接，未采取任何隔振、减振措施。

1. 振动控制装置

本项目采用油液阻尼减振器，如图 6-7-4 所示，系统竖向频率 3～5.5Hz，黏滞阻尼器阻尼比 0.05～0.2，稳定时间小于 3s。

2. 振动控制方案

（1）管道改造

原管道支架与一层楼板硬连接，振动直接传递到一层楼板。为减小一层楼板的振动影响，将吊架更换成落地支架，并布置减振器，以降低振动对地面的影响，依据管道距离地面的高度，落地支架有两种形式，如图 6-7-5、图 6-7-6 所示。

改造时先焊接好钢支架并安装好隔振器，并拧紧隔振器使其受力，原有连接切断时，可采用应变实时监控动态切割工艺，根据实时应变监测数据来调整钢弹簧阻尼减振器的受力，当钢吊架达到零应力时，便可将其切割断开。为了确保地震作用下管道的安全，原有钢吊架不完全拆除，通过螺栓和连接板将切割后的上下两个支架连接起来，连接板的上部开圆孔、下部开椭圆孔，确保管道的振动不往上层楼板传递，又保证管道在地震作用下的安全（图 6-7-7）。

（2）穿墙管道改造

部分管道埋入墙体，该部分管道振动及固体噪声通过墙体向上层楼板传递。改造时，将墙体与管道硬连接部分挖除，然后填充柔性材料，确保管道振动和噪声不通过墙体向上层楼板传递（图 6-7-8）。

(a) 离心式冷水机组

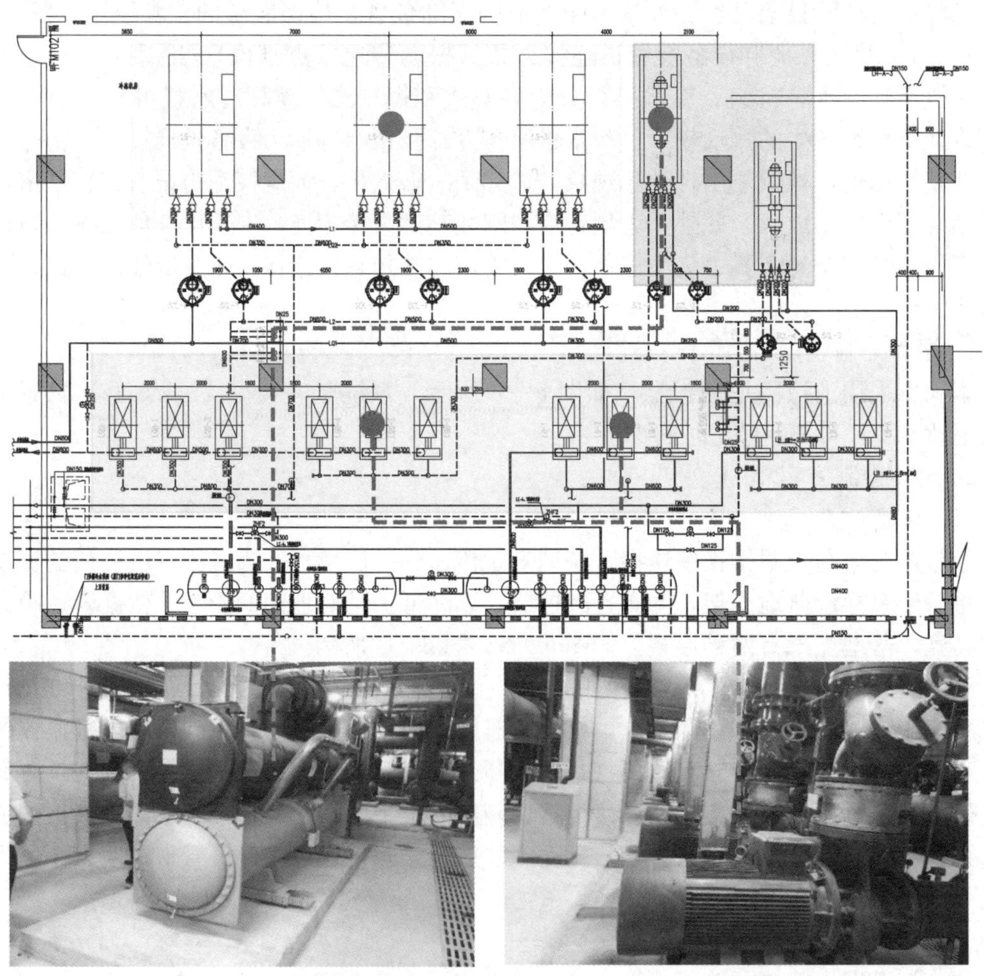

(b) 螺杆式冷水水冷机组　　(c) 冷却泵机组

图 6-7-2　主要振源示意图

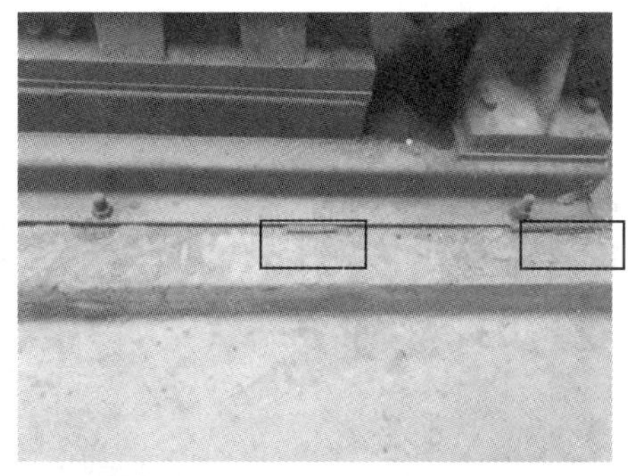

(a) 设备与基础仅通过一层橡胶垫连接（橡胶垫有硬化现象）

(b) 管道与支撑、支撑与地面间均采用刚性连接

(c) 管道与吊架、吊架与楼板间均采用刚性连接

(d) 管道穿墙采用刚性连接（开口导致空气声的直接传播）

图 6-7-3　设备及管道连接方式

图 6-7-4　E01 油液阻尼减振器

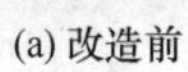

(a) 改造前　　(b) 改造后

图 6-7-5　管道改造形式Ⅰ

(a) 改造前　　(b) 改造后

图 6-7-6　管道改造形式Ⅱ

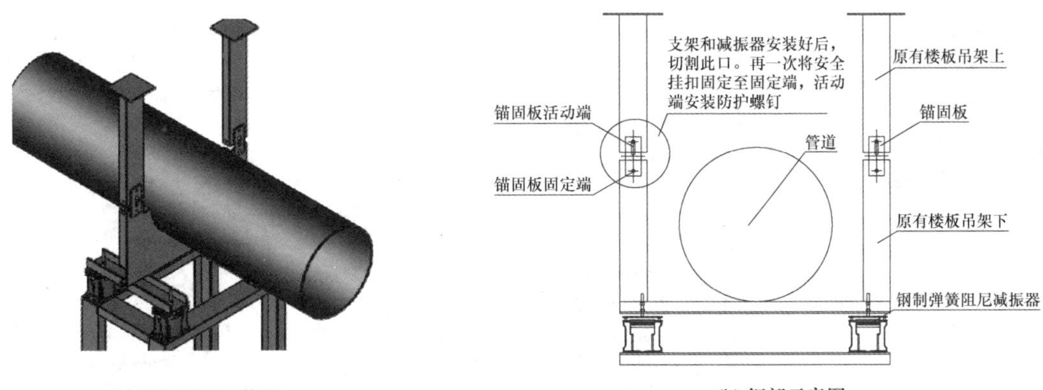

(a) 整体模型示意图　　(b) 细部示意图

(c) 实际改造示意图

图 6-7-7　管道振动超标改造设计示意图

(a) 改造前

(b) 改造后

图 6-7-8　穿墙管道改造示意图

3. 振动控制效果

分别对改造前、改造后一层测点（图 6-7-9）的加速度 1/3 倍频程、加速度时程及各测点加速度峰值进行对比。根据国家标准《建筑工程容许振动标准》GB 50868—2013，振动评价情况见表 6-7-1。

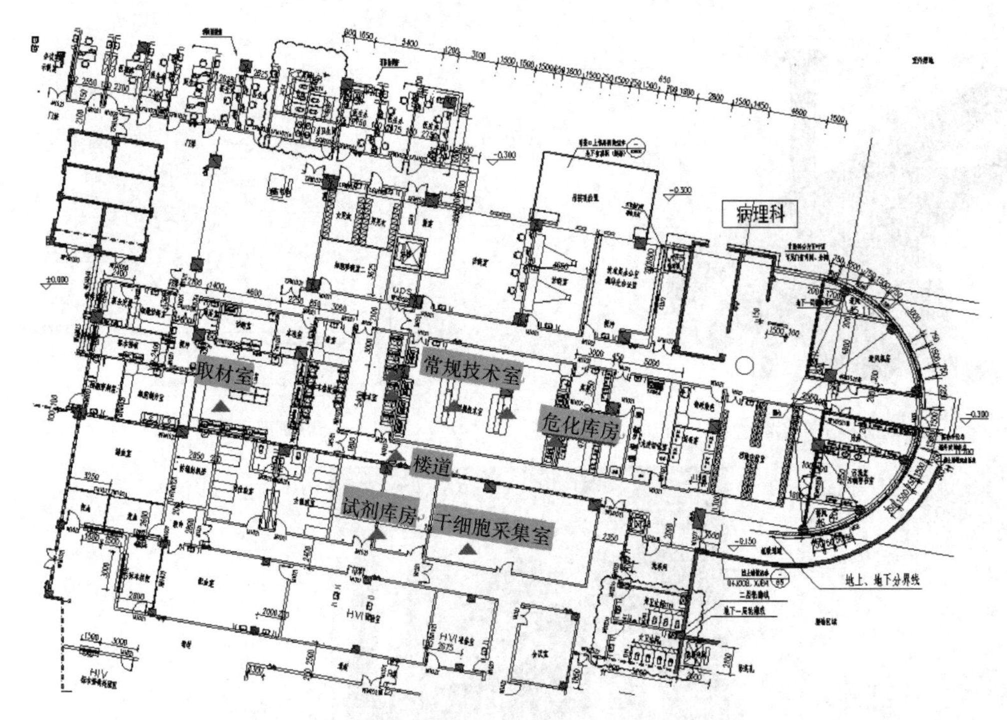

图 6-7-9　一层测点位置

改造前后加速度 1/3 倍频程对比情况（单位：mm/s²）　　表 6-7-1

测试位置	测点状态	倍频程中心频率				
		31.5Hz	63Hz	125Hz	250Hz	500Hz
容许振动值		20	6	3.5	2.5	2.5
危化库房	改造前	0.96	1.75	**7.94**	**16.38**	1.97
	改造后	0.21	1.29	**13.20**	1.76	0.23
取材室	改造前	0.60	**7.45**	**13.13**	**11.39**	**11.80**
	改造后	0.84	1.32	3.41	1.15	0.34
干细胞采集室	改造前	4.49	5.00	**17.86**	**8.01**	**6.91**
	改造后	0.78	1.44	**5.97**	1.23	0.23
试剂库房	改造前	4.68	2.45	**16.04**	**20.41**	**28.66**
	改造后	0.67	1.56	2.99	**4.46**	1.18
楼道	改造前	0.62	3.67	**5.84**	**13.75**	**3.99**
	改造后	0.21	0.48	1.01	1.05	0.61

一层建筑改造前后振动情况对比见表 6-7-2，部分测点加速度时程如图 6-7-10～图 6-7-13所示。依据行业标准《建筑楼盖结构振动舒适度技术规范》JGJ/T 441—2019 对

医院建筑振动加速度峰值的容许振动规定，改造后上部楼层的振动幅值降低 78%以上，效果显著的可达 95%左右。

楼盖竖向振动峰值加速度　　表 6-7-2

测点位置	峰值加速度限值（mm/s^2）	改造前振动值（mm/s^2）	改造后振动值（mm/s^2）
危化库房	50	191.94	41.75
取材室	50	231.51	33.21
干细胞采集室	50	217.94	35.42
试剂库房	50	879.44	50.50
楼道	50	254.72	39.99

由图 6-7-14 改造前后一层的噪声测试结果可知，改造后 1/3 倍频程、振动峰值加速度时频响应及噪声均明显降低，振动与噪声治理效果显著。

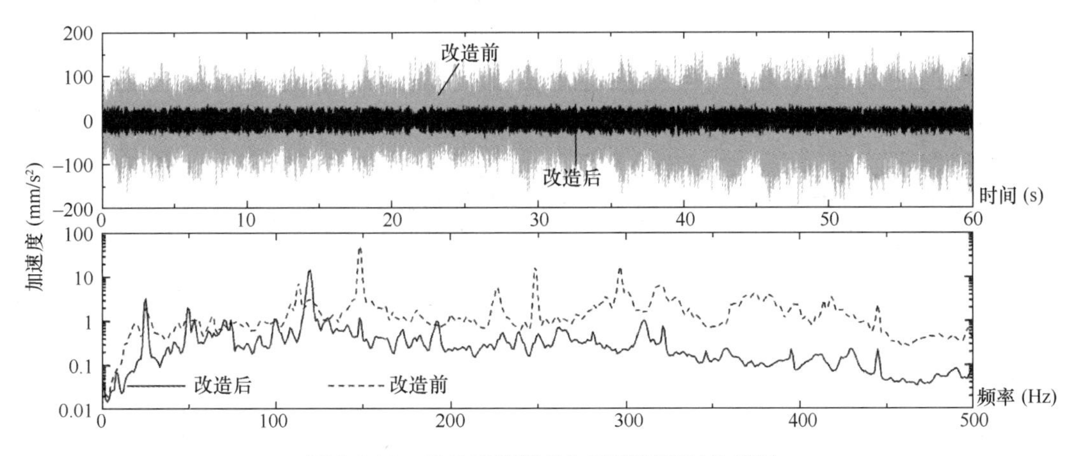

图 6-7-10　危化库房测点加速度时程对比情况

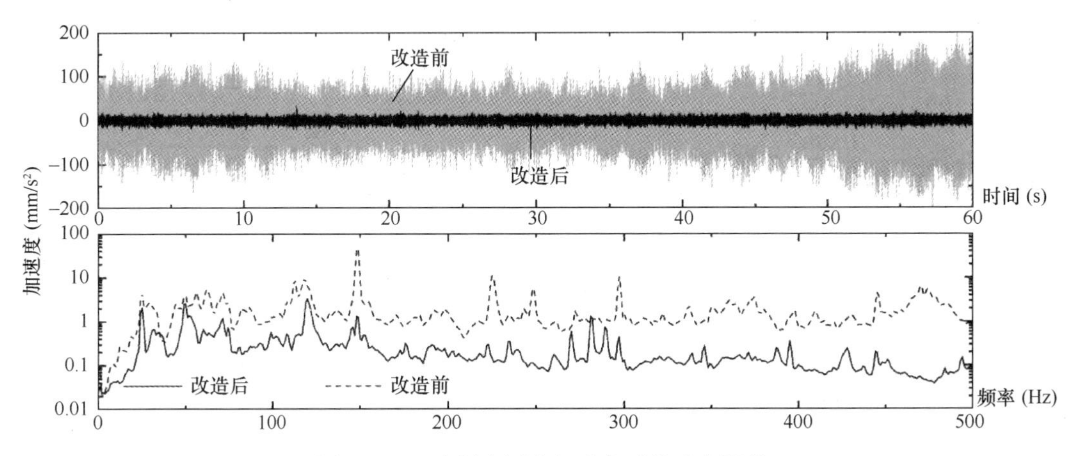

图 6-7-11　取材室测点加速度时程对比情况

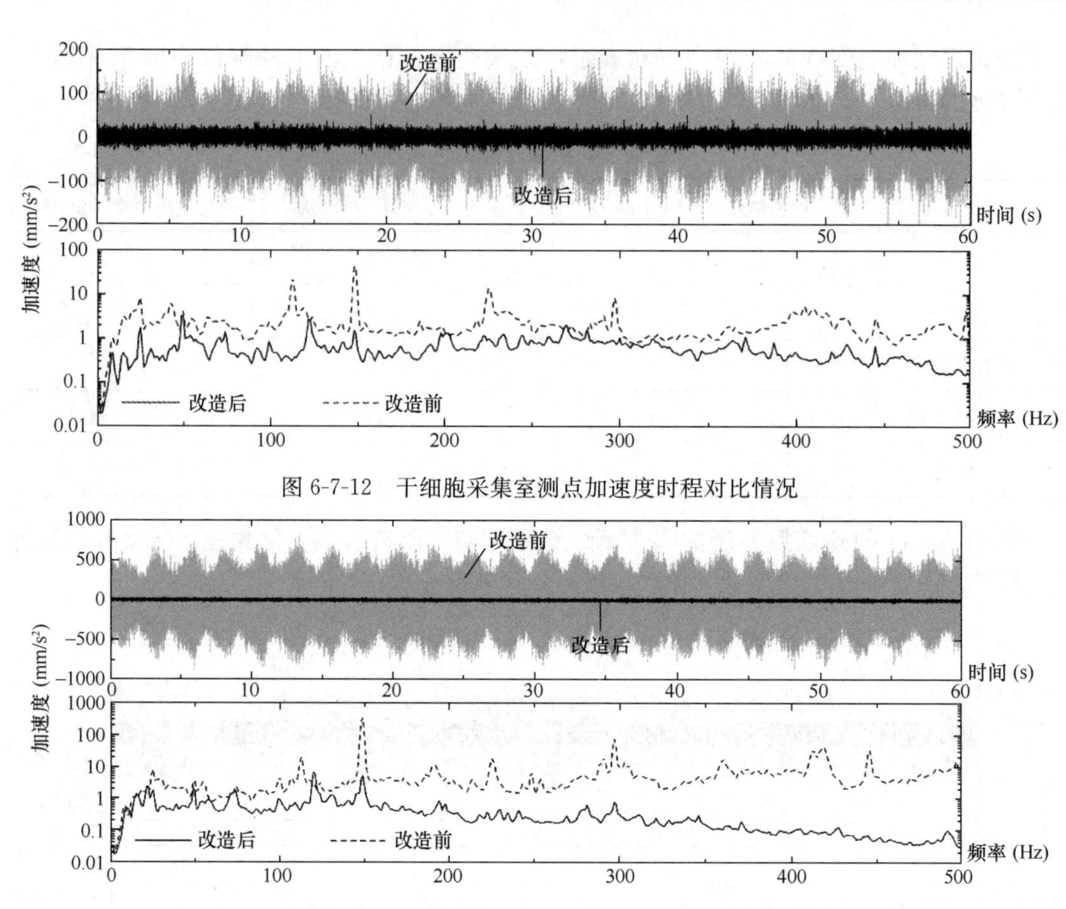

图 6-7-12　干细胞采集室测点加速度时程对比情况

图 6-7-13　试剂库房测点加速度时程对比情况

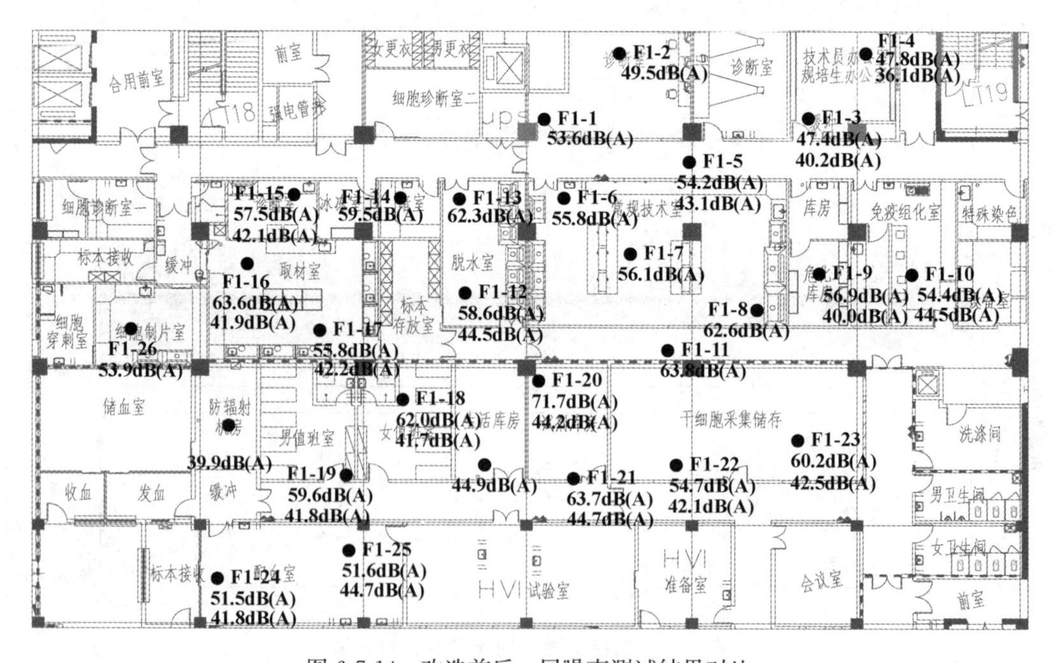

图 6-7-14　改造前后一层噪声测试结果对比

（有底色的数值为改造后噪声值，无底色数值为改造前噪声值）

[实例 2] 北京市歌舞剧院振震双控项目

北京歌剧舞剧院位于北京市朝阳区东三环路与广渠路交叉十字路口东南角，建筑性质为中型甲等剧场，新建项目总建筑面积 25020.00m²，建筑总高度约 33.65m，地上四层、地下四层，地下四层地下室底标高为−21.5m，大剧场池座和屋盖最大跨度约 32m，剧院入口顶为大悬挑，最大悬挑长度 12.5m（图 6-7-15）。建筑结构安全等级为二级，结构设计使用年限 50 年，抗震设防烈度 8 度，第二组；1100 座的专业音舞类中型剧场和 410 座的综合性小型剧场位于同一区段的上下楼层，建筑抗震设防类别为重点设防类（乙类）；建筑地基基础等级为一级，基础设计安全等级为二级，基础采用筏板基础。本项目临近地铁 10 号线，地铁振动对剧院功能影响大，需采取减振措施（图 6-7-16）。根据国家标准

图 6-7-15　北京歌剧舞剧院效果图

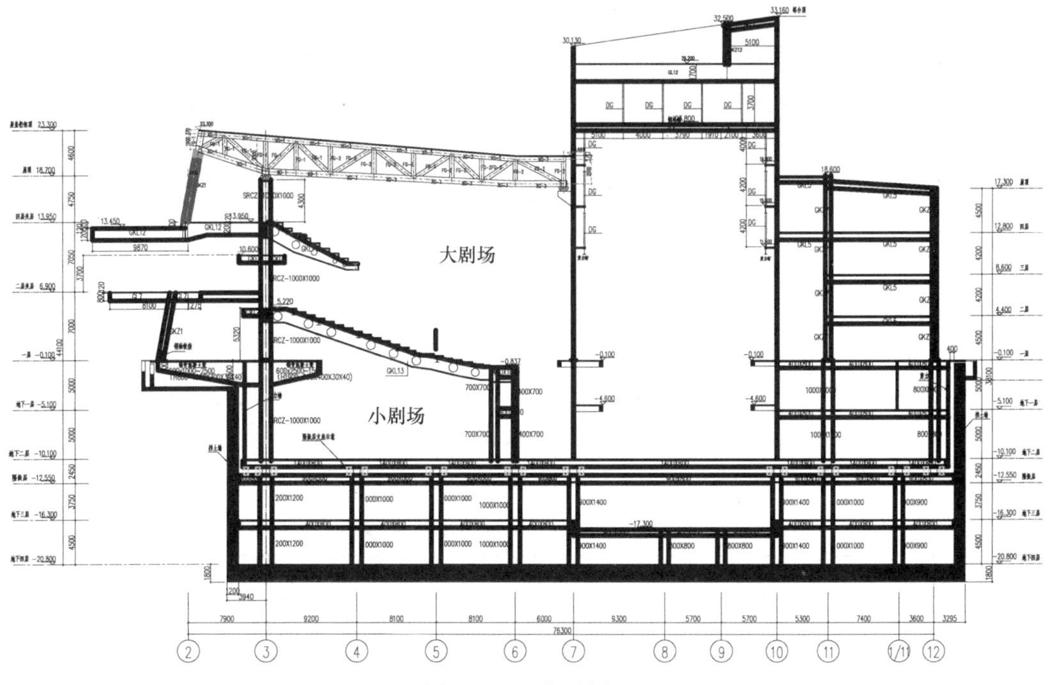

图 6-7-16　典型剖面

《民用建筑设计统一标准》GB 50352—2019，本项目屋面总面积为4104m²，突出屋面的台塔等附属房间建筑面积为951.4m²，占屋面面积约23%（小于25%），塔台区域不算建筑高度，建筑高度为23.9m，为多层建筑，不按高层进行超限判别（图6-7-17）。

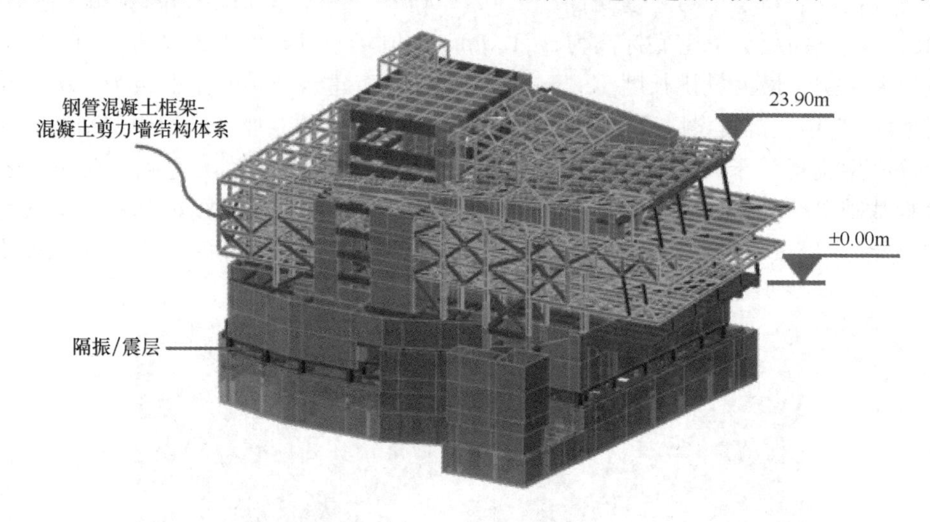

图6-7-17　结构三维图

1. 振动测试分析

振动测试选用KD-1500LS型加速度传感器和INV3062T型24位微振采集仪（图6-7-18），

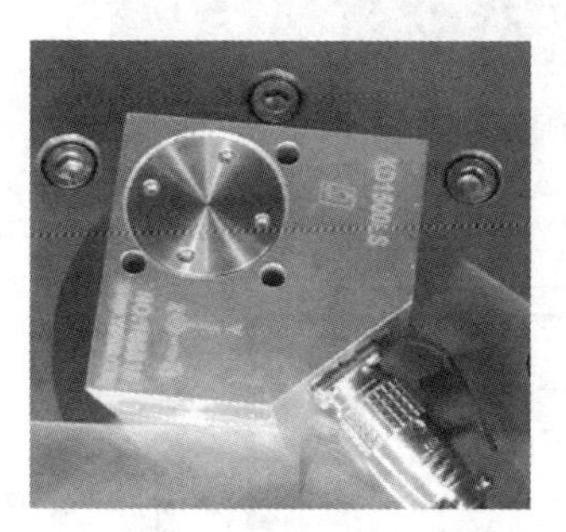

(a) KD-1500LS型三向加速度传感器

(b) INV3062T型采集仪

图6-7-18　测试用传感器及采集仪

加速度传感器主要参数见表6-7-3，数据采集使用先进4阶delta-sigma型24位AD采集仪，该仪器具有采集精度高、基线稳定等特点，可以精确测量极其微弱的信号，采用多通道信号采集和实时分析软件DASP-V11进行数据分析与处理，采样频率512Hz，分析频率为256Hz，工程单位mm/s²，测试参数见表6-7-4。

KD-1500LS型三向加速度传感器　　**表6-7-3**

灵敏度［mV/(mm/s²)］	160620　X(0.4908)　Y(0.5144)　Z(0.516)
量程	±1g
频率范围（Hz）	0.1～500

续表

灵敏度 [mV/(mm/s^2)]	160620　X(0.4908)　Y(0.5144)　Z(0.516)
谐振频率（K）	～2.5
重量（g）	580
外形尺寸	65mm×65mm×36mm
	安装通孔 ϕ5 侧端 M5

振动测试关键参数　　表 6-7-4

标定值（mV/EU）	X(0.4908)　Y(0.5144)　Z(0.516)
	X(0.516)　Y(0.5)　Z(0.584)
	X(0.49702)　Y(0.520)　Z(0.5008)
	X(0.5461)　Y(0.54936)　Z(0.5178)

2. 振动控制方案

采用建筑整体隔振方案，在结构地下室与首层楼板间设置隔振层，隔振器采用钢弹簧。将提供的盈建科模型导入 SAP2000 程序进行振动分析，在导入模型基础上设置弹簧隔振单元，有限元模型见图 6-7-19。隔振层上部结构总重约为 381231.94kN，系统设计基频为 3.5Hz，隔振层总刚度约为 19061.60kN/mm，根据承载力设计和模态优化设计，共布置隔振器 81 组，支座布置如图 6-7-20、图 6-7-21 所示。表 6-7-5 给出隔振区中对应节点的支反力，弹簧的水平刚度 K_h 取为 0.7K_v。

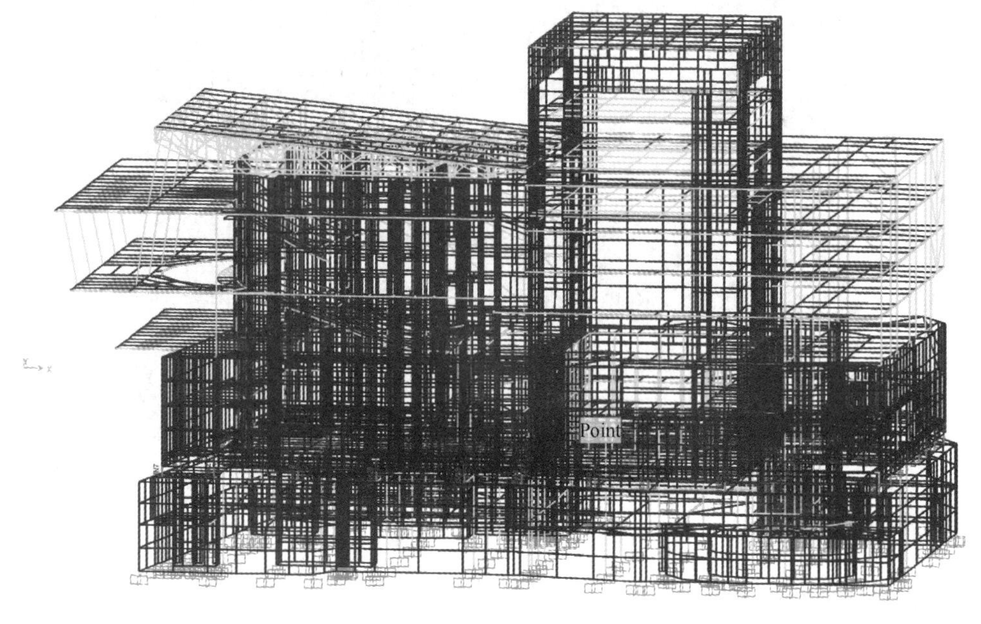

图 6-7-19　有限元模型图

隔振支座刚度取值方法　　表 6-7-5

工况序号	工况	假定压缩量
1	1.0×恒荷载 ＋ 0.5×活荷载	20mm

结构自重下的隔振器变形计算（用于确定隔振器的工作高度）采用 1.0×恒荷载 + 0.5×活荷载的荷载组合。

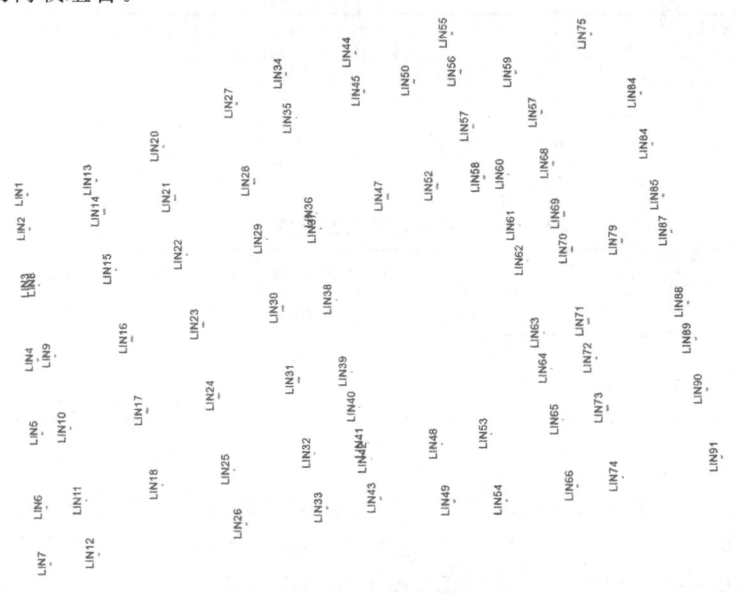

图 6-7-20　隔振支座布置图（一）

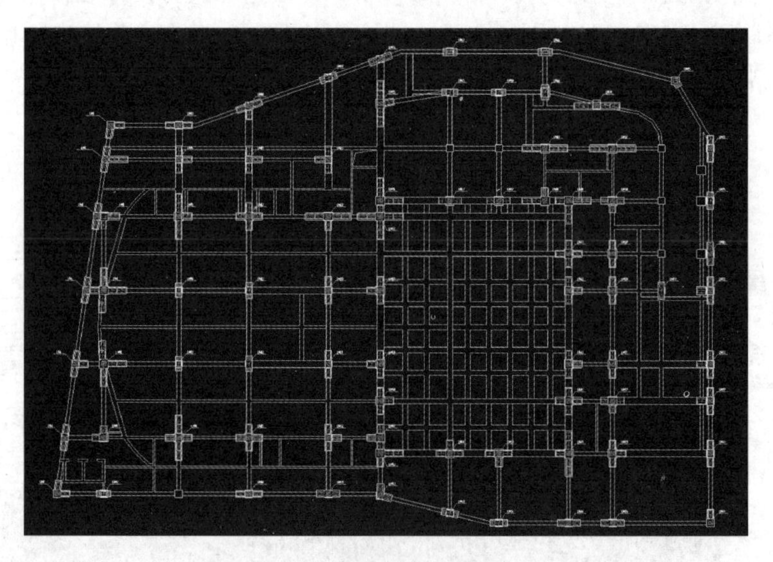

图 6-7-21　隔振支座布置图（二）

3. 振动控制效果

(1) 评价标准

采用行业标准《城市轨道交通引起建筑物振动与二次辐射噪声限值及其测量方法标准》JGJ/T 170—2009 中分频最大振级 VL_{max} 进行评价。评价指标：4～200Hz 频率范围内，采用 1/3 倍频程中心频率上按不同频率 Z 计权因子修正后的分频最大振级 VL_{max} 作为评价量，加速度在 1/3 倍频程中心频率的 Z 计权因子如表 5-1-2 所示（实际为 ISO 2631/1—1997 规定的全身振动 Z 计权因子取整）。城市轨道交通沿线建筑物室内振动限值见表 5-1-3。本项目为歌舞剧院，归属于居住、文教区，振动限值指标为 65dB。

（2）动力时程分析

输入振源采用现场测试数据，将该数据输入计算模型后针对无隔振措施模型和有隔振措施模型分别进行动力时程分析，分析完成后分别提取两模型上部结构各层楼板振动响应最大值，进行分频最大振级分析，然后与标准限值进行对比。

分别提取未采用隔振措施结构隔振层上部各楼层振动响应最大节点进行分频振级分析，并与标准规范进行对比评价。由图 6-7-22 可知，未采用隔振措施时，结构各层及观众席分频振级均超过标准限值要求。

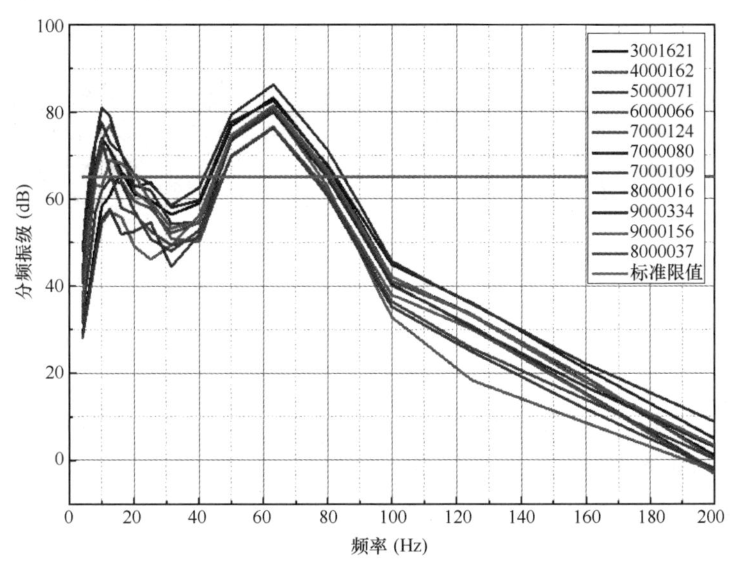

图 6-7-22　未隔振结构各层节点分频振级评价图

分别提取采用隔振措施结构隔振层上部各楼层振动响应最大节点进行分频振级分析，并与标准规范进行对比评价。由图 6-7-23 可知，采用隔振措施时，结构楼层间仍存在部分节点分频振级超过标准限值要求，但观众席所有节点分频振级均满足标准振动限值要求。

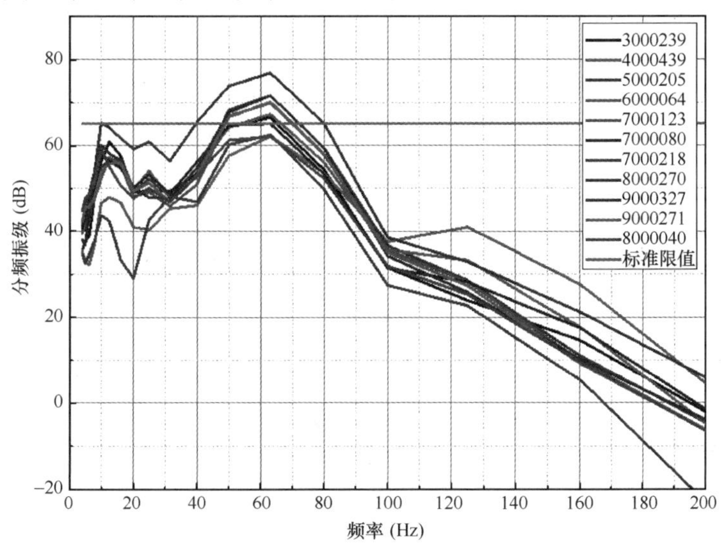

图 6-7-23　隔振结构各层节点分频振级评价图

［实例 3］采用叠层厚橡胶支座的城市轨道交通上盖结构设计

1. 计算模型

某城市轨道交通上盖多层框架结构学校，抗震设防类别为丙类（开发学校范围为乙类），设计基本地震加速度值为 0.10g，设防地震分组为第二组，场地类别为Ⅱ类，振动控制要求各楼层 Z 振级均小于限值 70dB。结构计算模型采用 YJK 和 ETABS 对比分析，两个模型的周期和质量相对误差均能控制在很小范围内，保证了后续计算的合理性，如图 6-7-24所示。

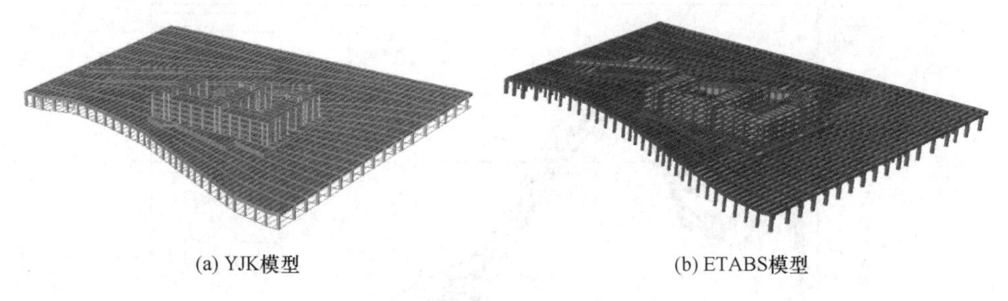

图 6-7-24　结构计算模型

2. 隔震/振层布置

根据隔震/振层柱轴力及支座竖向承载能力情况，对隔震/振层布置进行设计，支座类型采用铅芯叠层厚橡胶支座（LTRB）和叠层天然厚橡胶支座（TNRB），采用了一柱一支座的布置形式。隔震/振层柱编号、布置及支座选型如图 6-7-25 所示。

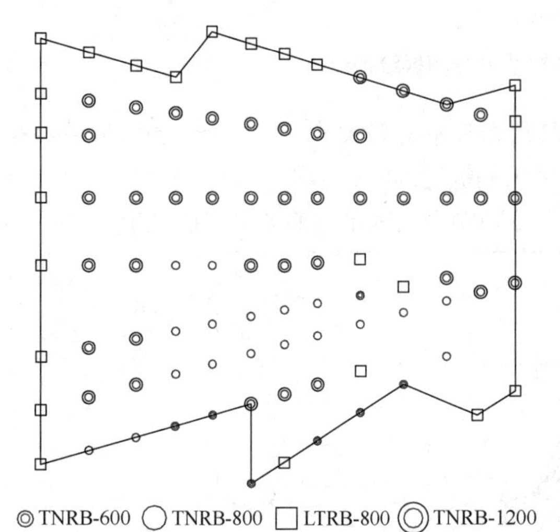

图 6-7-25　支座布置类型

3. 隔震/振层基本验算

验算支座重力荷载代表值（1.0 恒荷载＋0.5 活荷载）作用下的压应力、偏心率和屈重比。各支座在重力荷载代表值下的压应力均小于叠层天然厚橡胶支座、铅芯叠层厚橡胶支座设计值；X 方向偏心率 2.50%，Y 方向偏心率 2.94%，均小于 3%，符合要求；隔震/振层屈重比为 1.0%，较为合理。根据协会标准《叠层橡胶支座隔震技术规程》CECS 126—2001 第 4.3.4 条，风荷载下隔震层水平剪力设计值应小于隔震层总屈服力，风荷载分项系数为 1.4。风荷载验算情况如表 6-7-6 所示，满足相关要求。隔震/振层恢复力大于屈服力设计值 1.4 倍，恢复力满足要求。

风荷载验算　　　　**表 6-7-6**

风荷载方向	标准值（kN）	设计值（kN）	隔震/振层恢复力（kN）
X	1254	1931	3128
Y	1774	2732	3128

4. 结构抗震验算

根据国家标准《建筑抗震设计标准》GB/T 50011—2010（2024 年版）进行设防地震分析，选取了 5 条地震记录和 2 条人工模拟加速度时程，计算减震系数采用水平双向输入，峰值比例为 1∶0.85；罕遇地震分析选取了 5 条强震记录和 2 条人工模拟加速度时程，支座验算采用三向输入，峰值比例为 1∶0.85∶0.65，时程反应谱和规范反应谱曲线对比如图 6-7-26 所示。

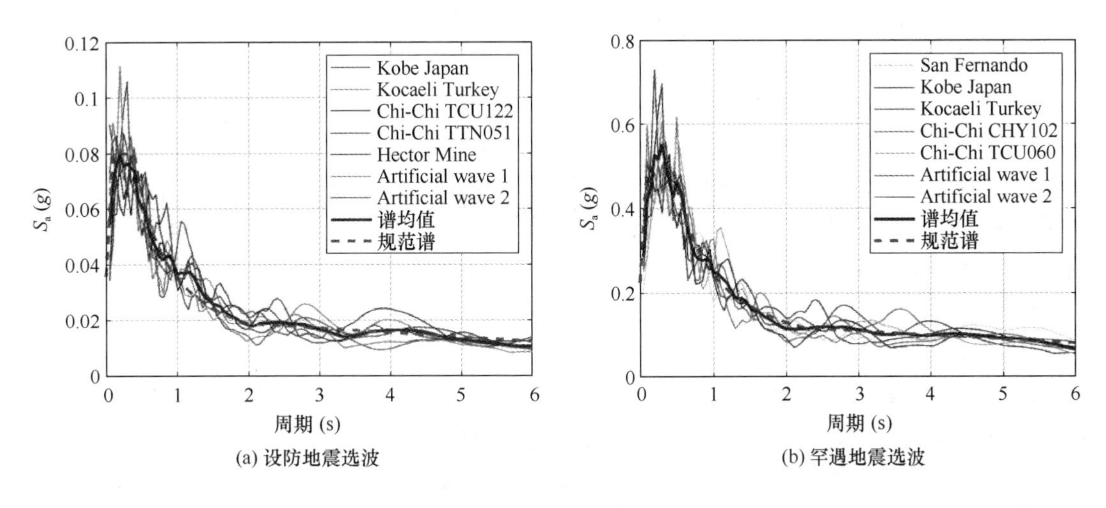

图 6-7-26　地震动选取

采用 5 条天然波和 2 条人工波，分别对固接结构和隔震结构进行设防地震作用下时程分析，得到了楼层剪力和层倾覆力矩（图 6-7-27）和水平向减震系数（图 6-7-28）。第 1 层为盖下结构，第 2 层为隔震层，最大水平减震系数为 0.28，所有隔震层上塔楼楼层减震系数均小于 0.40，满足降低一度设计的要求。

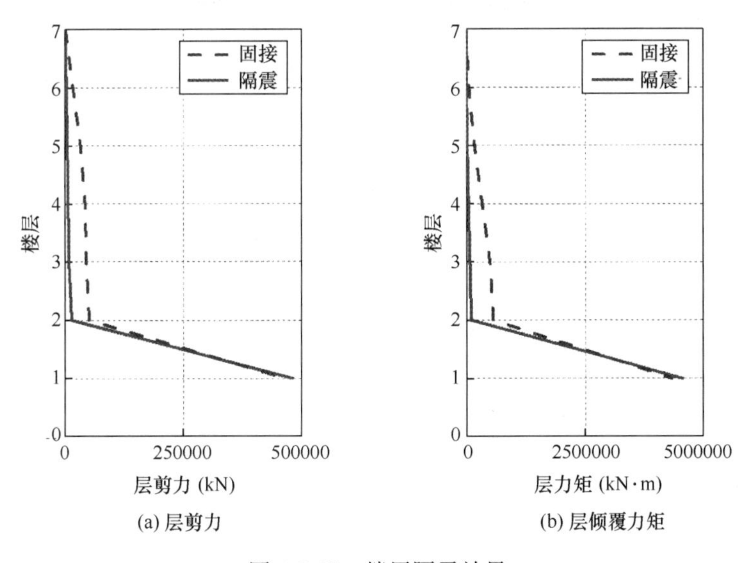

图 6-7-27　楼层隔震效果

采用 5 条天然波和 2 条人工波，按照地震峰值 220gal 输入进行罕遇地震时程分析，检验隔震结构在罕遇烈度地震作用下的隔震层响应。罕遇地震作用下隔震层支座位移最大值为 293mm，满足位移限值 330mm 的规定，隔震层在罕遇烈度下的支座最大变形满足要求。隔震支座拉应力验算采用以重力工况为前置工况的三向地震作用计算结果，隔震结构支座在罕遇地震作用下最大拉应力为 0.24MPa，拉应力不应大于 1MPa，满足规范要求。

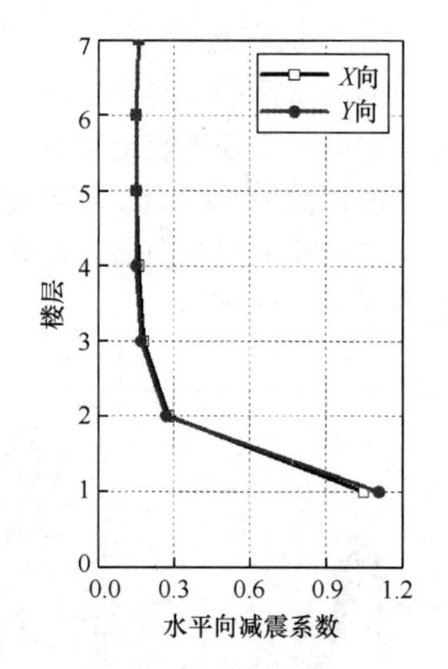

图 6-7-28　楼层水平向减震系数对比

5. 振动控制评价

根据城市轨道交通上盖结构中测试得到的地铁振动时程曲线，选取地铁振动量值较大的实测结果，分别输入固接结构和隔震/振结构，对地铁振动作用下的结构进行振动时程分析，竖向加速度时程和频谱信息如图 6-7-29 所示。

国家标准《城市区域环境振动标准》GB 10070—1988 和《住宅建筑室内振动限值及其测量方法标准》GB/T 50355—2018 给出了适用于住宅建筑的振动评价方法，即铅垂向 Z 振级。本工程以 Z 振级作为评价指标，计算得到各楼层加速度响应，通过计算得到楼层 Z 振级。各楼层不同位置测点 Z 振级如表 6-7-7 所示，以测点 1 和 8 为例的分布规律见图 6-7-30。

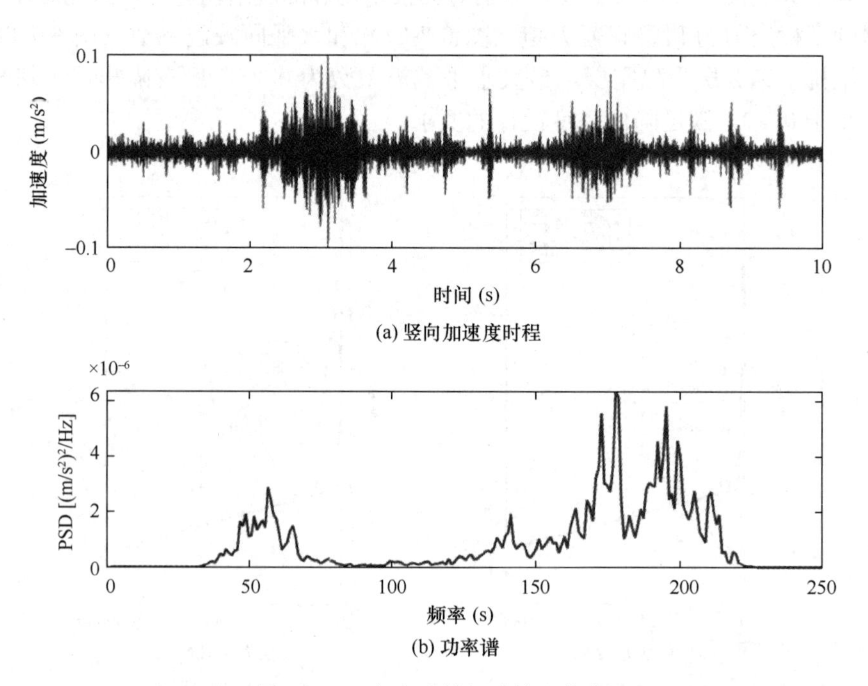

图 6-7-29　竖向地铁振动输入信息

固接结构与隔震/振结构楼层 Z 振级（单位：dB）　　　　表 6-7-7

楼层	测点	Z 振级		减振效果	减振效果平均值
		固接结构	隔震/振结构		
第 1 层（隔震层上部）	1	70.1	63.9	6.2	6.1
	2	69.3	62.3	7.0	
	3	71.7	65.8	5.9	
	4	68.3	64.0	4.3	
	5	70.5	62.7	7.8	
	6	67.1	62.2	4.9	
	7	70.7	64.2	6.5	
	8	65.6	59.7	5.9	
第 2 层	1	69.3	64.2	5.1	6.0
	2	69.7	62.4	7.3	
	3	72.3	66.4	5.9	
	4	69.3	64.6	4.7	
	5	70.1	63.0	7.1	
	6	67.5	62.5	5.0	
	7	71.1	64.4	6.7	
	8	66.9	60.4	6.5	
第 3 层	1	70.5	64.6	5.9	6.6
	2	71.2	62.7	8.5	
	3	72.9	66.8	6.1	
	4	70.1	64.9	5.2	
	5	71.4	63.3	8.1	
	6	68.1	62.8	5.3	
	7	71.5	64.6	6.9	
	8	67.3	60.9	6.4	
第 4 层	1	73.1	65.6	7.5	7.1
	2	72.9	63.7	9.2	
	3	72.7	66.1	6.6	
	4	73.4	66.1	7.3	
	5	72.9	65.0	7.9	
	6	68.7	62.9	5.8	
	7	71.9	64.8	7.1	
	8	66.8	61.3	5.5	

根据各测点 Z 振级数值可知，地铁振动作用下，由于结构楼层较低，Z 振级沿楼层分布变化较小；对比固接结构，采用叠层厚橡胶支座的隔震/振结构上部结构第一层 Z 振级平均减小 6.1dB，第二层 Z 振级平均减小 6.0dB，第三层 Z 振级平均减小 6.6dB，第四层

Z 振级平均减小 7.1dB，其中，各层 Z 振级最少减小为 4.3dB，Z 振级最大减小 9.2dB，因此，叠层厚橡胶支座减振效果显著，且各楼层 Z 振级均满足限值要求。

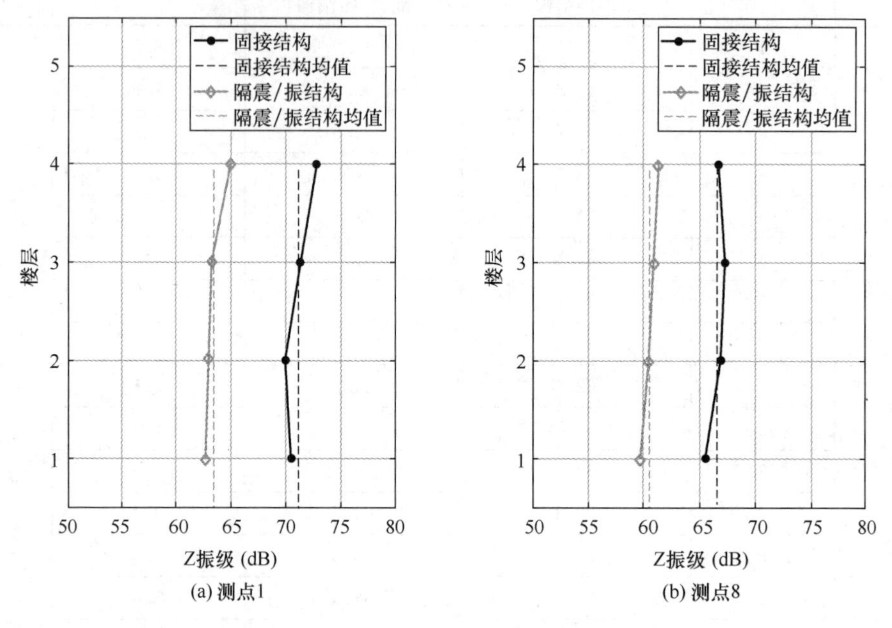

图 6-7-30　Z 振级分布规律

[实例 4] 采用组合三维振震双控支座的城市轨道交通上盖结构设计

1. 计算模型

某城市轨道交通上盖多层框架结构住宅，设计基本地震加速度值 0.10g，设防地震分组第一组，场地类别Ⅱ类，振动控制要求各楼层 Z 振级均满足 70dB 限值。结构计算模型采用 YJK 和 ETABS 对比分析，两个模型的周期和质量相对误差均能控制在很小范围内，保证了后续计算的合理性，如图 6-7-31 所示。

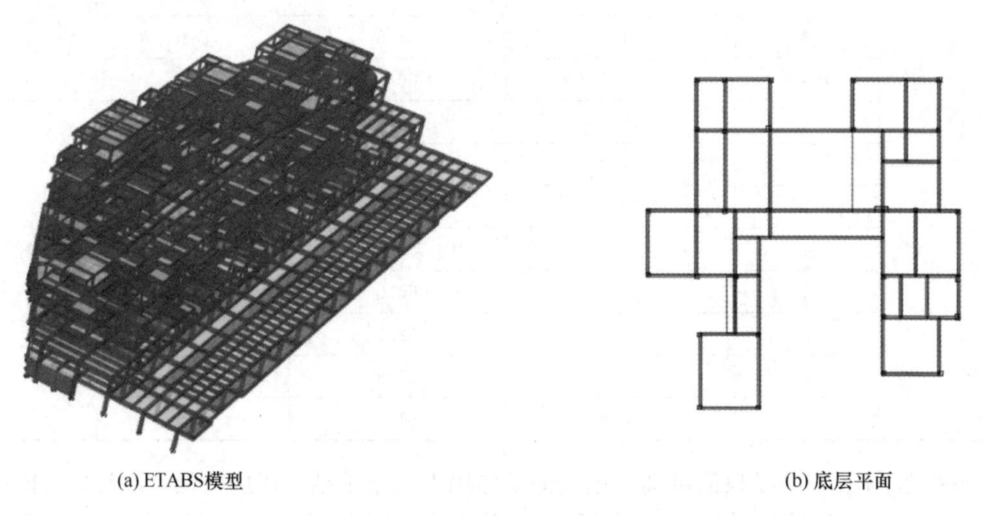

图 6-7-31　结构计算模型

2. 隔震/振层布置

根据隔震/振层柱轴力及支座竖向承载能力情况，对隔震/振层布置进行设计，支座类型采用组合三维隔震/振支座。水平向采用铅芯叠层橡胶支座（LRB）、叠层天然橡胶支座（LNR）隔震，竖向采用碟簧装置隔振，二者可以串联组合并通过解耦装置实现水平向和竖向运动的解耦。采用了一柱一支座布置形式，隔震/振层柱编号、水平向隔震支座选型及布置如图 6-7-32 所示。

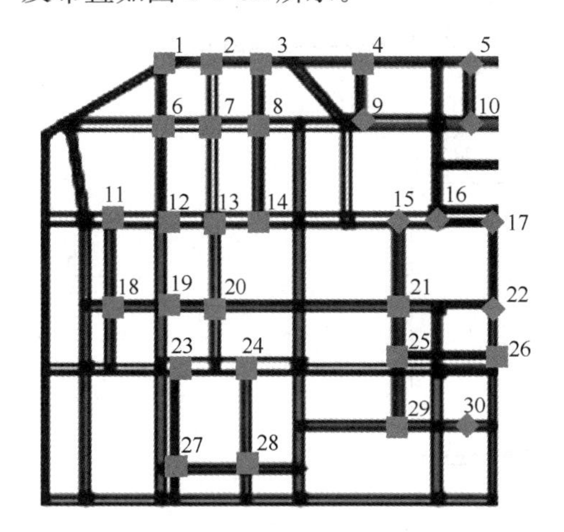

(a) 橡胶支座

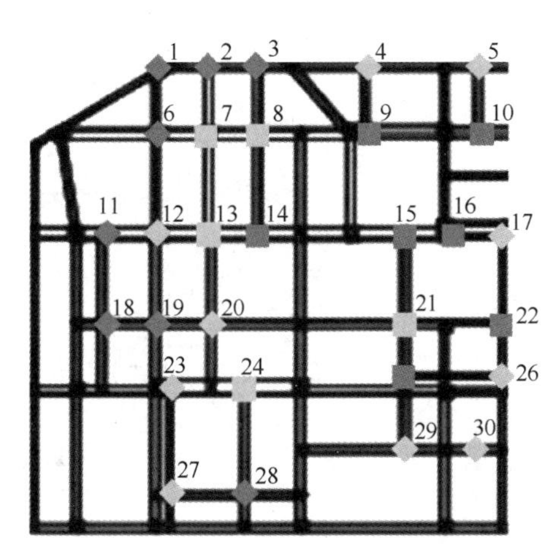

(b) 组合碟簧支座

图 6-7-32　组合三维振震双控支座

3. 隔震/振层基本验算

验算支座重力荷载代表值（1.0 恒荷载＋0.5 活荷载）作用下的压应力、偏心率和屈重比。各支座在重力荷载代表值下的压应力均小于叠层天然厚橡胶支座、铅芯叠层厚橡胶支座设计值；*X* 方向偏心率 1.39%，*Y* 方向偏心率 0.79%，均小于 3%，符合要求。根据协会标准《叠层橡胶支座隔震技术规程》CECS 126—2001 第 4.3.4 条：风荷载下隔震层水平剪力设计值应小于隔震层总屈服力，风荷载分项系数为 1.4。风荷载验算情况如表 6-7-8 所示，满足相关要求。隔震振层恢复力大于屈服力设计值 1.4 倍，恢复力满足要求。

风荷载验算　　　　**表 6-7-8**

风荷载方向	标准值（kN）	设计值（kN）	隔震/振层恢复力（kN）
X	142.9	200.06	940
Y	126.4	176.96	940

4. 结构抗震验算

根据国家标准《建筑抗震设计标准》GB/T 50011—2010（2024 年版）开展设防和罕遇地震分析，选取了 5 条地震记录和 2 条人工模拟加速度时程，设防地震分析时程峰值为 100cm/s²，罕遇地震分析时程峰值为 220cm/s²，地震动反应谱对比如图 6-7-33 所示。

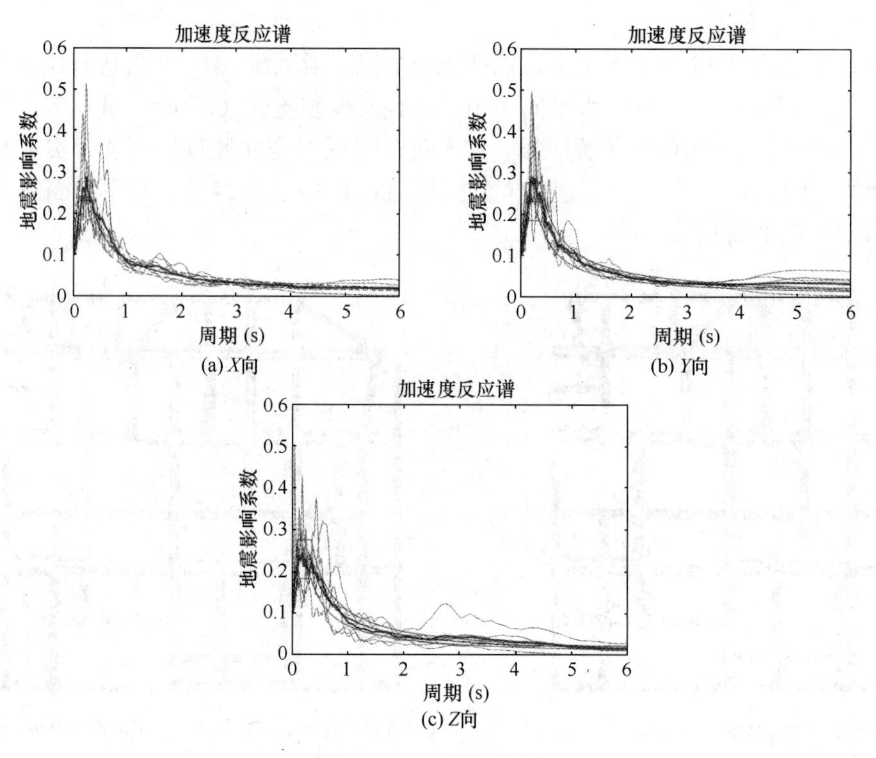

图 6-7-33　地震动选取

采用 5 条天然波和 2 条人工波，分别对固接结构和隔震结构进行了设防地震作用下的时程分析，得到了 X 和 Y 向楼层剪力，求出了水平向减震系数，如表 6-7-9～表 6-7-12 所示。由表中计算结果可知，隔震结构的底部剪力比不全小于 0.5，上部结构需按本地区设防烈度确定抗震措施。

进行罕遇地震时程分析，检验隔震结构在罕遇烈度地震作用下的隔震层响应。罕遇地震作用下隔震层支座位移最大值为 53mm，小于位移限值 148mm，隔震层在罕遇烈度下的支座最大变形满足要求。隔震支座拉应力验算采用以重力工况为前置工况的三向地震作用计算结果，隔震结构支座在罕遇地震作用下最大拉应力为 0.31MPa，拉应力不应大于 1MPa，满足规范要求。

X 向设防地震固接模型预设隔震层位置处的层间剪力（单位：kN）　　**表 6-7-9**

方向	时程 1	时程 2	时程 3	时程 4	时程 5	时程 6	时程 7	平均值
X	1072.59	1074.95	2145.91	934.40	1082.18	1096.86	1019.06	1203.71
Y	1445.12	1155.92	932.17	752.93	673.63	910.68	874.67	963.59

Y 向设防地震固接模型预设隔震层位置处的层间剪力（单位：kN）　　**表 6-7-10**

方向	时程 1	时程 2	时程 3	时程 4	时程 5	时程 6	时程 7	平均值
X	1439.34	1075.45	945.75	762.82	700.11	938.55	870.34	961.77
Y	1023.52	1128.40	2029.81	913.12	1081.20	1062.98	1032.52	1181.65

X 向设防地震组合三维支座布置上部结构底部剪力（单位：kN）　　**表 6-7-11**

方向	时程 1	时程 2	时程 3	时程 4	时程 5	时程 6	时程 7	平均值
X	522.07	462.23	624.28	561.10	585.91	527.70	540.22	546.22
Y	449.61	486.58	365.12	470.41	360.72	386.76	398.82	416.86

Y 向设防地震组合三维支座布置上部结构底部剪力（单位：kN）　　**表 6-7-12**

方向	时程 1	时程 2	时程 3	时程 4	时程 5	时程 6	时程 7	平均值
X	613.66	547.38	407.90	511.24	395.89	467.47	485.45	489.86
Y	486.80	461.08	670.76	510.39	400.16	453.71	470.07	493.28

5. 地铁振动减振评价

采用现场振动测试结果，建筑输入时程和频域信息如图 6-7-34 所示。国家标准《城市区域环境振动标准》GB 10070—1988 和《住宅建筑室内振动限值及其测量方法标准》GB/T 50355—2018 给出了适用于住宅建筑的振动评价方法，即铅垂向 Z 振级。本工程以 Z 振级作为评价指标，计算得到各楼层加速度响应，通过计算得到楼层 Z 振级。各楼层不同位置测点 Z 振级如表 6-7-13 所示。由表中数据可知，组合三维支座均具有竖向减振效果，减振后上部结构可满足 70dB 的限值要求。Z 振级沿楼层的竖向分布如图 6-7-35 所示，隔震层以上 Z 振级减小 8.2～9.3dB，减振效果显著。

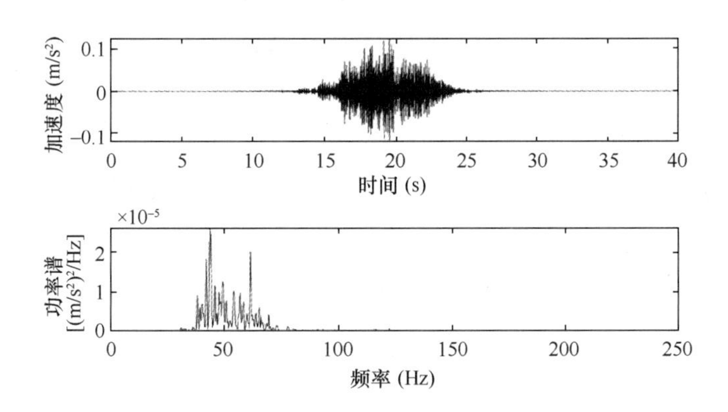

图 6-7-34　竖向地铁振动输入信息

固接结构与隔震/振结构楼层 Z 振级（单位：dB）　　**表 6-7-13**

楼层标号	位置	固接模型	组合三维振震双控支座	减振效果
6	二层顶板	66.84	58.66	8.18
5	一层顶板	65.81	57.42	8.39
4	隔震层顶板	66.30	57.05	9.25
3	车库 2F 顶板	71.31	71.31	0
2	车库 1F 顶板	80.45	77.93	2.52
1	地下一层顶板	81.27	81.27	0

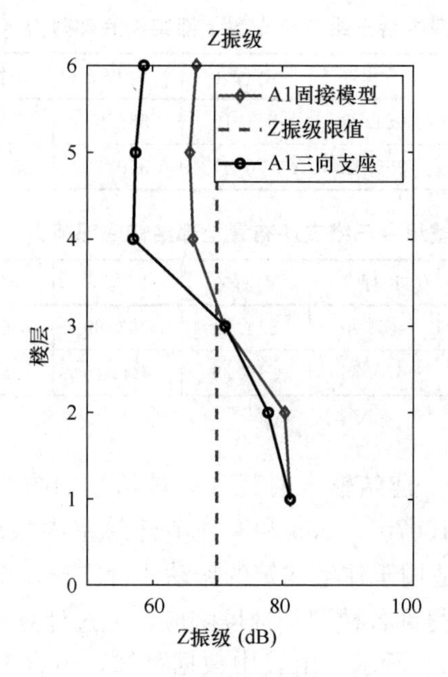

图 6-7-35 Z 振级分布规律

第七章　振震双控辅助措施

第一节　交通与动力装备振源减振

振动控制是降低轨道交通沿线环境振动水平的重要技术手段，根据轨道交通振动产生、传播以及影响情况，振动控制技术共有振源减振、传播路径减振和控制对象减振三道防线，振源减振是交通振源减振的主要措施。

车辆系统对振源特性具有显著影响，通过车辆轻型化、降低轮对质量、提高车轮圆顺性、研发弹性车轮、阻尼车轮等措施，可有效降低振源强度。轨道减振是当前轨道交通环境振动控制领域应用最为广泛的振源减振措施，通过优化轨道结构不同位置处的质量、刚度和阻尼特性，实现振动控制目标，包括钢轨及扣件减振、轨枕减振和道床减振。

如图 7-1-1 所示，钢轨减振主要是在轨腰处增加质量阻尼元件，通过耗能减振装置、改变支承方式控制钢轨高频振动，在降低钢轨异常波浪形磨耗、控制车辆行驶过程中车厢内振动及噪声方面具有一定作用。轨下减振扣件，通过降低扣压件、弹条、垫片刚度，增加整体道床扣件系统的弹性，从而控制钢轨振动向下传递。扣件结构形式多样，型号较

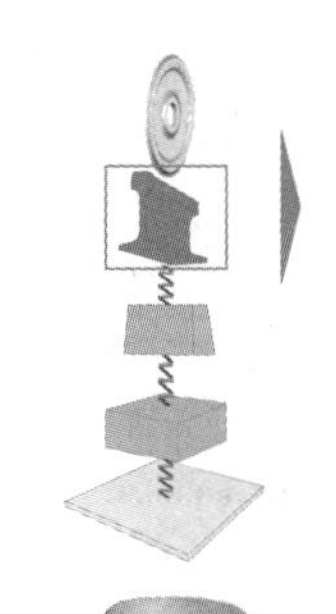

(a) 阻尼降噪减振器　(b) 迷宫阻尼钢轨吸振器

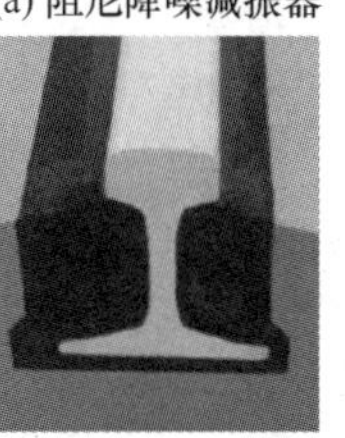

(c) 调频式钢轨减振器TRD　(d) 埋入式钢轨（PREFA）　(e) 埋入式钢轨（Edilon）

(f) 阻尼钢轨(Schrey and Veti GmbH)　(g) 阻尼钢轨（WAL）

图 7-1-1　钢轨减振措施

多，各型号减振性能有一定差别。常用的弹性扣件主要通过调整弹条弹性、改变垫板刚度、降低钢轨-扣件系统自振频率实现减振。各型减振扣件标称减振量在 3～15dB 不等，工作频率在 10Hz 以上，部分减振扣件应用广泛，减振扣件主要类型如图 7-1-2 所示。

(a) DTⅥ2型扣件　(b) DTⅦ2型扣件

(c) Ⅲ型轨道减振器扣件　(d) Ⅳ型轨道减振器扣件　(e) GJ-Ⅲ2扣件（洛阳双瑞）

(f) 分体嵌套式扣件　(g) Delkor ALT.1　(h) Vlssloh System336

(i) Vanguard 先锋扣件　(j) 槽型轨道减振垫　(k) CDM减振垫

图 7-1-2　扣件减振措施

如图 7-1-3 所示，枕下减振措施充分利用轨枕的特点，通过提高参振轨枕质量、提高轨枕刚度、优化结构受力、增加轨枕整体性实现减振。弹性短轨枕轨道较早用于轨道减振中，由于施工精度要求较高，在城市轨道工程中使用较少。弹性长轨枕比弹性短轨枕稳定性好、易更换，缺点是轨枕之间的沟槽会影响紧急疏散效率。通过在轨枕下方增设弹性减振垫作为支撑，使其浮于混凝土基础之上，达到减振效果。纵向轨枕增加了纵向结构整体性，改善了横向轨枕单独受力的情况，通过优化受力，增设减振垫，实现减振。

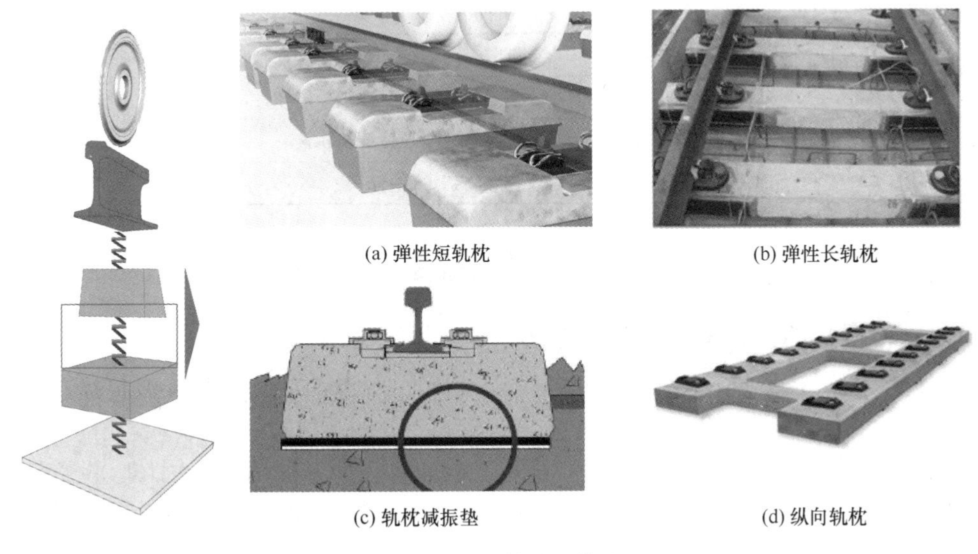
(a) 弹性短轨枕　(b) 弹性长轨枕　(c) 轨枕减振垫　(d) 纵向轨枕

图 7-1-3 轨枕减振措施

道床减振具有参振质量大、系统刚度低、整体性好等特点，在轨道减振系统中减振性能最高。道床减振措施包括采用梯形轨道、Hlso 轨道、浮置板轨道，其中钢弹簧浮置板轨道是最高等级的道床减振措施，见图 7-1-4。

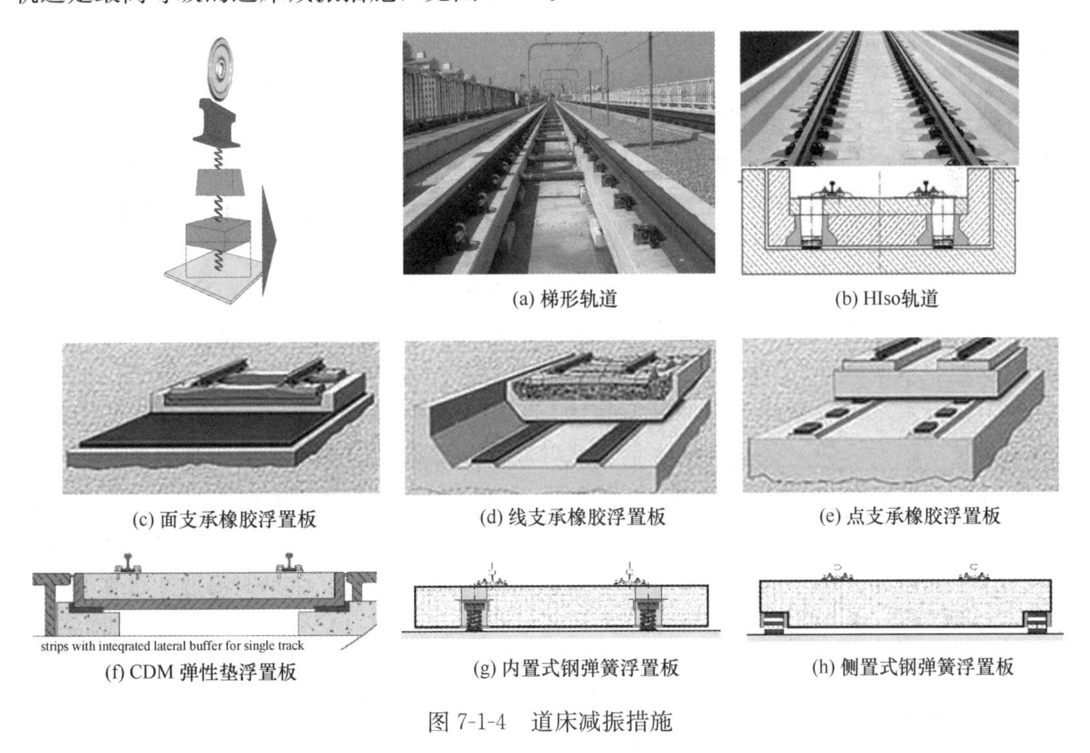

(a) 梯形轨道　(b) HIso轨道　(c) 面支承橡胶浮置板　(d) 线支承橡胶浮置板　(e) 点支承橡胶浮置板　(f) CDM 弹性垫浮置板　(g) 内置式钢弹簧浮置板　(h) 侧置式钢弹簧浮置板

图 7-1-4 道床减振措施

不同轨道减振措施的工作频率、减振量具有一定差别，各类型减振措施的减振能力见表 7-1-1。

不同类型轨道减振措施减振能力　　表 7-1-1

减振位置	减振量	减振措施
轨下减振	5dB以下减振措施	DTⅣ、DTⅤ、DTⅥ、DTⅥ2、DTⅥ3、DTⅦ2型扣件
	5～15dB减振措施	Ⅰ、Ⅲ、Ⅳ型轨道减振器扣件，Vanguard扣件，Lord扣件
枕下减振	5～15dB减振措施	弹性短轨枕，弹性长轨枕
道床减振	15dB以上减振措施	梯形轨道，（钢弹簧、橡胶）浮置板轨道

第二节　振动传播路径隔振

一、屏障隔振的基本概念和常用方法

波屏障（WB-wave barriers或WIB-wave impedance barriers），是在波传播介质中设置一定尺寸的物体，该物体与波传播介质具有较大差异的阻抗比[（波传播介质的质量密度×剪切波速）/（波屏障质量密度×剪切波速）]，能屏蔽一部分振动波的物体。设置波屏障来达到隔振减振目标的方法，称为屏障隔振。常见的屏障隔振有沟式屏障（隔振沟）、排桩式屏障和波阻板屏障等。

自从人们安装振动测试设备来监测爆破开采矿石产生的振动影响以来，就认识到振动是通过地面下的介质向外传播的，由此出现了在振动源周边（主动隔振），或在防振目标周边（被动隔振）做隔振沟来屏蔽振动。在很多地基强夯和锤击打桩的施工现场，经常设置隔振空沟来减小施工振动对周边环境的影响。人类利用屏障来隔振的历史无法考证，但对屏障隔振进行研究的时间并不长，以空沟研究最多，其次为板桩、地下障壁、排桩、波阻板等。研究成果为屏障隔振的设计和应用提供了有价值的科学依据。

根据排桩隔振理论及模型试验研究可知，桩径等于或大于被屏蔽的波长1/6才有隔振效果。因此，要屏蔽常见波长的振动波，桩的直径需要达到4～5m以上才有效，这在实际工程中难以实现。利用波的衍射干扰现象减小桩的直径和桩距，可减小地面振幅的60%，甚至能达到80%；屏蔽的范围一般可达15～20m，即1～5倍波长。如果屏障的宽度加大，屏蔽范围也会随之增大。西安地铁2号线从钟楼绕行通过时，为减小地铁长期运行对钟楼的振动影响，在钟楼台基周围设置了一圈隔离排桩。后期振动监测表明，经排桩隔振后，地表水平向振幅减小50%～70%，竖向振幅减小40%～50%。

波阻板是水平设置在地基中的隔振装置，可用于在振源下方进行主动隔振，也可用于地基中的被动隔振。波阻板与其他隔振方式并联后用于被动隔振，主要包括两种情形：一种是在受振保护对象（如精密仪器）基础下方一定深度处放置水平有限尺寸波阻板，并配合其他隔振器（如阻尼弹簧）并联隔振；另一种是波阻板置于土面，自身作为基础板或厚地坪工作，同时在波阻板周边布置排桩并联隔振。波阻板屏障被动隔振传递率根据容许振动值与隔振前环境振动测试数据确定。通过传递率可判断单一波阻板能否达到设计要求，是否需要并联隔振。工程中已成功地将波阻板与其他隔振方式并联后用于被动隔振，如采用将砂垫层上钢筋混凝土波阻板与排桩屏障并联隔振的方式分别应用于某大型消声室和某大型超精密实验室的被动隔振，比原弹簧隔振方案节省造价93%～95%，缩短了建造周期。将波阻板屏障与阻尼弹簧并联，对不良振动环境中的高精密设备进行隔振，节省了64%的投资并缩短工期，获得了较好的技术经济效益。

二、屏障隔振设计准则

根据地面扰动波长，选择合理的屏障隔振方案，是屏障设计的关键，如空沟是最有效的地面屏障，任何波均不能通过，但无法做到 $H \approx \lambda_R$ 的深度。而排桩可以做得很深，波阻板是有效而经济的屏障。另外，如在振动环境中设置大型高精度设备，可以将不同类型的屏障与阻尼弹簧隔振体系并联，满足其高精度要求，避免使用昂贵而复杂的空气弹簧伺服系统隔振体系，用最简单的办法处理复杂的问题，体现了屏障隔振的性价比（图 7-2-1）。

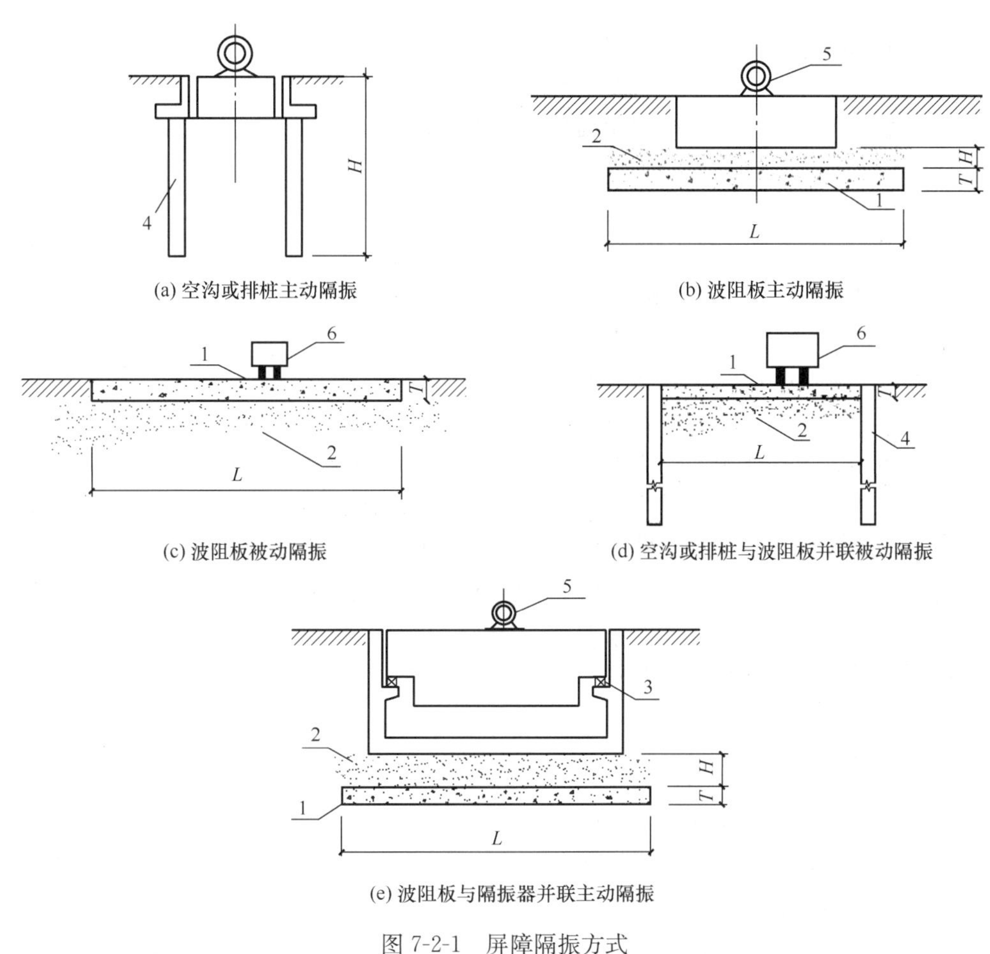

图 7-2-1　屏障隔振方式

1—波阻板；2—砂垫层；3—隔振器；4—空沟或排桩；5—振源；6—隔振对象

1. 沟式和排桩式屏障隔振

沟式和排桩式屏障深度、长度、波长、入射波的波长、入射角与整体弹性刚度的屏障关系以及排桩屏障的桩径，都是除上述透射理论以外，屏障设计必须考虑并妥善处理的问题。这些关系可以归纳为屏障隔振三准则：屏障的透射效应——隔振效率；衍射效应——隔振范围；吻合效应——隔振效果。

（1）屏障的透射效应——隔振效率

满足排桩桩距 $S_p \leqslant 2d$ ，以及屏障的厚度（或当量厚度）：

$$B \geqslant 0.125\lambda_R \tag{7-2-1}$$

式（7-2-1）是依据波的透射理论及多项室内、现场模型及工程原型实测研究的结果得出的，最厚的厚度也不宜大于 $0.35\lambda_R$（λ_R 为地面面波波长），根据已有工程实测，一般能隔离 70%～75%的地面振动。

（2）屏障的衍射效应——隔振范围

屏障的深度 H：

近场（主动隔振）：$r \leqslant 2.0\lambda_R$

$$H > (0.8 \sim 1.0)\lambda_R \tag{7-2-2}$$

远场（被动隔振）：$r > 2.0\lambda_R$

$$H \geqslant (0.7 \sim 0.9)\lambda_R \tag{7-2-3}$$

考虑到空沟隔振的安全性和可实施性，空沟深度可放宽至场地瑞利波波长的 1/2。

屏障的长度 W：

近场（主动隔振）：$r \leqslant 2.0\lambda_R$

$$W > (2.50 \sim 3.125)\lambda_R \tag{7-2-4}$$

远场（被动隔振）：$r > 2.0\lambda_R$

$$W \geqslant (6.0 \sim 7.5)\lambda_R \tag{7-2-5}$$

（3）屏障的吻合效应——隔振效果

土体内具有一定刚度的屏障，有可能被弹性波激发而产生强烈振动，此时，屏障不仅不隔振，反而形成另一波源而产生振害，这就是屏障的吻合效应，吻合效应常造成屏障工程失效甚至反效。在有效隔振频率范围，屏障后面的振幅会被放大。只要屏障的深度 H 接近或大于一个波长，吻合效应就可能产生，而屏障的设计深度也正好就在这个深度，如式（7-2-2）、式（7-2-3）所示。土介质中屏障的“吻合”与振动体系中的共振有实质性的差别，但却同样重要。

考虑吻合效应控制屏障的弯曲频率，其临界吻合频率为：

$$f_{cr} = 0.551\frac{V_p^2}{C_p B} \tag{7-2-6}$$

式中：V_p——土中纵波波速（m/s）；

C_p——屏障的纵波波速（m/s）；

B——屏障的厚度（或当量厚度）（m）。

2. 波阻板屏障隔振

在地面下一定深度内，设置与波长一定比值尺度的人造水平夹层，即波阻板亦可隔离一定量的地面振动。当采用波阻板主动隔振时，波阻板屏障的基本尺寸要求如下：

（1）波阻板的尺寸，应符合下列要求：

$$0.5\lambda_s \leqslant L \leqslant 1.0\lambda_s \tag{7-2-7}$$

$$0.04\lambda_s \leqslant T \leqslant 0.1\lambda_s \tag{7-2-8}$$

（2）波阻板的埋深，应符合下列要求：

$$0.025\lambda_s \leqslant H \leqslant 0.1\lambda_s \tag{7-2-9}$$

$$H < [1.1/(1-\mu_0)]\frac{V_s}{4f_z} \tag{7-2-10}$$

$$H < \frac{V_s}{4f_x} \tag{7-2-11}$$

式中：L——波阻板宽度（m）；

T——波阻板厚度（m）；

H——粗砂砾石回填层或土层厚度（m）；

λ_s——粗砂砾石回填层或土层的剪切波长（m）；

V_s——粗砂砾石回填层或土层的剪切波速（m/s）；

f_z——扰力竖向振动频率（Hz）；

f_x——扰力水平振动频率（Hz）；

μ_0——粗砂砾石回填层或土层泊松比。

当采用波阻板被动隔振时，波阻板宽度应符合式（7-2-7）要求，波阻板埋深还应符合式（7-2-9）～式（7-2-11）要求，波阻板的厚度 T，宜符合下式要求：

$$0.125\lambda_s \leqslant T \leqslant 0.33\lambda_s \tag{7-2-12}$$

只要地面振动频率低于波阻板顶面的截止频率，即小于该频率的任何地面扰频均可被隔离 50%以上，即满足式（7-2-10）和式（7-2-11）。波阻板宽度与波长之比越大，隔振效率越高。

三、屏障隔振工程实例

【实例 1】大型高精度半消声室排桩隔振

地面振波通过黄土质粉质黏土（$V_R=154\text{m/s}$）中 $H=10.5\text{m}$ 深的非连续屏障混凝土排桩，在不同波长下被屏蔽的振波为：$\lambda_R=15.4\text{m}$ 时，$T_u=0.524$；$\lambda_R=7.70\text{m}$ 时，$T_u=0.276$；$\lambda_R=5.13\text{m}$ 时，$T_u=0.270$；$\lambda_R=3.85\text{m}$ 时，$T_u=0.250$。其中，T_u 为设置屏障后地面振动/设屏障前地面振动。低频波长 $\lambda_R=15.4\text{m}$ 时，排桩隔离了近 50%地面振动。当 $\lambda_R=3.85\text{m}$ 时，排桩隔离了 75%地面振动。经与 0.8m×14.2m×16.2m 钢筋混凝土底板并联，产生散射及辐射阻尼效应后，入射波明显减小（图 7-2-2）。本工程如采用传统隔振系统，则需 300 余万元隔振费用，同时配套隔振系统的土建工程成本亦需增加约 50 万元。本设计利用建筑物基桩作隔振屏障，几乎未增加投资。该消声室底板的本底振动与本底噪声均达到国内同类型声学实验室的最高精度。

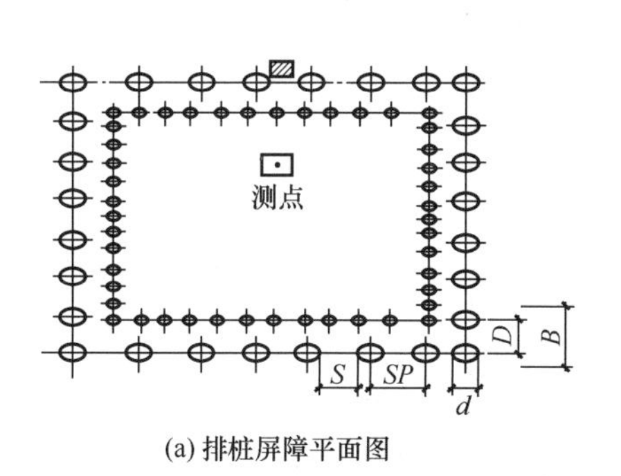

(a) 排桩屏障平面图

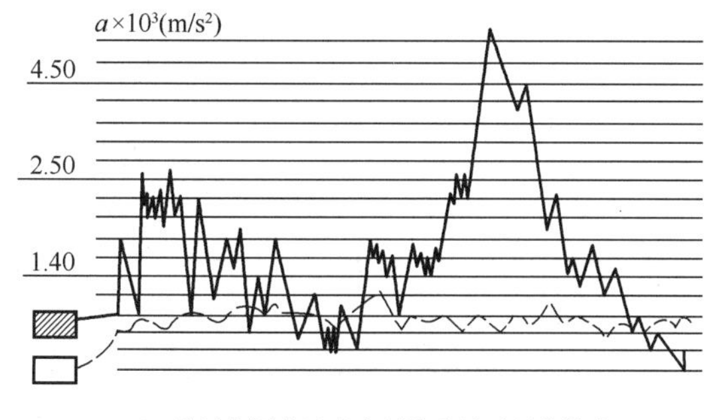

(b) 现场实测半消声室屏障的波动屏蔽效应

图 7-2-2　大型半消声室排桩屏障与钢筋混凝土底板并联隔振

【实例 2】西安钟楼排桩隔振

西安钟楼始建于明洪武十七年（1384 年），1996 年 11 月 20 日国务院公布钟楼为全国重点文物保护单位。钟楼位于西安市中心，钟楼盘道所连接的东、南、西、北四条大街均为繁华地段，交通流量大，地铁 2 号线和 6 号线从钟楼台基两侧绕行通过，如图 7-2-3 所示。根据国家标准《古建筑防工业振动技术规范》GB/T 50452—2008 中容许振动标准要求，在复杂振源的叠加影响下，钟楼的振动控制要求极为严苛。

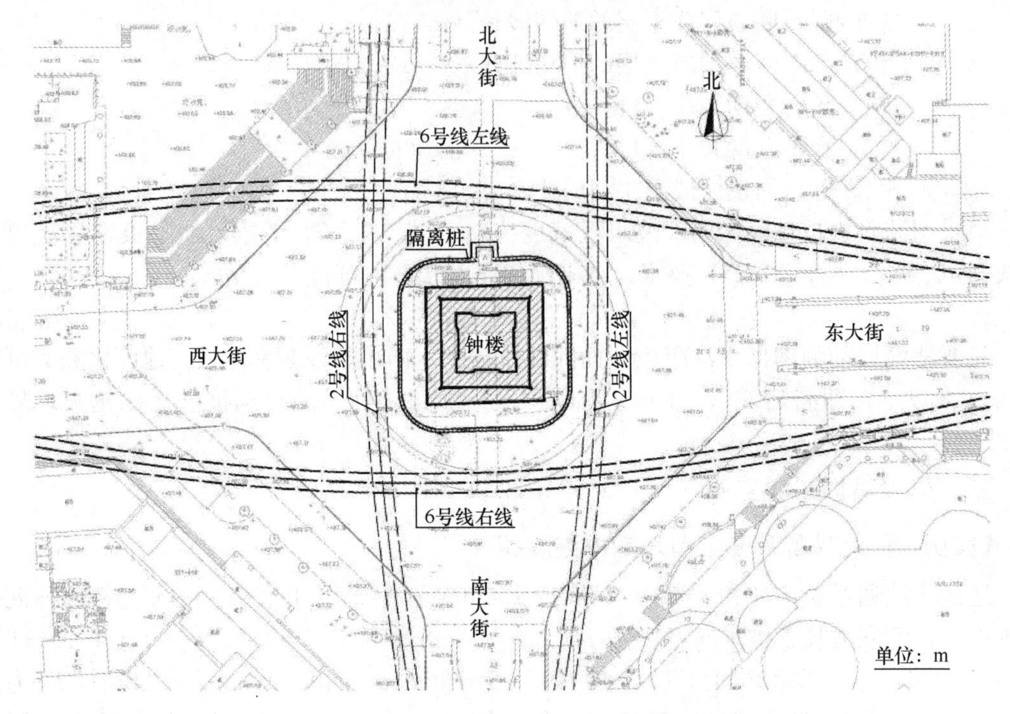

图 7-2-3　2 号线、6 号线绕行钟楼平面示意图

该项目采用振源减振（钢弹簧浮置板道床）、地铁线路深埋和绕行、传播路径设置隔振桩、地基注浆加固等综合措施来实现振动控制（图 7-2-4）。在钟楼基座外围 8m 左右设一圈隔离桩，桩径 1.0m，间距 1.3m，桩长约 29m，桩顶设置冠梁。后期监测表明，采用

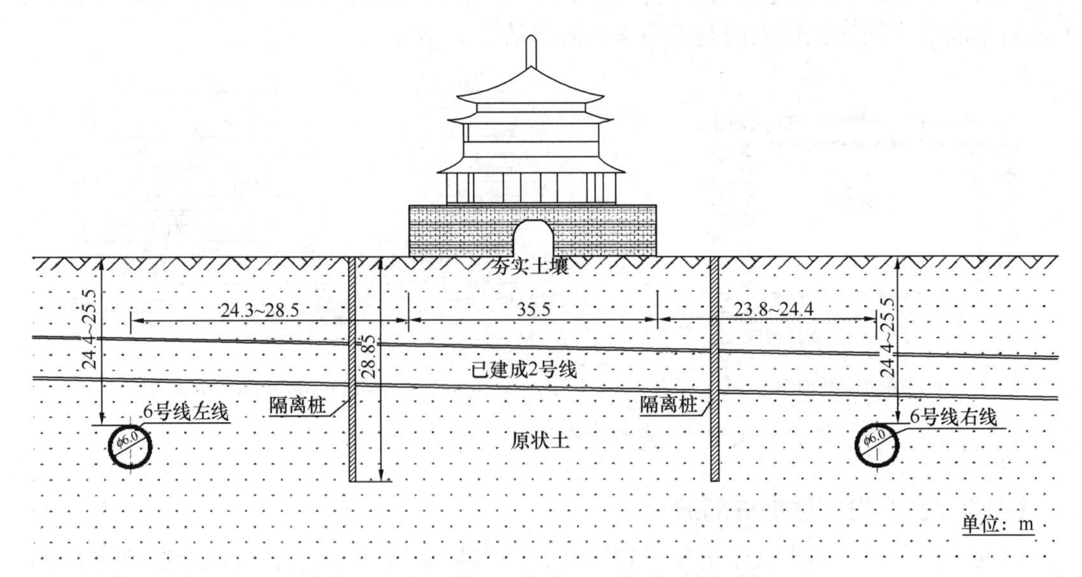

图 7-2-4　2 号线、6 号线绕行钟楼剖面示意图

以上综合措施可达到 70%以上的减隔振效果，其中隔振桩的隔振效果达到 40%以上。隔振桩不仅对振动起到了明显的阻隔作用，而且增大了台基附近地基刚度，有效降低了盾构施工引起的地面沉降变形。

【实例 3】近邻大型压机高精度设备并联隔振

某距大型压机 5.5λ_R 距离的高精密设备处于生产车间各类振源的不利振动环境中，场地土为砾石混黏土。精密设备的基座台面振幅 0～20Hz 频率范围竖向线位移 $A_z<1.0\mu m$；20～100Hz 频率范围，$A_z<0.127\mu m$。本工程采用波阻板与阻尼弹簧隔振基础并联隔振，屏障隔振方式如图 7-2-1（e）所示，达到了精密设备的隔振要求。按设备制造商要求，在该设备所处振动环境中，需采用伺服空气弹簧隔振，约需 230 万元投资，且运行及维护费用高。本设计施工安装后，其工程决算造价为 18 万元，节省造价 92%，无维护及运行费用，可长期稳定运行，设计计算及设备安装后现场实测结果如图 7-2-5 所示。

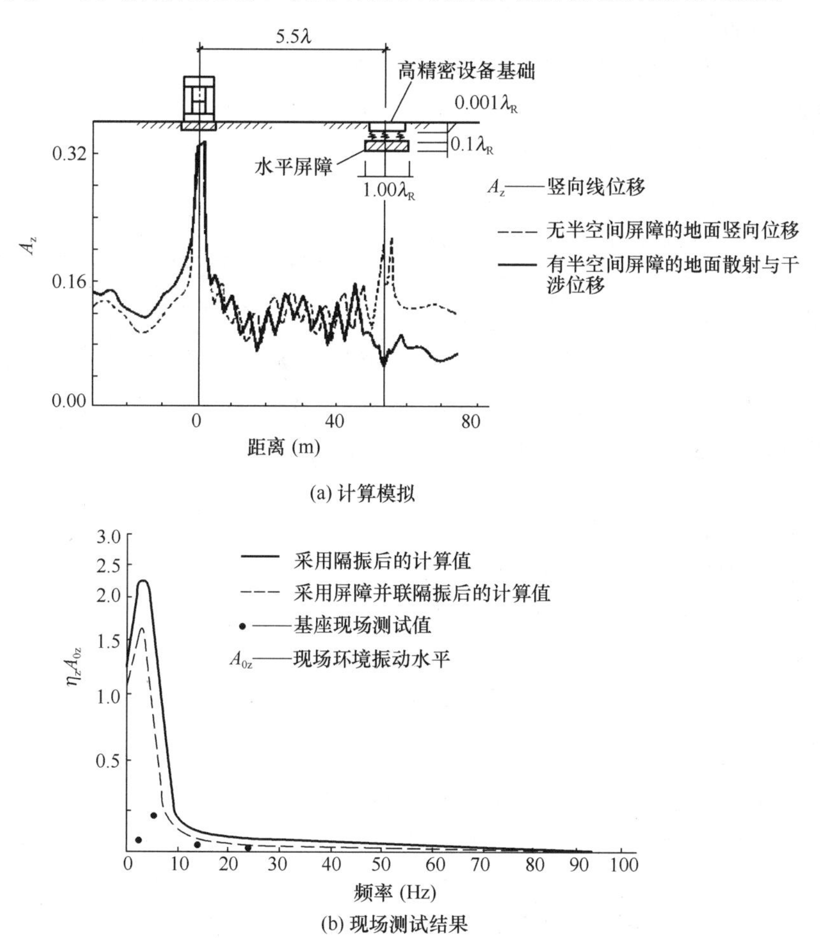

图 7-2-5　波阻板隔板与阻尼弹簧基础并联隔振

第八章　振震双控专用技术

第一节　复杂环境工程场地选址判别方法

一、选址原则

复杂环境工程场地选址要从可行性论证开始，从宏观上对环境进行综合性评价，评价应根据产品精度和防振要求，远离有影响的环境振源，对振动敏感的厂房、民用建筑以及实验室等应设在无强振动干扰、无污染（强噪声、强电磁波、有害气体、强风尘雷雨）和不良地质条件影响的环境内。

若条件允许，应选择有利于减小振源振动和振动传播衰减的地形和地质条件，并在城市远郊主导风向上风区有计划地形成一个精密生产工业区，以减小区域性的不利环境和振动影响，如图 8-1-1 所示，最终形成一个相对安静、洁净、理想的工作环境。

有振动控制要求的工程选址及规划时，振动控制要求较高的建筑结构，包括精密仪器和精密加工厂房、实验室等建筑，一般设在距离铁路、公路主干道、锻造或冲压车间、铸造车间、炼钢和轧钢车间、大型空压站等振源较远地点。对于不适宜建厂或经济上不合理的地址，可以迁址或调整总体规划。

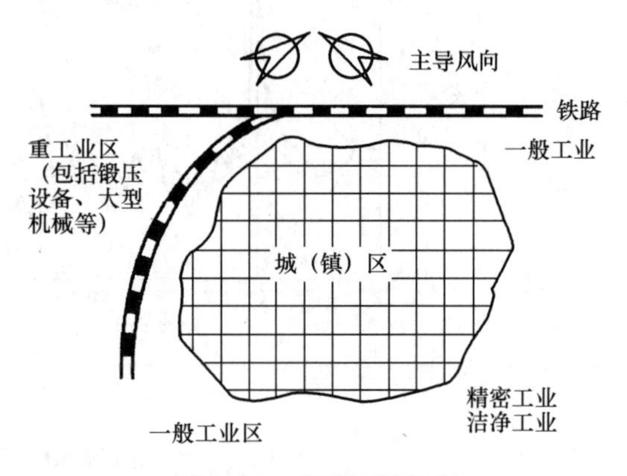

图 8-1-1　理想区域规划

厂区内既有振敏对象面临新增振源，或既有振源附近必须新增振敏对象时，应远离布置；并根据振动发展预测，合理设计控制余量。当工业建筑中动力设备的振动荷载较大时，如锻锤、落锤等大型动力设备，不宜建在软土、填土、液化土等不利地段。当难以避开时，应进行地基处理或采用桩基础。

二、工艺布置原则

对动力设备振源进行合理布局是减小振动设备对精密设备干扰最为经济可靠的措施。根据生产需要，工厂会配备各种大小不同的振源设备。有些工业厂区，由于振源设备和精密设备未做全局考虑，布局随意，振源分散在厂区各个部位或混杂在一起，生产使用时，发生严重的振动干扰，导致生产线只能勉强维持使用，有的被迫停产、调整布局，造成经济损失。因此，在设计阶段，必须统筹合理布局。

布置厂区或园区振源时，对大型振源设备（锻锤、空气压缩机、场内火车等）应尽可能布置在厂区或园区一端或边缘，形成 1～2 个振源区，并与精密区保持安全距离，如图 8-1-2 所示。此时，防振距离可根据振源设备特性，基于地面振动传播衰减计算或已有地面振动传播衰减的实测资料进行估计；有条件时，可通过实际测定确定最佳的防振距离，满足精密设备的防振要求。振源具体布置时，要利用有利地形，将振源设备旋转方向和水平往复运动指向与精密设备区域避开，并与建筑结构水平刚度较大的方向一致。

布置建筑结构内部振源时，振源设备和精密设备宜布置在建筑间隔较远的两端，如图8-1-3所示。在建筑内布置振源时，不应将机械设备重量≥50kN、扰力≥1kN的振源设置在楼层上，而应布置在底层地面上。因生产工艺流程需要，可单独设构架式基础，并与楼层脱开或采取隔振措施。凡布置在楼层上的中小型设备，宜避免与精密设备布置在同一单元（设缝脱开）的同层及上下各楼层内，尽可能使其扰力产生方向与结构刚度较大方向一致，并尽可能布置在梁上、柱边或墙边等刚度较大区域。布置同类设备时，宜根据振动方向对称或反对称布置，避免设备多台同时运行时处于同向、同频率状态，应使振动在不同相位上相互抵消，从而减小振动影响。

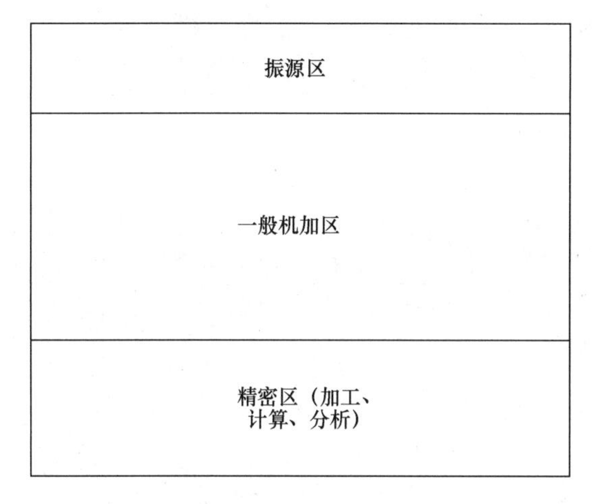

图 8-1-2　厂区布置

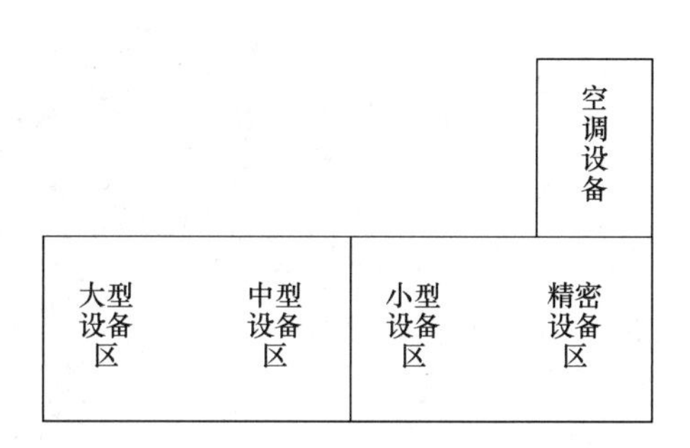

图 8-1-3　单层或多层建筑工艺设备布置

振源较大的独立空调设备系统，可单独建造空调楼，应将制冷压缩机、风机等与精密设备区域完全分开，以防止振动干扰。

精密加工区、精密仪器和精密设备应与振源设备分区布置；精密加工设备和精密仪器布置应避开电梯间、楼梯间和物料输送设备。多层工业建筑中较重、较大振动设备和冲击式机器宜布置在底层或地下室基础底板上，应采取大质量减振基础或隔振基础；建筑结构内的空调机组、通风机、循环水或供水水泵、备用电源等，应在采取隔振、降噪措施后，集中设置在对精密加工和精密仪器振动影响较小的区域。精密设备不宜设置在厂区或园区内的火车或重型汽车通过的主干道附近；楼层上的动力设备宜沿楼盖主次梁布置，竖向振动较大的设备宜布置在主梁端部区域。

三、场地选址振动测试与评价实例

1. 项目背景介绍

北京某高校新建建筑大楼，主要开展教学、实验及科研需要（图8-1-4）。该新建教学楼附近，存在已有某物理实验楼，从已有建筑前期设计、施工以及后期投入使用过程中发现，振动危害是其中的关键问题。

建设单位对正常服役情况非常重视，对潜在的振动影响足够关注，为了进一步获得地铁、地面等振动影响下选址场地的振动情况，对新建建筑结构场地开展振动测试。

(a) 拟建项目位置

(b) 拟建项目场地情况

图 8-1-4　某建设场地选址情况

2. 测试依据与方案

测试依据主要包括建筑振动评价体系以及减振、隔振技术方法体系，主要参考如下标准：

（1）国家标准《建筑工程容许振动标准》GB 50868—2013

（2）国家标准《工程隔振设计标准》GB 50463—2019

（3）行业标准《城市轨道交通引起建筑物振动与二次辐射噪声限值及其测量方法标准》JGJ/T 170—2009

（4）国家标准《地基动力特性测试规范》GB/T 50269—2015

对拟建项目的周边环境、所处位置、地铁穿建以及地面交通等状况进行了详细的勘察，在与设计方、施工方详细咨询、技术交流的基础上，确定了场地振动测试的测点位置，并进行了测坑布置，拟定的测点布置方案如图 8-1-5 所示，共布置 12 个测点，每个方向共布置 6 个点，其中 1、3、5、7、9、11 号测点称为测试线路 1；2、4、6、8、10、

12 号测点称为测试线路 2。

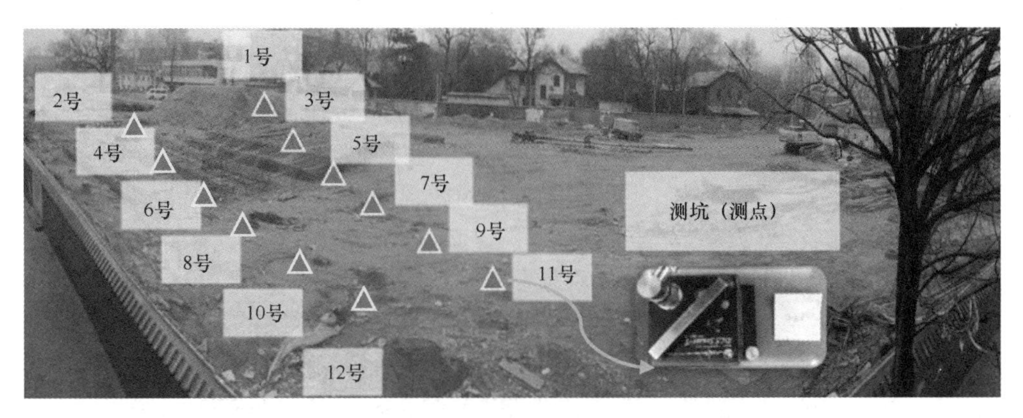

图 8-1-5　场地振动测试测点布置图

3. 测试仪器及分析软件

采用的振动测试仪器主要包括：振动加速度、速度传感器、采集仪等，如图 8-1-6 所示。采用某网络式智能采集仪，是一种适用于大型结构振动、噪声、冲击、应变、压力、电压等各种物理量信号的高精度数据采集测试测量仪器。采用先进的 4 阶 delta-sigma 型 31 位 A/D 采集，具有采集精度高、基线稳定等特点，可用于精确测量极其微弱的信号，特别适用于分布式、多测点、远距离的待测物理量。

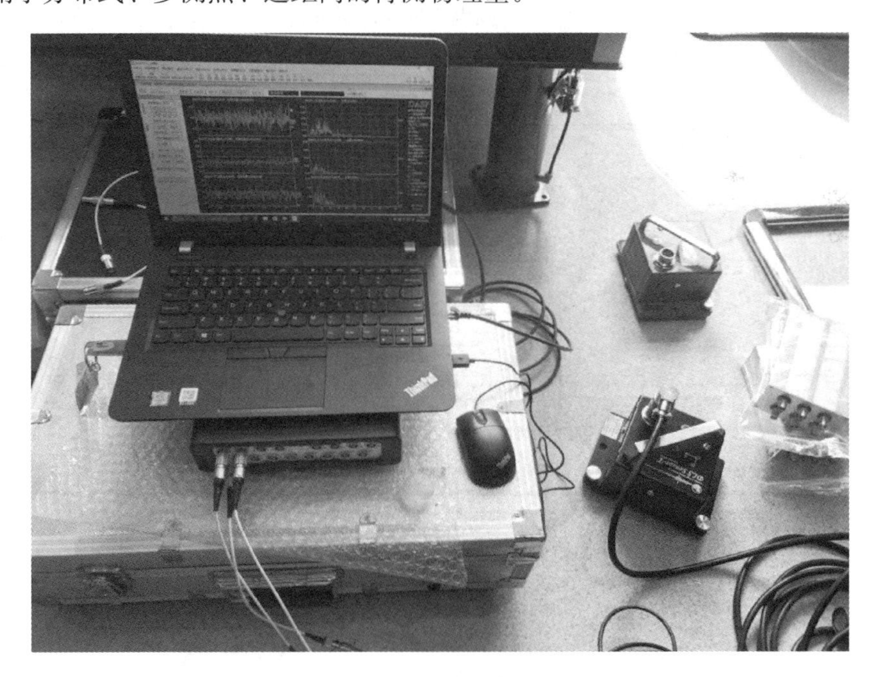

图 8-1-6　测试仪器

4. 场地振动水平评价

（1）测试线路 1 振动水平（图 8-1-7～图 8-1-9）

（2）测试线路 2 振动水平（图 8-1-10～图 8-1-12）

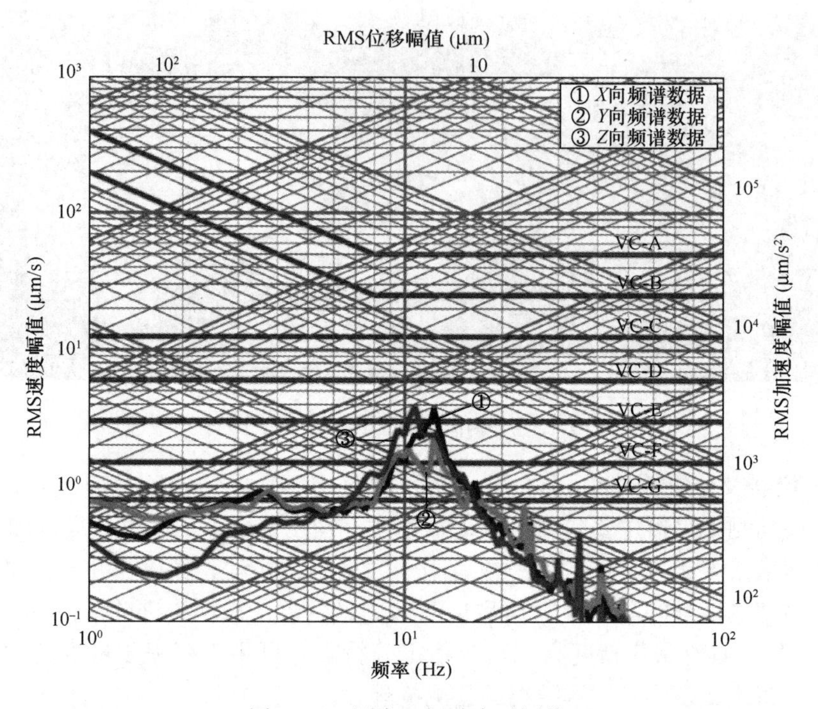

图 8-1-7　测点 1 振动水平评价

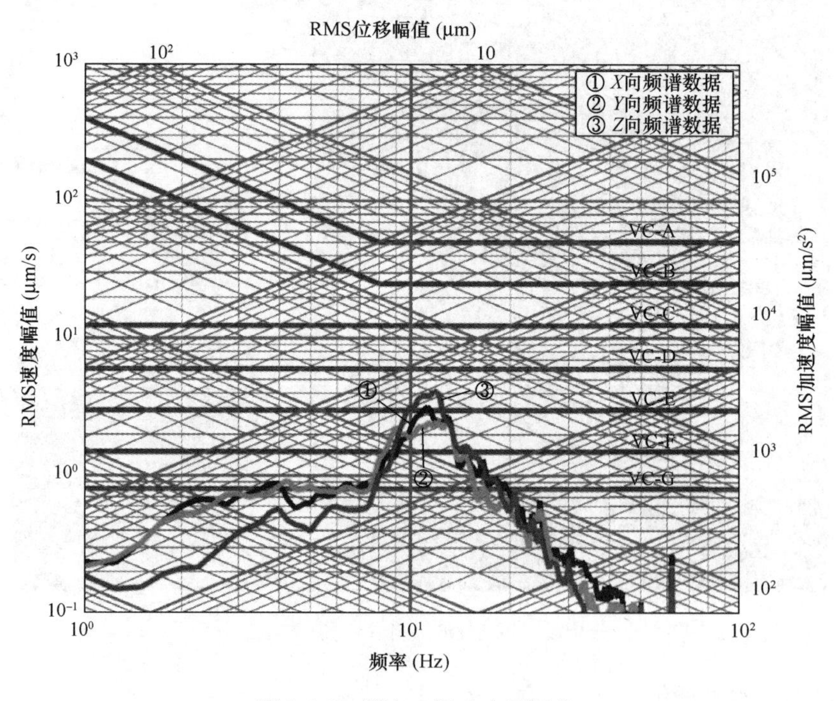

图 8-1-8　测点 5 振动水平评价

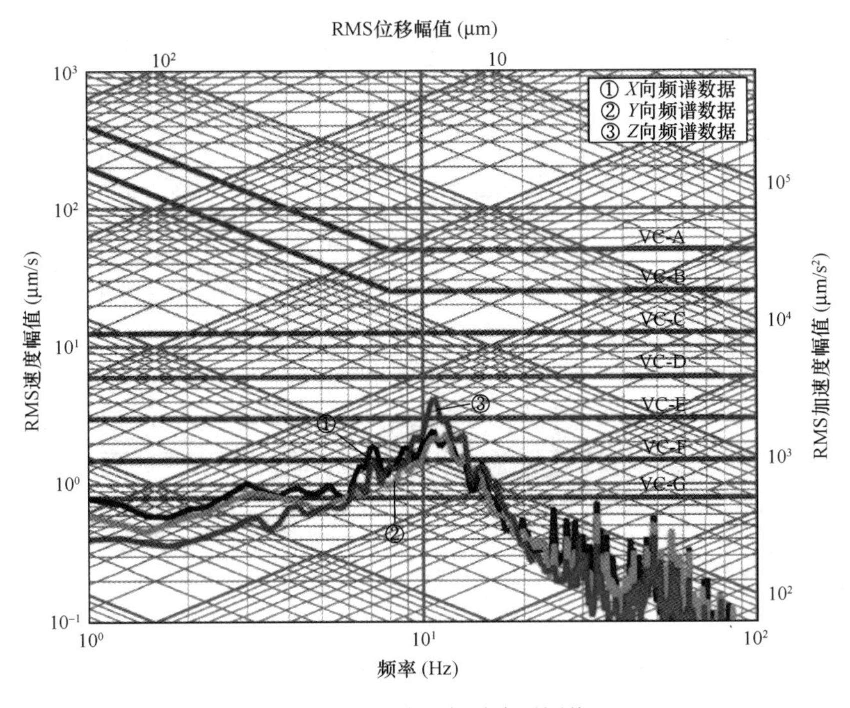

图 8-1-9　测点 9 振动水平评价

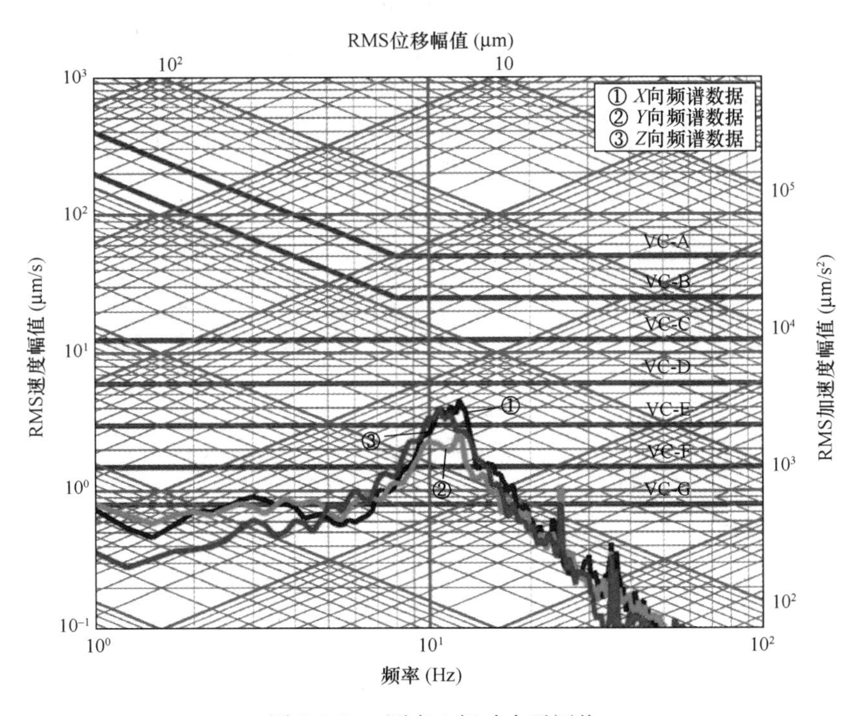

图 8-1-10　测点 2 振动水平评价

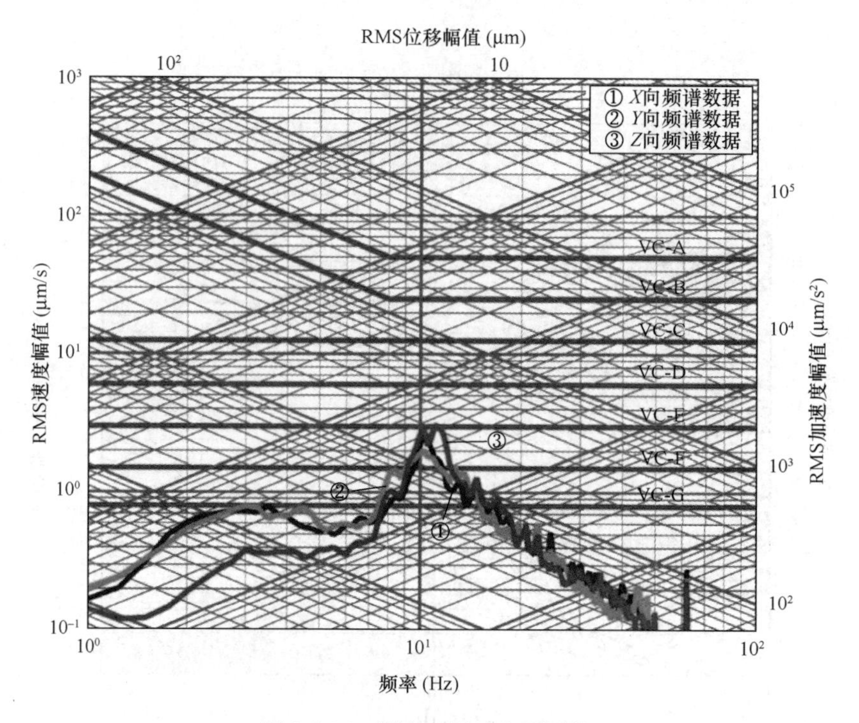

图 8-1-11 测点 6 振动水平评价

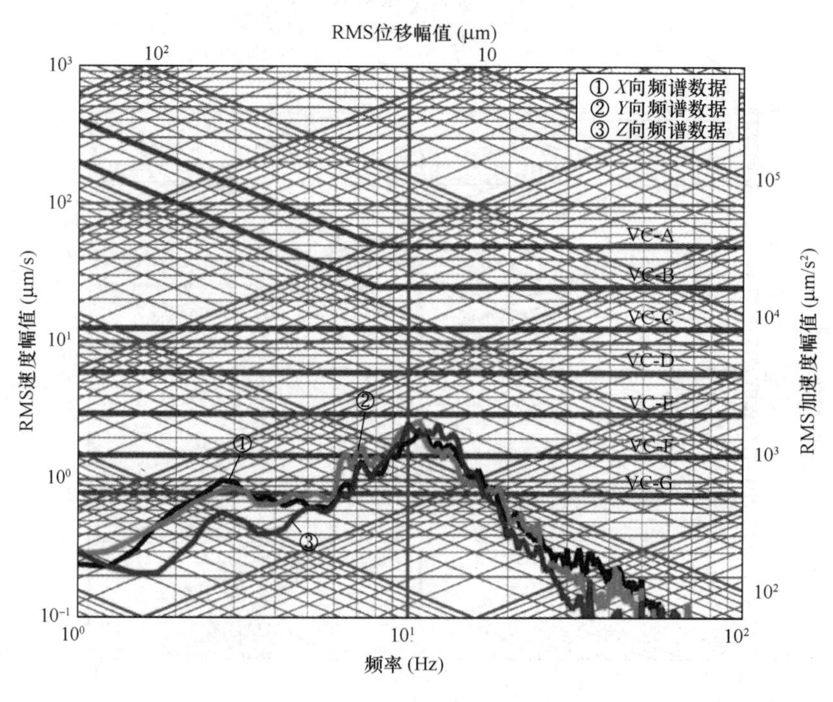

图 8-1-12 测点 10 振动水平评价

5. 场地振动测试结论

(1) 7～17Hz 区间内振动水平较为突出，认为此频段是场地振动的卓越频带。

（2）场地的振动水平达到 VC-D，对于微振动需求较高的实验环境，应考虑采取振动控制措施。

（3）应结合场地振动情况，开展拟建建筑结构的振动计算分析，以对建筑结构内部的振动情况进行预测和评价，并进一步指导内部精密设备的工艺布置和振动控制。

第二节　建筑物多源振动特性、传递及评价

一、环境振动数据采样及振源特性

通过大量的多振源环境振动测试，收集了大量数据，典型强夯施工、建筑结构动力设备和管道、坡道车行振动、场地脉动、轨道交通及多振源组合的振动特性，主要如下：

1. 典型强夯施工振动测试分析（图 8-2-1）

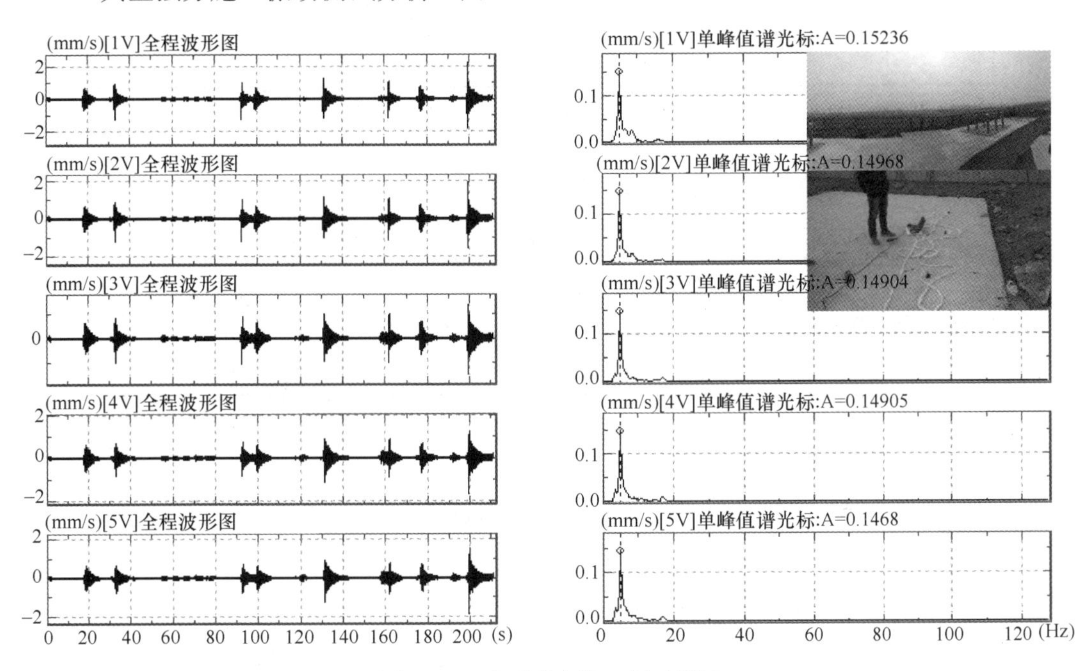

图 8-2-1　典型强夯施工振动测试

2. 建筑结构典型动力设备和管道振动测试分析（图 8-2-2～图 8-2-3）

3. 建筑结构典型行车坡道车行振动测试分析（图 8-2-4）

4. 建筑结构典型场地脉动分析（图 8-2-5）

5. 典型轨道交通影响分析（图 8-2-6）

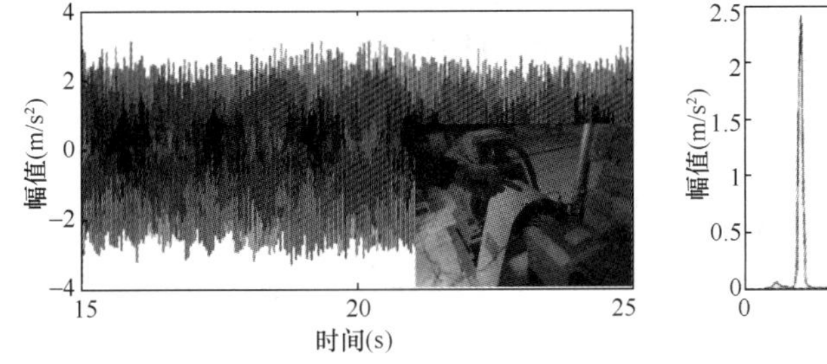

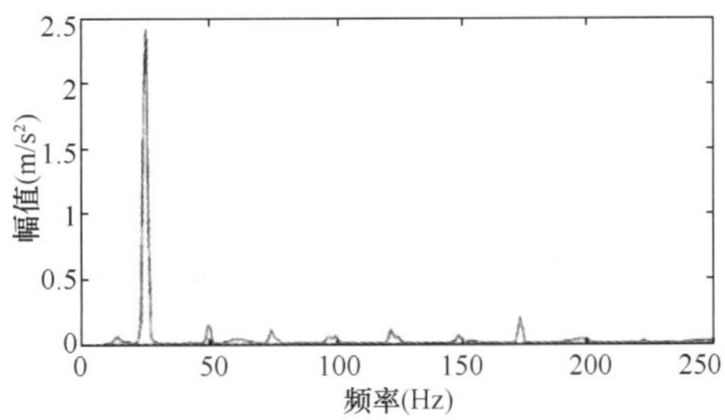

图 8-2-2　典型动力设备振动测试

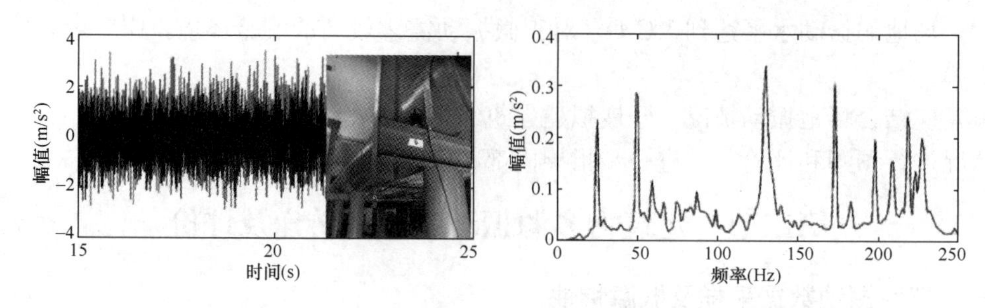

图 8-2-3 典型动力管道振动测试

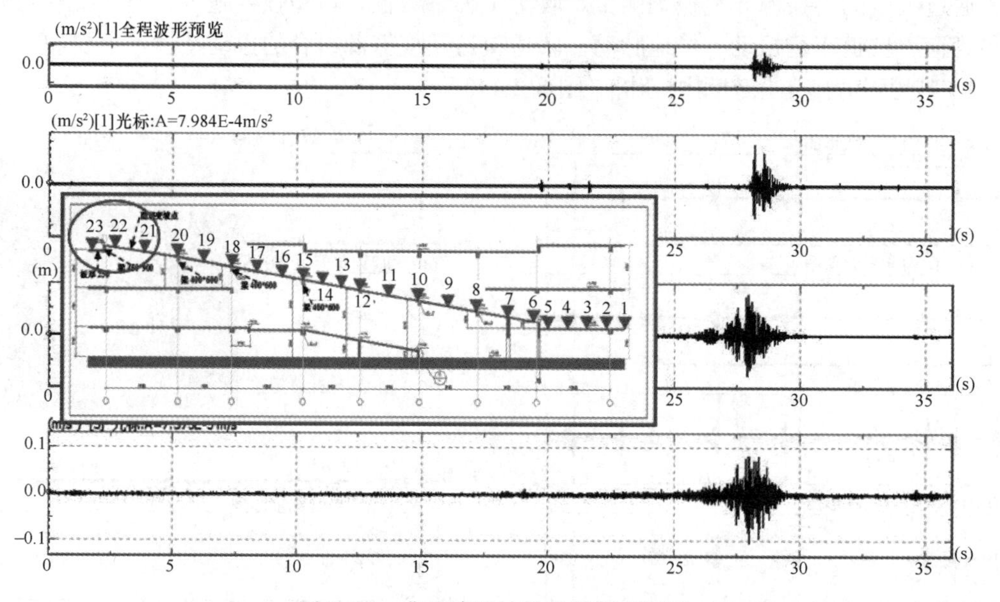

图 8-2-4 典型建筑结构坡道振动测试

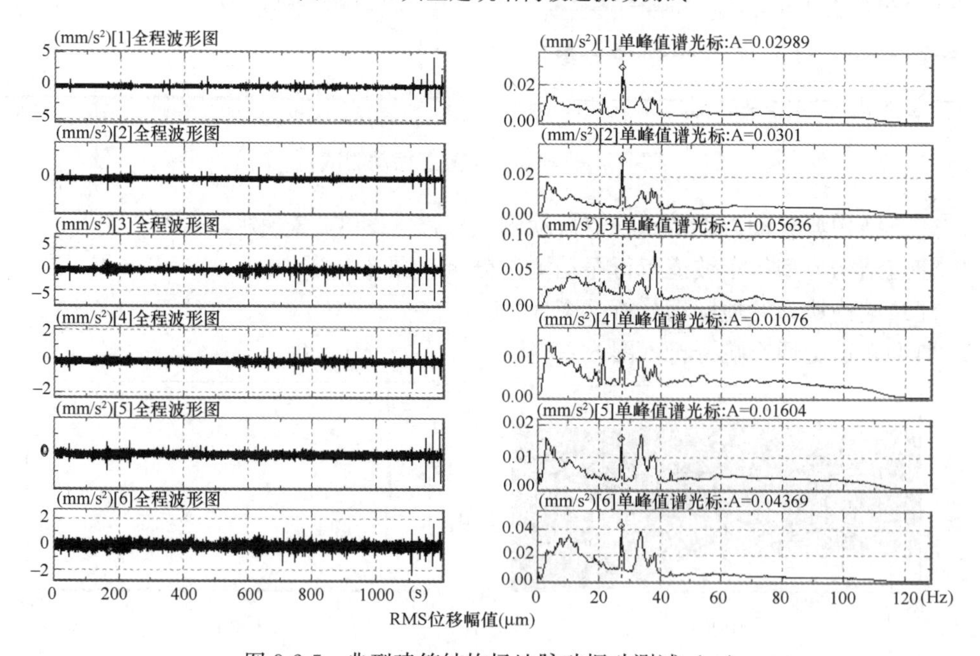

图 8-2-5 典型建筑结构场地脉动振动测试（一）

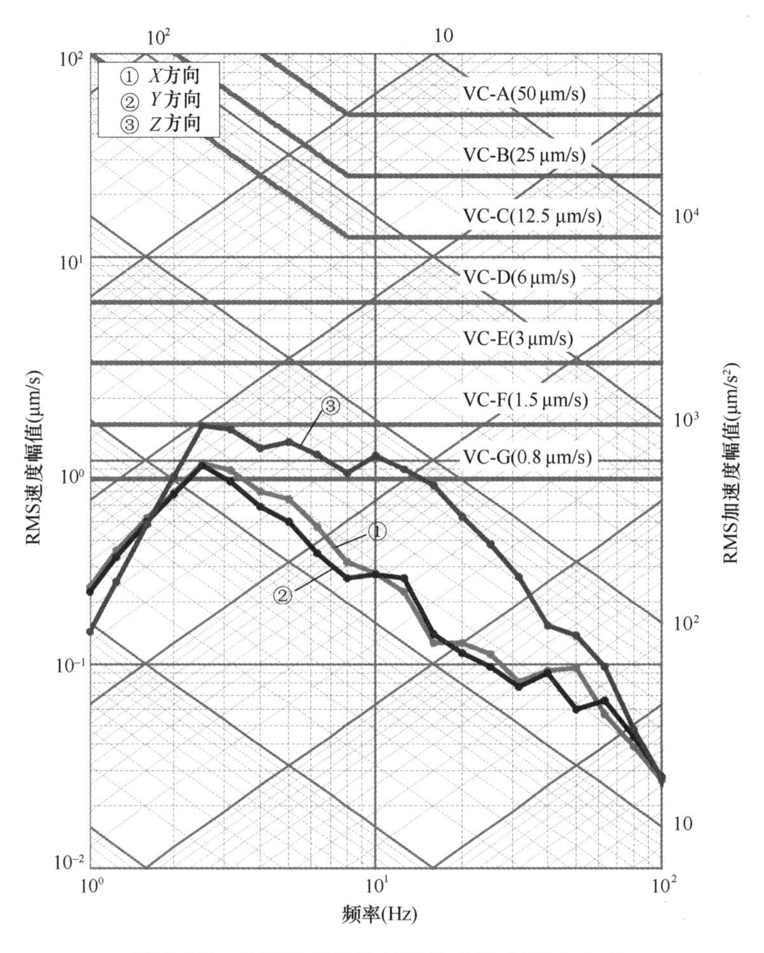

图 8-2-5　典型建筑结构场地脉动振动测试（二）

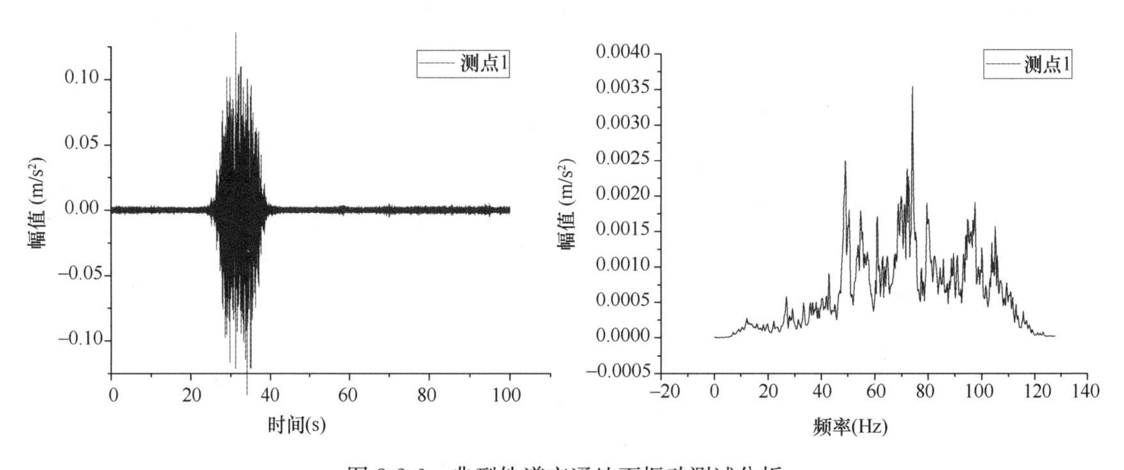

图 8-2-6　典型轨道交通地面振动测试分析

6. 复杂环境振动分析（图 8-2-7）

不同振动信号间的差异可以通过分析典型振动数据的时频域特性获得，以典型施工振动、地铁振动、车辆振动以及风振信号为例，进行振动特性比较。结果表明典型地铁振动

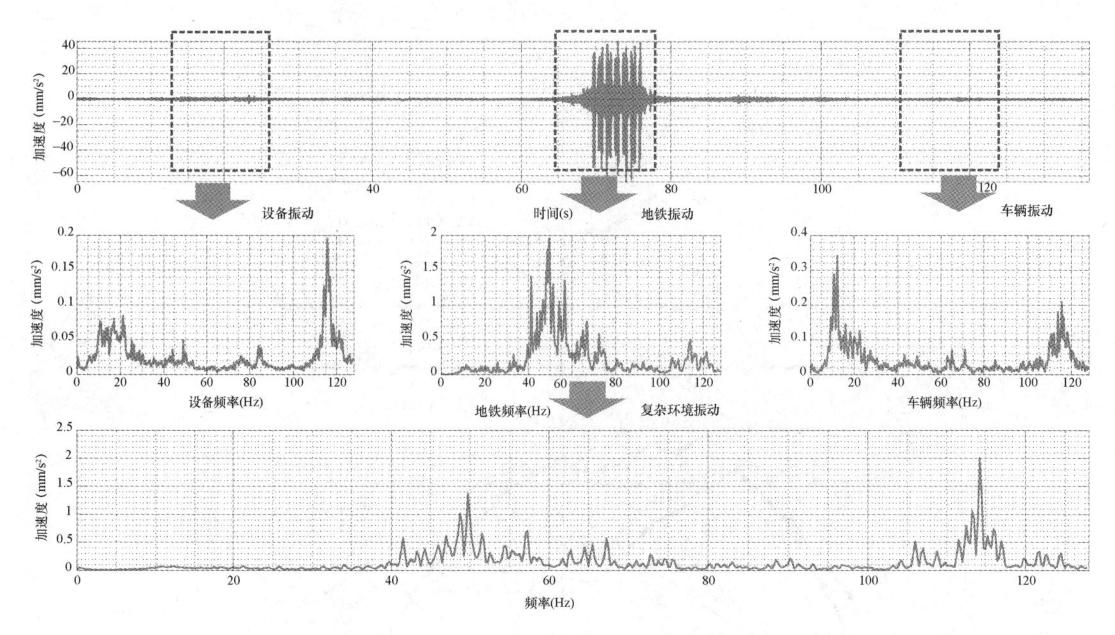

图 8-2-7　多振源同时作用下的环境振动测试

具有最高的振动强度，时域信号显示随高铁运行产生的幅值变化。施工振动主要是强夯等振动，相较而言，车辆振动较为连续。

二、多源振动传递规律

建筑结构受轨道、地面交通等外部多源振源和动力设备、管道等内部多源振源的影响，研究振动传递规律。开展了复杂多源振动荷载沿土介质、建筑结构层间传递规律研究，为复杂多源振动作用下的建筑结构及精密设备振动控制提供了依据。

1. 轨道交通环境振动影响

自由场地环境振动传递，以轨道交通沿线自由场地为对象，采用加速度传感器，通过系统测试，可得到场地振动的时频域振动传递特性。轨道交通沿线环境振动传递衰减特性见图 8-2-8 和图 8-2-9。

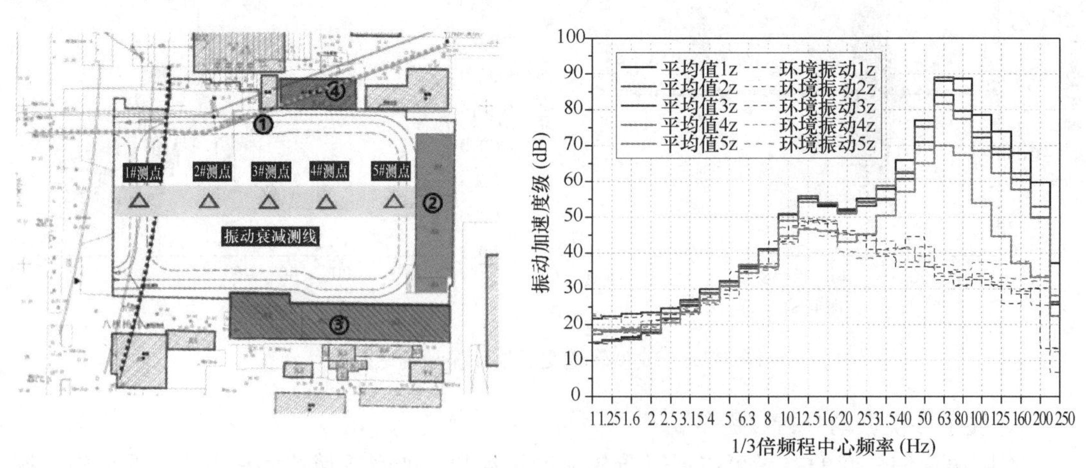

图 8-2-8　轨道交通沿线环境振动传递衰减特性

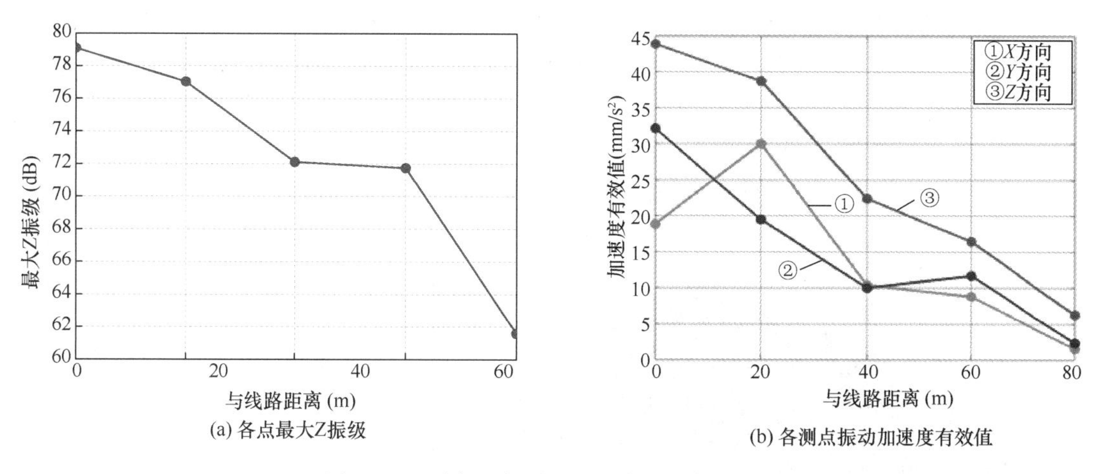

(a) 各点最大Z振级

(b) 各测点振动加速度有效值

图 8-2-9　列车运行引起的环境振动衰减特性

通过测试研究，得到了轨道交通线路沿线环境振动的衰减规律：最大 Z 振级衰减速率随着距离的增加变化，在沿线 40～60m 范围内，衰减较慢；随距地铁线路距离的增加，振动整体呈明显衰减趋势，但不同距离处的衰减速率不同，横向振动响应在线路周边 20m 范围处波动性较为明显。

2. 道路交通环境振动影响

以双向四车道沥青混凝土道路为对象开展测试，设计行车速度为 40km/h，通行车辆主要为小汽车，研究路面交通环境振动传递规律。

通过测试研究，得到了路面交通线路沿线环境振动的衰减规律（图 8-2-10）：道路交通对竖向振动影响显著，竖向振动随着距离的增加整体呈衰减趋势，水平向（横向和纵向）振动呈波动起伏衰减趋势；道路交通对 3.15Hz 以下振动的影响很小，该频段振动以环境振动为主。

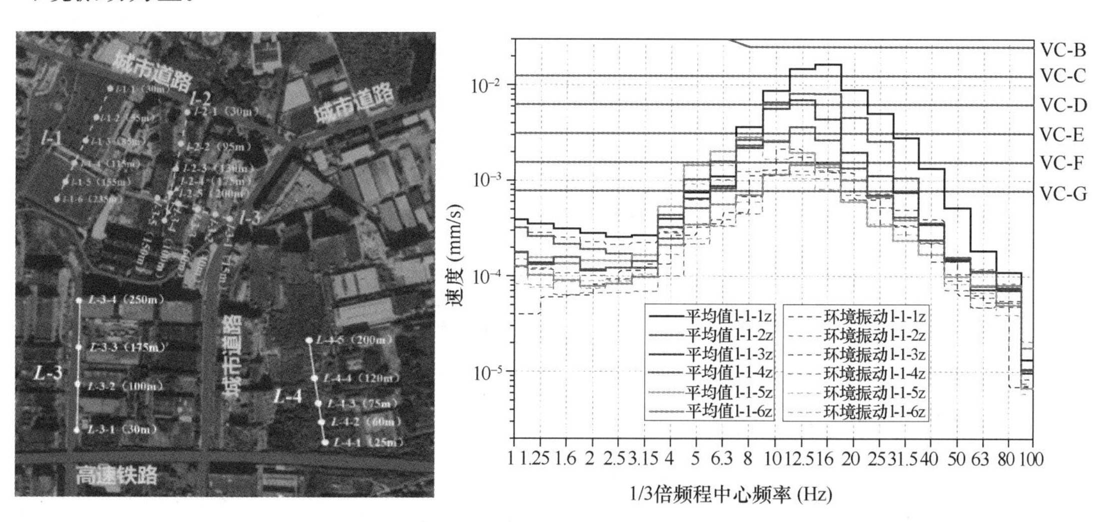

图 8-2-10　路面交通沿线环境振动传递衰减特点

3. 振动沿建筑结构传递规律

采用三维动力有限元模型与现场实测相结合的方法，分析动力响应的传递特点、衰减梯度变化情况。

建筑振动衰减情况。随着距底部高度的增加，结构振动响应呈现先减小后增大的趋势；振动沿各柱振动衰减最快，衰减率在 70.3%～46.2%（图 8-2-11）。

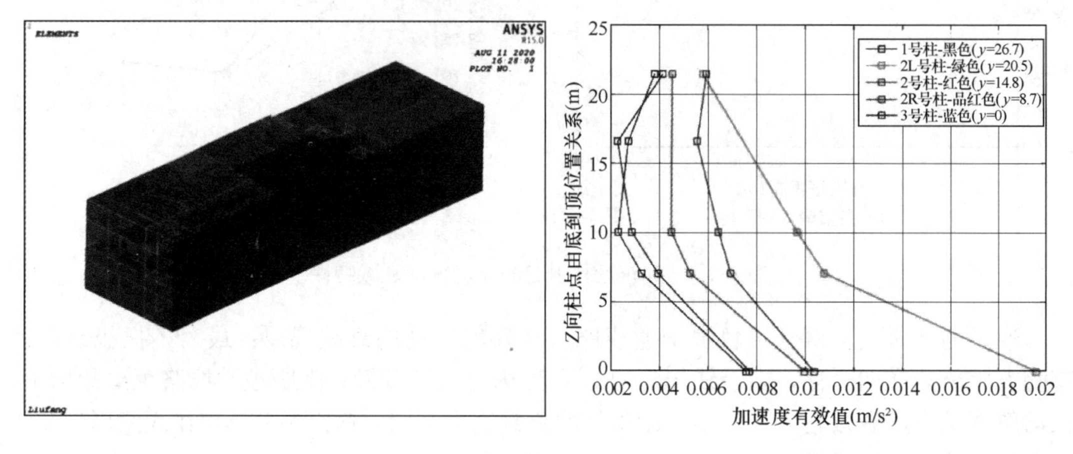

图 8-2-11　振动沿建筑结构传递规律

4. 内部振源沿结构传递规律

围绕动力设备振动沿结构传递规律开展测试研究，掌握振动沿楼层间的传递规律。

内部振源沿结构传递并不是单调递减，而是随着结构动力特性、空间关系变化呈波动性衰减（图 8-2-12）。

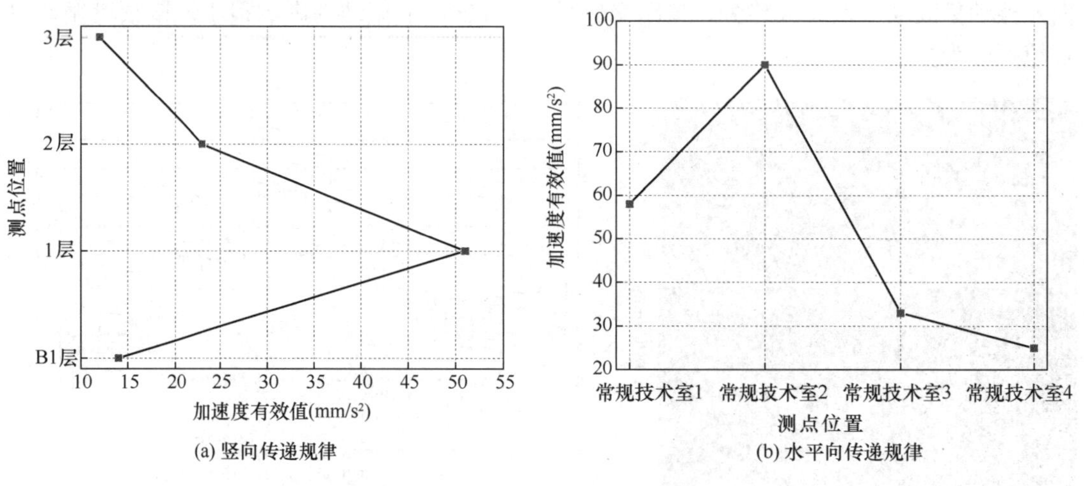

图 8-2-12　内部振源沿结构传递规律

第三节　振震双控优化设计

采用振震双控设计时，需考虑多种输入振源类型或不同输入幅值，系统的各个响应指标也不同。因此，宜开展基于多性能目标的振震双控优化设计。隔震建筑结构基于性能的设计，要求其水平向最大地震响应在多遇地震作用下不放大，在设防地震和罕遇地震作用下减小地震力；对于有隔振要求的建筑结构设计，要求在车致振动、半正弦冲击、地震和某楼面随机波作用下，系统的加速度响应小于安全阈值。

一、优化设计方法

针对具有多性能指标需求的振震双控系统，基于单自由度三联谱提出实用设计方法，在综合考虑不同输入的前提下进行振震双控设计，大幅优化了设计流程。将具有多性能需求的振震双控系统看作单自由度体系，优化设计方法流程和设计步骤，如图 8-3-1 所示。

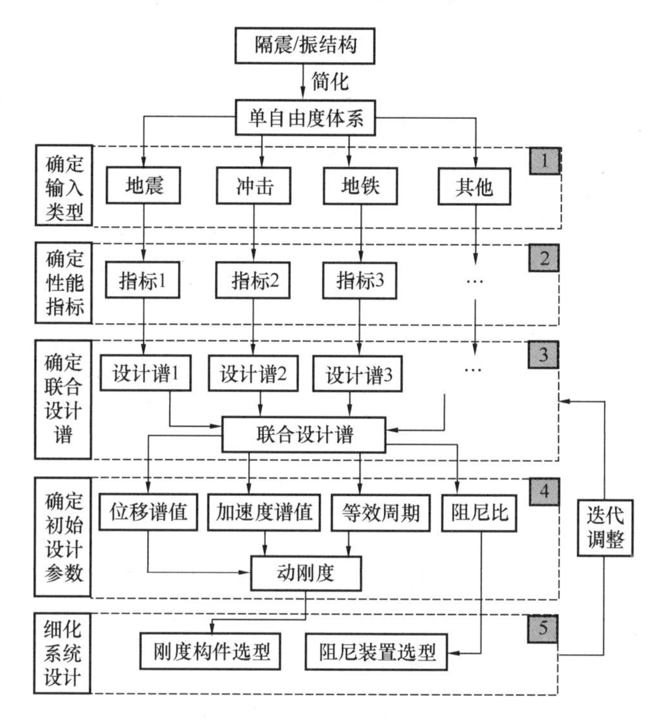

图 8-3-1 优化设计流程简图

（1）确定输入类型。对于已有设计谱的输入类型，按照设计谱特性进行确定，例如，地震设计谱根据场地类型和阻尼比确定，冲击谱根据冲击相对位移峰值、速度峰值和加速度峰值确定等。没有设计谱的，可由随机波转三联谱；例如，可由地铁振动实测数据、实测或模拟得到的随机冲击时程、实测或模拟得到的楼面加速度时程等转化成三联谱进行初步设计。

（2）确定性能指标。性能指标的确定通常针对在指定输入情况下，结构或设备安全、正常工作或需要满足的某类型指标。

（3）确定联合设计谱。将确定的输入类型所对应的谱值，绘制于同一幅三联谱图，图 8-3-2 给出以地震设计谱和冲击设计谱为例的三联谱。

（4）确定初始设计参数。从加速度性能指标出发，由联合设计谱确定用于初始设计的振震双控系统参数，包括位移谱值、加速度谱值、等效周期、动刚度（割线等效刚度）以及等效阻尼比等。

（5）确定初始设计参数。若振震双控系统刚度和阻尼均采用线性装置，根据周期点和

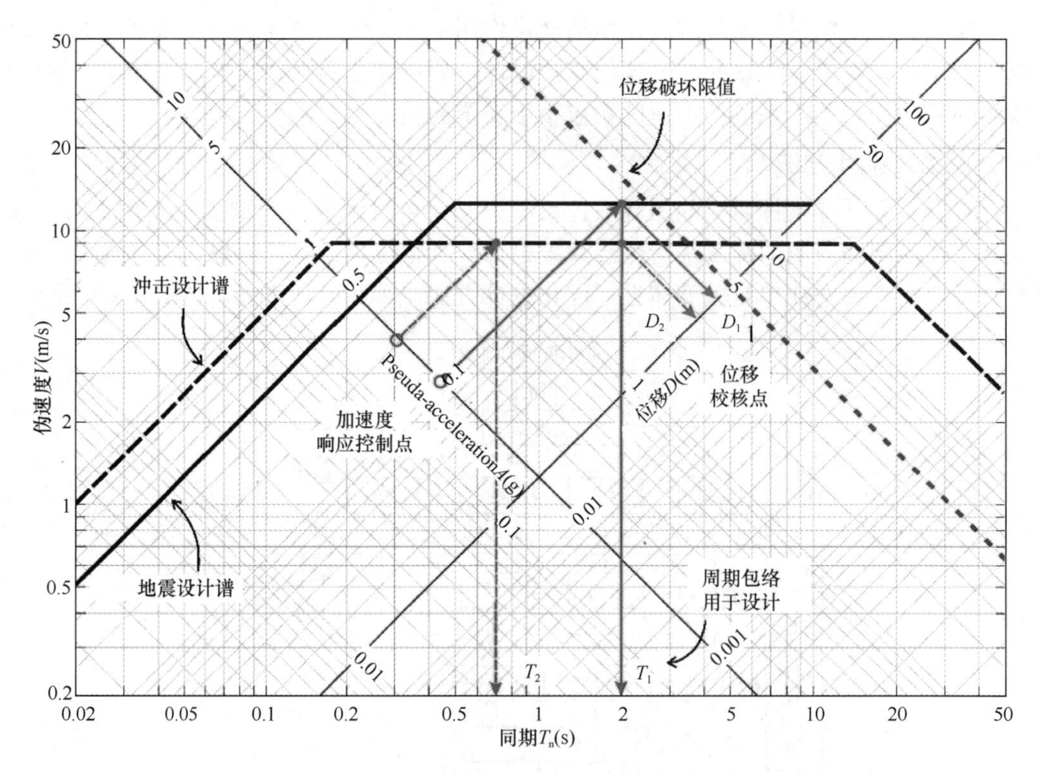

图 8-3-2　系统初始设计参数确定示意图

设计谱阻尼比，容易确定刚度和阻尼装置性能参数。

当采用非线性装置时，即装置提供的刚度和阻尼比与位移相关，则需要参考基于位移的设计方法，从位移谱值出发进行刚度和阻尼构件的选型设计。当振震双控系统装置选型遇到困难时，可返回确定联合设计谱步骤，根据调整设计谱的等效阻尼比，重新进行迭代设计。

在面向建筑群毗邻轨道交通时，必须通过精细化的计算确定建筑结构的有效振动或二次辐射噪声控制方案，这就面临两个问题：一是建筑群附加地基基础的计算模型巨大，整体计算一般需要在超算中心进行模拟仿真，耗时耗费巨大；二是在建立整体分析模型过程中，由于建筑结构和地基基础在精细化过程中存在着较多的不确定性因素，导致模型的精细化程度较低。在这种情况下，需要快速草拟初步振震双控设计方案，从模型判别和荷载等效两方面来进行优化处理。本节将提供两种振震双控的优化设计方法，即双自由度模态等效类比优化评估方法和振震控制层输入荷载值拟合修正技术。

二、双自由度模态等效类比优化评估方法

针对住宅类建筑毗邻轨道交通，最常见的工程问题是同一小区内多栋建筑共用地下车库情况，但从建筑主体看，各建筑存在一定距离，无论设置结构性控制层还是非结构性抗振体系，建筑之间有效振动传递和相互影响是较难判断的问题，如图 8-3-3 所示。

解决此类问题主要有两个方案：一是建筑物普通地基铺设方案，二是建筑群共用筏板基础铺设方案。基于此前提，提出将高层建筑等效模拟为单自由度系统（SDOF）进行类比，等效过程需要参考同类工程项目类比结果进行修正。核心思想是假设采用以上两种方案，通过设计软件对建筑结构的质量、刚度、阻尼等提取后进行等效 SDOF 参数体系构

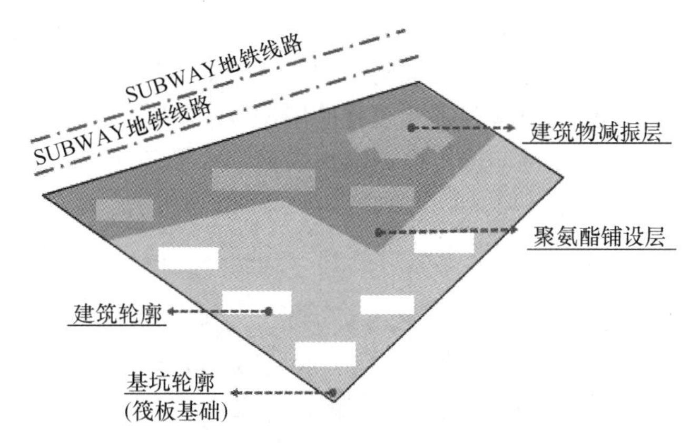

图 8-3-3　设置区域筏板隔振方案示意图

建，主要方法是以模态计算结果评估共振带，以静刚度评估竖向振动响应值，如图 8-3-4 和图 8-3-5 所示。

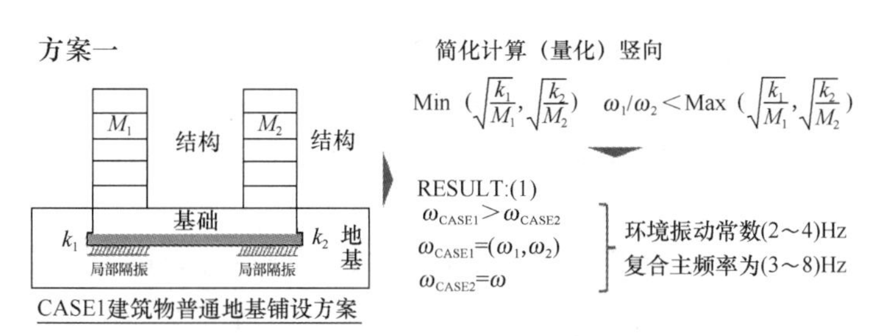

图 8-3-4　方案一：建筑物普通地基铺设方案

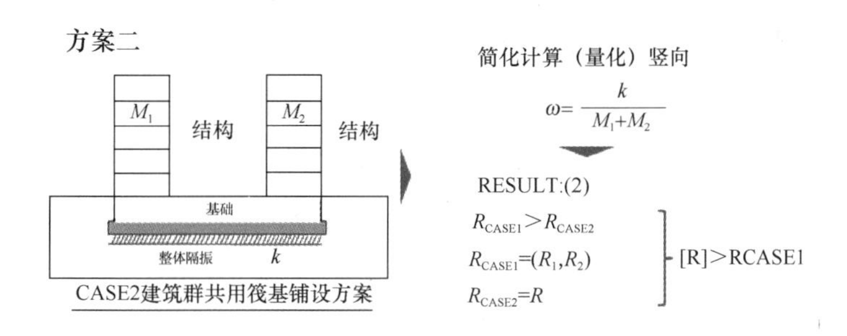

图 8-3-5　方案二：建筑群共用筏基铺设方案

分析过程中，先检验两种方案的固有模态分布情况，尤其是比较两种方案整体振型基本频率的大小，然后继续验算静刚度下等效响应值。结合减隔振系统的主频分布特征（3～12Hz）和场地土的卓越频段（5～15Hz），可以判断出隔振系统的有效性，再通过参数调节，比较静刚度响应，可快速判断出方案的优劣。通过这种等效简化和方案优化的手段，可以判断迭代出楼群是采取独立双控措施还是整体性双控措施，尤其是对于在距离地铁一定距离范围内的区域建筑群，可以快速、准确地制定振震双控方案。

三、振震控制层输入荷载值拟合修正技术

该技术主要应用于振震双控荷载的精细化取值。在城市建筑毗邻或下穿地铁工程中，

尤其是新建建筑工程中，地铁先运行、建筑后建，涉及多个建筑群共用筏基（图 8-3-6），处理地铁运行造成的建筑振动危害需要准确的评估，否则容易造成预测准确度低，预测值偏低可能造成建筑超标，预测值偏高则建筑将使用过度的减振措施。

该技术的主要特点是：在已知或可以测出地铁振动水平条件下，可以准确评估区域建筑群共建筏基任一处振动响应。

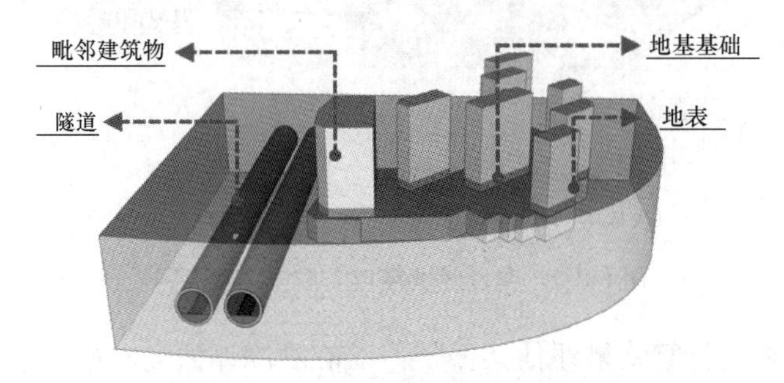

图 8-3-6　区域建筑群共用筏基示意图

解决方案是：建筑群毗邻轨道交通时，结合地铁振动影响水平，量化单体建筑、筏基、大底盘多塔振动传递关系，建立多阶段振动传递的量化关系曲线和叠加加权系数，利用相似工程的实测结果进行回归修正，对振震控制层输入荷载进行拟合动态设计并精确指导筏板型减振层（垫）的参数确定。

核心方法是对于毗邻轨道交通的建筑，先通过场地测试等效获取轨道上方地表至拟建建筑位置处的振动衰减效应；其次，通过场地基坑开挖的等效模拟，获取基坑处场地的振动传递突变等效系数；再次，通过建筑结构筏板和建筑本体的等效模拟，获取筏板上建筑目标点处的振动传递突变系数。最后，通过大量实测曲线回归，建立传递突变系数的加权值，对新项目的数值计算结果进行修正预测，从而获取较为准确的振动响应值，并对方案有效性进行评估（图 8-3-7）。

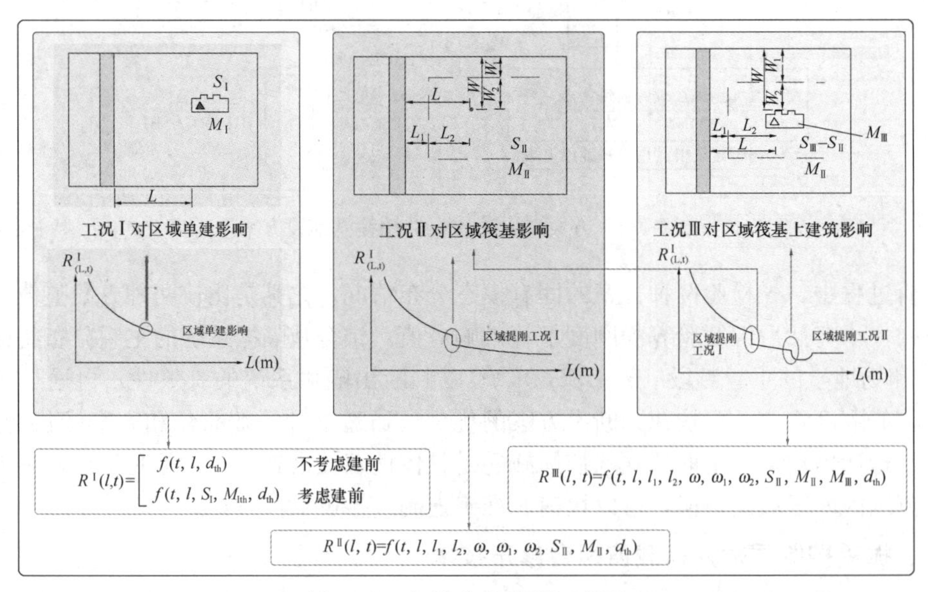

图 8-3-7　解决方案流程示意图

第四节　振震双控设计兼差异化减振技术

为解决轨道交通对建筑结构的振动危害，降低建筑结构受到的地震灾害的影响，建筑结构应进行分段设计，对具体振动要求较高的结构，隔振层中增设聚氨酯隔振垫、弹簧隔振器、黏滞阻尼器等减隔振产品，在不同高度位置进行分段差异化隔振设计，以增强建筑结构的整体隔振性能，并根据结构抗震和轨道交通减振要求，采用振震双控一体化设计，局部柱断开并配置阻尼器，对地下建筑结构使用浮置地板进行隔振，最后在分段结构部位采用隔振缝搭接技术，保证建筑结构在轨道交通作用下，依然满足振震双控要求。

一、差异化减振技术背景

目前，对于受轨道交通影响的建筑结构，振动控制主要依赖交通振源减振和路径隔振，很多建筑结构仅考虑抗震设计，没有进行隔振设计或简单使用单一隔振方案。对于轨道交通毗邻建筑面临的振动控制需求以及建筑抗震设防需要，多依靠工程经验设计隔振方案，或直接套用已有的工程方案，没有统一的设计标准和流程。现有方法有以下不足：

（1）对建筑结构振动影响机理认识不深刻。轨道交通振动由轮轨动力相互作用产生，经轨道-基础结构-土体传播至建筑结构，建筑结构振动响应与轨道交通振源、振动传播过程中的衰减情况有关，与建筑结构自身动力特性也有密切关系。以往工程常采用工程经验设计，未充分考虑振动的传播及衰减规律、建筑振动影响机理，选择的措施针对性不强或者控制效果有限，甚至需要进行二次改造，花费大、周期长、影响面广。

（2）缺乏科学的隔振设计体系和评估方法。对于建筑结构的隔振设计，缺少一套完整、可行的定量分析技术及一体化控制技术，仅靠以往经验来设计隔振方案，缺少针对性和科学合理性。设计的方案达不到预期的隔振效果，影响建筑结构的正常使用，甚至带来安全隐患，并给后期的设备维护带来一系列问题，个别的还需要返工或重新设计，造成浪费。

二、差异化减振技术设计方法

针对建筑结构毗邻轨道交通受地铁列车运行振动影响的问题，通过对建筑结构进行分段隔振设计，满足振动控制需求，与此同时，通过合理的装置或构造措施，使减振结构同时满足抗震设防要求。差异化减振技术设计方法如下：

（1）确定建筑结构的初步设计方案。

（2）基于初步设计方案，进行初步差异化隔振区域的确认，包括确认建筑结构不同楼区的隔振频率，基于隔振分类标准、建筑结构类型以及隔振标高造型等进行差异化确认。

（3）当楼区的隔振频率不小于 5Hz 时，增加钢弹簧隔振器；当楼区的隔振频率不小于 10Hz 时，增加聚氨酯隔振垫；配置合适的数量和规格的隔振器和隔振垫，以满足隔振要求；在建筑结构分段隔振部位可以进行隔振缝搭接，例如采用阻尼器进行连接，增强整体的隔振性能，保证结构的整体稳定性。另外，可以在隔振层周围或附近设置混凝土支墩，限制建筑结构整体竖向位移，防止隔振装置破坏，危害建筑结构安全。

（4）判断楼区是否符合抗震要求，如果不符合，增加黏滞阻尼器，直至符合抗震要求，并确定最终设计方案，判断流程如图 8-4-1 所示。

建筑结构开展差异化振动控制设计时，对振动控制要求较高的结构部分，在合理的位置增设隔振层；其中，隔振层上下结构采用隔振缝搭接技术；对振动控制要求较低的结构部分，使用隔振地板等措施进行隔振，确保隔振后的建筑结构振动响应满足性能要求；基于振震双控设计理念，在隔振层关键节点配置阻尼器，满足结构抗震需求。该减振技术具有以下特点：

(1) 大型地上地下多连体结构分段隔振设计。根据建筑结构不同功能区的振动控制需求，分段分区域对建筑结构开展隔振设计，对不同建筑结构采用差异化隔振措施，增强了结构整体隔振性能。

(2) 独立开展结构振动控制，对轨道交通线路建、运、维不造成影响。考虑轨道交通振动对建筑结构的影响，对建筑结构开展独立振动控制，避免了因振动控制需求对拟建轨道交通线路的建设、运行、维护管理产生影响，避免了对既有轨道交通线路结构进行维护更换造成的影响，便于项目整体协调推进和后期维护管理。

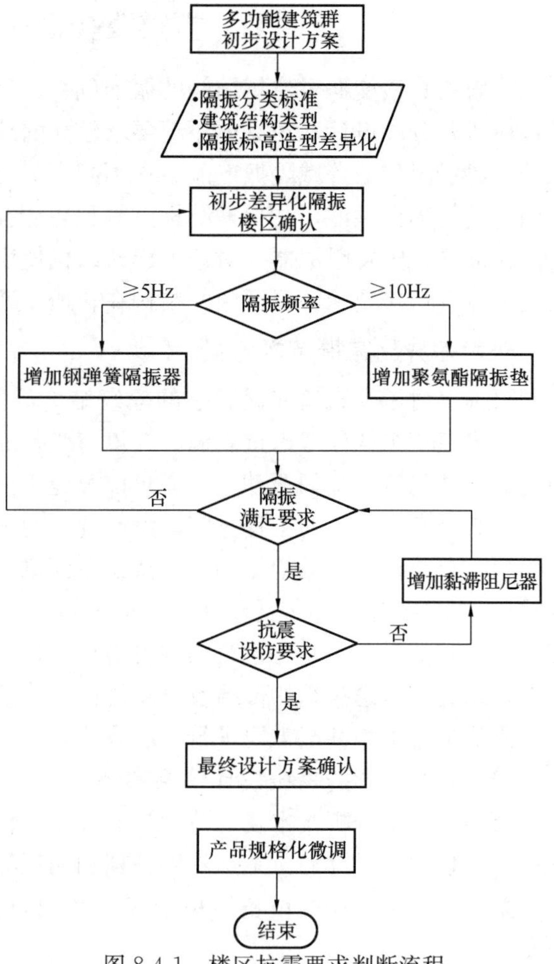

图 8-4-1　楼区抗震要求判断流程

(3) 性价比高。隔振层隔振器和黏滞阻尼器的安装与拆卸较为方便，加工生产效率高，容易形成规模化、产业化，成本低、易推广。

第五节　基于承载力的隔振层优化设计

处于低烈度区的建筑工程和工业装备，当受到多源振动作用，如地铁、高铁、汽车、施工等振动影响时，由于建筑物的抗震设防等级较低，一般以振动控制为主，如果是高层建筑，不适合采用底部或层间减隔振方式，可根据计算结果，采用基底铺设聚氨酯类隔振垫的减隔振方式。当地铁上盖建筑物采用筏形基础时，通常采用聚氨酯隔振垫措施降低振动的影响，传统方案大多依靠经验采用统一聚氨酯垫层厚度。然而，建筑结构不同位置的承载力分布不同，振动在各关键节点的减振需求也不同，如采用统一的聚氨酯厚度，部分区域聚氨酯过厚会造成较大浪费，同时局部位置或将因聚氨酯厚度不足而无法满足振动控制的要求，整体造成极大资源浪费或减振措施不足。此外，实际工程中因承载力分布不均产生各个部位的变形不一致，将导致建筑物底部沉降不均，进而对建筑物结构的耐久性产生影响。因此，依靠经验采用统一厚度的聚氨酯隔振层方案有待进一步改进。

针对筏板基础下设置聚氨酯隔振垫减少地铁上盖建筑振动危害的方法存在性能不匹配

和材料浪费的问题，可通过优化计算，在受力大的基础下加厚隔振垫，在受力小的基础下减小隔振垫的厚度。基于承载力不均匀分布的结构筏板聚氨酯隔振优化设计步骤如下：

（1）根据建筑结构设计方案，确定聚氨酯隔振垫初步设计方案。

（2）利用有限元分析方法，对建筑结构进行结构筏板承载力精细化计算，计算分块柱节点下筏板变形刚度、各节点位移差值等参数。

（3）根据有限元分析计算结果，确定各分块区域的聚氨酯隔振层厚度，保证各节点位移协调变形。

（4）基于确定的厚度，进一步优化初步设计方案，使之满足隔振要求。

（5）进行造价预算分析，局部优化调整范围，直至满足造价要求，确定最终设计方案（图 8-5-1）。

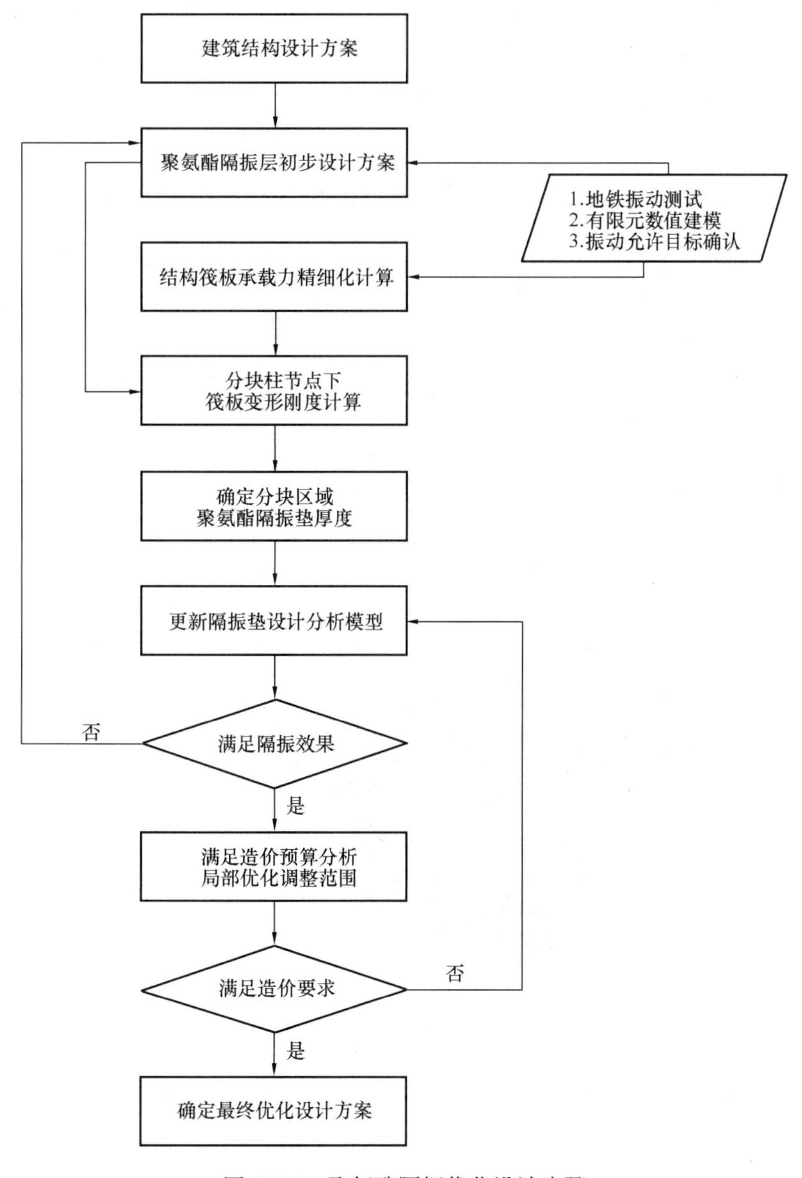

图 8-5-1 聚氨酯隔振优化设计步骤

聚氨酯隔振层包含聚氨酯弹性减振体、固定于弹性减振体两端的螺柱以及在弹性减振体内预埋的与二端螺柱构成一体的压板。

该设计方法具有如下优点：

（1）合理用材，节约投资。通过有限元分析，计算出基底各节点位移差值，量化聚氨酯的设计厚度，在系统受到干扰时，保证各节点位移变形协调。与传统铺垫聚氨酯材料采用统一厚度的方式相比，大大减少了材料的用量，使投资最低，节省项目成本。

（2）设计科学合理。由于采用模块化聚氨酯材料隔振垫，通过精细化分析，计算材料用量，结合理论论证和试验验算反复调整，可实现筏板基础底部位移在同一个量级内，无需进行大规模集中配置隔振垫，避免了各点位移不协调产生内力，增加不必要的荷载，损失结构刚度。

（3）隔振垫材料适用性高。根据振动力学原理计算出的位移差，可使筏板底部位移连续且相差不大，不同类型的筏板基础底部铺设的隔振垫材料、规格、类型基本相同，材料供应厂家只需根据厚度量化生产。因此，整套系统隔振垫材料的适用性较高，便于各类工程中相同聚氨酯材料按同一标准配置使用或运行维护阶段替换使用。

第六节　双向大负载拉压钢弹簧阻尼装置

双向大负载拉压钢弹簧阻尼装置主要应用于设控制层的建筑结构，当高宽比大于一定数值需进行罕遇地震验算时，容易发生控制层局部出现提离的现象，这时单纯的抗压弹簧装置不能起到抗拔的作用，需要对控制层的弹簧阻尼装置进行抗拔连接设计。

基于以上需求，充分考虑大负载下拉压共存，采用双向内置大负载钢弹簧阻尼技术及装置来解决振震控制层中的拉压问题（图 8-6-1）。

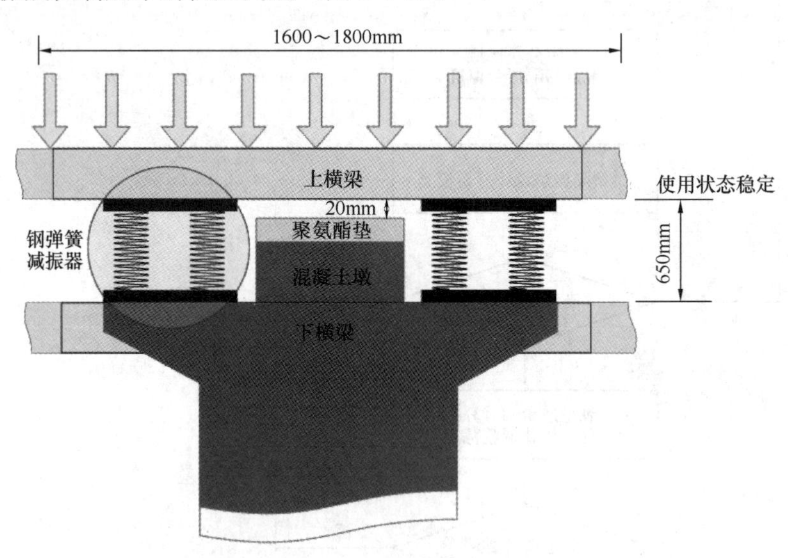

图 8-6-1　大负载拉压弹簧布置节点图

通过对弹簧簧芯的双向性能优化设计，使原单一抗压钢弹簧阻尼装置不仅能够承受压力，还可承受拉力，且在上下端连接预埋件设置时，上部设置了滑移孔和限位器（图 8-6-2～图 8-6-3）；滑移孔是为了确保在大震作用下，弹簧隔振器可进行局部小位移滑移，上部连接杆可发生塑性变形但不发生脆性断裂，由于设置了限位器，能确保超出滑移形变后，系统将变成抗震体系，且原韧性连接件仍能起到一定抗拔作用，且提离高度方向设置竖向刚性限位器。由于该方案需要外部增设一系列限位器，尺寸相对更大。此外，为提升效能、发挥更良好的振动控制作用，钢弹簧装置中增加了阻尼器。

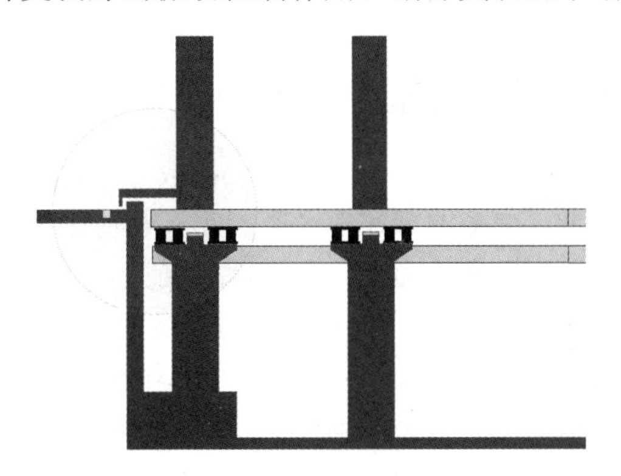

图 8-6-2　可受拉压大负载隔振层构造示意图

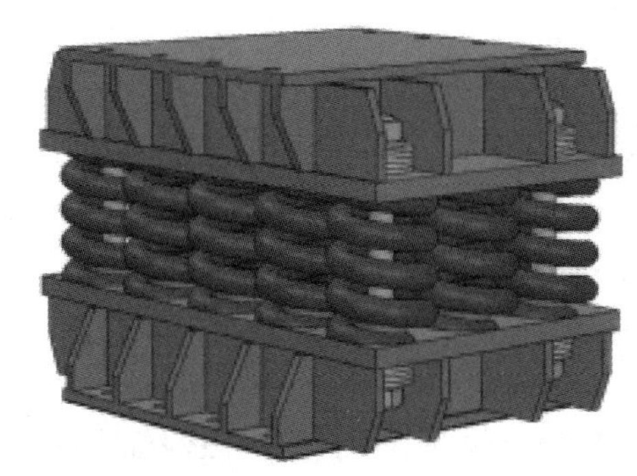

图 8-6-3　可受拉压大负载隔振装置单元外貌

从双控结构层角度看，大负载拉压弹簧布置节点主要包括上横梁、下横梁及中间振震控制层。振震控制层的主要组成为大负载拉压隔振钢弹簧，以及布置在混凝土墩上的聚氨酯垫。节点示意图中大负载拉压隔振钢弹簧稳定状态下工作高度可采用 650mm，节点受压区域尺寸为 1600～1800mm，振震控制层中的聚氨酯隔振垫距上横梁尺寸为 20mm。

根据隔振层设计高度及计算的负载结果选择相应的大负载钢弹簧隔振装置，不同负载的隔振器对应内置不同数量的钢弹簧。根据常见的建筑结构，表 8-6-1 给出了 300t 大负载双向拉压弹簧阻尼器的规格参考值。

300t 大负载钢弹簧阻尼器匹配规格参考表　　　　**表 8-6-1**

隔振器尺寸 580mm	仅受压缩隔振器设计尺寸	可受压缩/拉伸隔振器设计尺寸
15 个弹簧容量	960mm×580mm	960mm×714mm
12 个弹簧容量	784mm×580mm	774mm×714mm
9 个弹簧容量	594mm×584mm	714mm×594mm
6 个弹簧容量	594mm×390mm	590mm×524mm

针对最不利过程，主要计算分析工况包括如下内容：

（1）在重力荷载和罕遇地震作用下，所有减隔振装置的竖向最大压缩变形值。

（2）在重力荷载和罕遇地震作用下，所有减隔振装置竖向变形值正负号判别，如小于零则说明弹簧处于受拉状态，统计最大受拉变形值，并观察分布在建筑结构的具体位置，如果是单侧则需要重新设计，如果分布较为均匀，则设计较为合理。

（3）在重力荷载和罕遇地震作用下，统计所有减隔振装置的三向最大变形值，与弹簧正常性能下可恢复状态的最大容许形变值进行比较，如均满足则说明设计合理，如存在局部超标则需要进一步判断限位器的最大冲击力下是否会发生结构性损伤，若无损伤则方案可行，有损伤时则重新设计。

第九章　振震双控工程中的噪声控制

第一节　振动引起二次辐射噪声的室内限值标准

振动引起的二次辐射噪声是指由振动源在室内通过墙壁、地板、天花板等结构传播而产生的噪声。为了保护室内环境的舒适性和健康，许多国家和地区都制定了相应的室内限值标准来控制振动引起的二次辐射噪声。室内限值标准的确定与下列因素相关：

（1）振动源的类型：不同类型的振动源会产生不同频率和振幅的振动，对室内噪声的影响也不同。因此，室内限值标准可能会根据振动源的类型进行分类，并设定不同的限值。

（2）噪声频率范围：室内限值标准通常会规定特定频率范围内的噪声级别限值。这是因为人对不同频率的噪声敏感度不同，一些频率范围内的噪声可能对人的健康和舒适性造成更大的影响。

（3）噪声级别限值：室内限值标准通常会规定特定的噪声级别限值，例如以分贝为单位的噪声级别。不同的活动场所（如住宅、办公室、商业区域等）限值可能不同。

需要注意的是，室内限值标准是为了保护室内环境和居民的健康而制定的，但实际应用中可能会受到其他因素的影响，如建筑结构的特性、振动源的距离和功率等。因此，在实际应用中需要综合考虑这些因素，并根据具体情况进行评估和控制。

国家标准《建筑工程容许振动标准》GB 50868—2013 第 9 章规定了声学环境振动控制标准，包括：①民用建筑室内容许振动标准；②声学实验室（例如：消声室、混响室）的振动控制标准。

民用建筑室内噪声传播在频域范围内的容许振动值宜按表 9-1-1 和表 9-1-2 的规定确定。

A 类房间容许振动加速度均方根值（单位：mm/s^2）　　**表 9-1-1**

功能区类别	时段	倍频程中心频率			
		31.5Hz	63Hz	125Hz	250Hz，500Hz
0、1	昼间	20.0	6.0	3.5	2.5
	夜间	9.5	2.5	1.0	0.8
2、3、4	昼间	30.0	9.5	5.5	4.0
	夜间	13.5	4.0	2.0	1.5

B 类房间容许振动加速度均方根值（单位：mm/s^2）　　**表 9-1-2**

功能区类别	时段	倍频程中心频率			
		31.5Hz	63Hz	125Hz	250Hz，500Hz
0	昼间	20.0	6.0	3.5	2.5
	夜间	9.5	2.5	1.0	0.8
1	昼间	30.0	9.5	5.5	4.0
	夜间	13.5	3.5	2.0	1.5
2、3、4	昼间	42.5	15.0	8.5	7.5
	夜间	20.0	6.0	3.5	2.5

本底噪声低于 20dB（A），且不大于 50dB（A）的声学试验室，在频域范围内的容许振动值宜按表 9-1-3 的规定确定。

声学试验室容许振动加速度均方根值（单位：mm/s^2）　　**表 9-1-3**

本底噪声[dB（A）]	倍频程中心频率			
	31.5Hz	63Hz	125Hz	250Hz，500Hz
20	6.5	3.0	1.8	1.5
25	11.0	5.0	3.0	2.5
30	20.0	8.5	5.5	4.5
35	35.0	15.0	10.0	8.5
40	60.0	25.0	17.0	15.0
45	100.0	45.0	30.0	25.0
50	100.0	85.0	50.0	45.0

行业标准《环境影响评价导则 城市轨道交通》HJ 453—2018、行业标准《城市轨道交通引起建筑物振动与二次辐射噪声限值及其测量方法》JGJ/T 170—2009 等也规定了声学环境振动控制标准。

噪声声压级公式：$L_p=20\lg\left(\frac{p_{re}}{p_0}\right)\text{dB}$，$p_0=2\times10^{-5}\text{Pa}$，考虑 10～1000Hz 时的 A 计权曲线，采用多项式拟合方法，得到响应计权函数：$L_{wAj}=\sum_{i=0}^{3}\left[a_i\ (\lg f_j)^i\right]$，以 f_j 为倍频程中心频率。

根据声振特性分析，可以得到振动加速度均方根值即为：

$$a_{ei}=\frac{2\pi f_i}{\rho_0 c_0}p_0 10^{\left(\frac{L_{pAi}-L_{Awi}}{20}\right)} \tag{9-1-1}$$

按照上式计算得到的曲线见图 9-1-1。

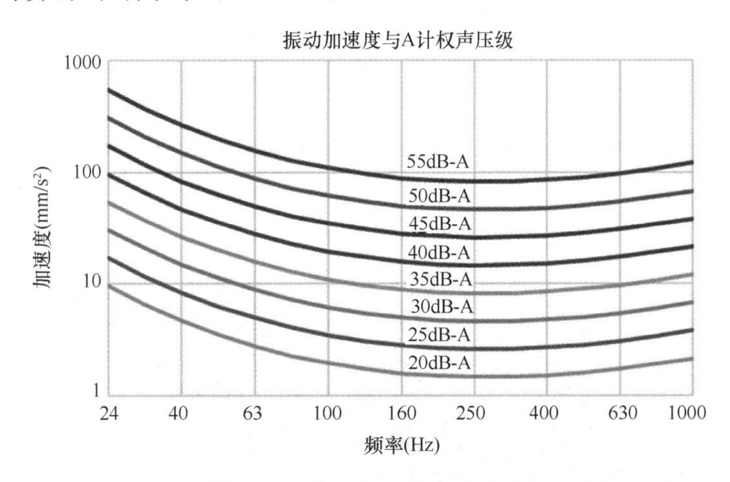

图 9-1-1　振动加速度与 A 计权

第二节　减振降噪设计

固体声二次声辐射是指在固体结构上受到外界激励时所产生的振动，进而产生的声波辐射。为了降低固体声二次声辐射的噪声，可以采取以下设计方案：

（1）结构优化：通过对固体结构的优化设计，减少共振频率的出现，降低固体结构的振动能量，从而减少二次声辐射噪声。

（2）材料选择：选择具有良好隔声性能的材料，如吸声材料、隔声材料等，用于固体结构的构建，可有效吸收振动能量，减少声波辐射。

（3）减振措施：通过在固体结构上添加减振材料或减振器件，如减振垫、减振弹簧等，可有效吸收振动能量，减少固体声二次声辐射。

（4）隔离设计：采用隔离设计，将产生振动的部件与其他部件进行隔离，减少振动的传递路径，从而减少声波的辐射。

（5）声学封闭：对固体结构进行声学封闭，通过加装隔声板、隔声罩等，将声波辐射的路径封闭起来，减少二次声的传播。

综上所述，通过优化结构、选择合适的材料、采取减振措施、隔离设计和声学封闭等多种设计方案，可有效降低固体声二次声辐射的噪声。

以某实际工程为例说明：某二楼数据中心机房风机振动较大，影响一楼小办公室的环境，建筑剖面示意如图 9-2-1 所示。进行数据机房风机隔振后（图 9-2-2），二次固体声明显减小，实测结果见图 9-2-3。

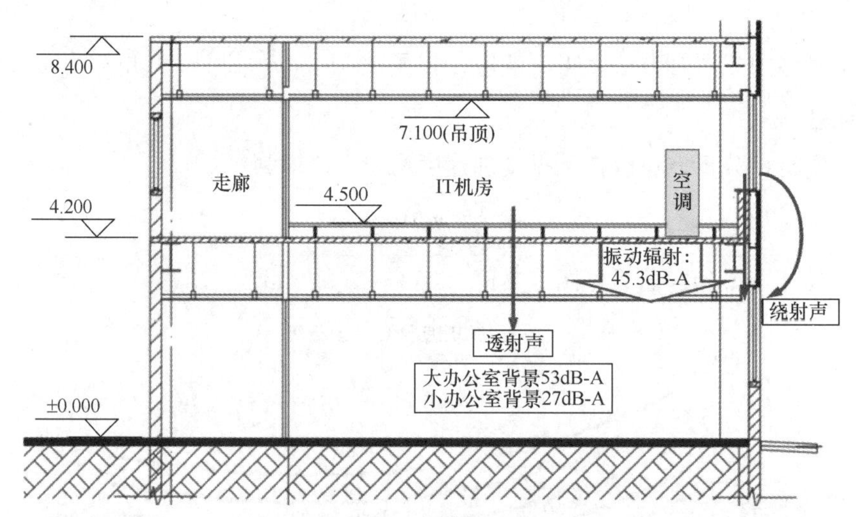

图 9-2-1　建筑剖面示意

图 9-2-2　风机隔振

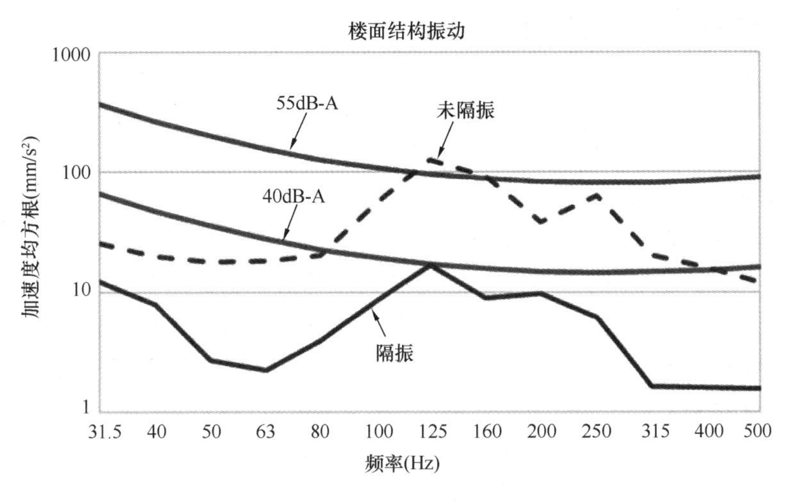

图 9-2-3　隔振后的降噪效果

第三节　振震双控设计的噪声优化

振震双控面对的常态化振动源主要是外部交通振源与内部设备振源，涉及的噪声危害主要表现为外部振源二次固体辐射噪声危害与内部动力设备直接噪声危害，由于设置了控制层，在噪声控制方面主要依赖结构主体形式、构造形式、控制层结构进行噪声优化设计。

一、主体建筑结构噪声控制优化设计

1. 等效计算分析方法

在工程计算分析中主要采用传递路径的方法计算建筑结构体系对于轨道交通产生的二次固体声辐射，由下至上计算控制层以上结构各层楼板和墙体振动水平，并依据辐射噪声计算公式等效获取影响值，绘制分布曲线，通过对多条传递路径的对比，确定噪声值突变放大的线路和关键部位，针对该位置进行详细分析和局部结构优化设计，可采用有限元时域计算方法和频域扫频计算方法。

2. 主要优化措施

建筑主体结构降噪措施主要有增加传递路径、增强传递阻碍，措施如下：

（1）在结构总体布局方面，在毗邻交通振源一侧，结构主轴线柱间墙可适当增加阻尼墙，副轴线柱间可增加耗能斜撑。一方面在毗邻侧直接向上传递形成高频耗能阻隔，另一方面在远离振源方向形成振动能量耗散。

（2）在结构功能设计方面，宜在毗邻轨道交通振源侧设置辅助功能性房间，如设备间、转换层、过渡房等，形成局部厚腔体结构，出现有利降噪的变刚度结构，实现高频滤波器作用。

（3）在结构受力体系设计方面，宜将结构控制层平面分布体系与振动入射传递分布体系相结合，保证高频传递效应衰减 80%，层跨数不低于 4，确保承载体系下的动力传递具有一定的扩散效应，有利于结构体系性能的整体稳定性。

二、局部构造结构噪声控制优化设计

1. 局部构造降噪方法

局部构造措施降噪方法的原则是不改变结构整体模态分布，主要包括局部增加次梁、隔振型浮筑地板、干挂阻尼耗能墙面、内衬阻尼隔声墙贴、楼盖局部调谐减振等。

2. 等效计算分析方法

对于局部构造性结构的计算方法，由于系统计算精度受到复杂结构多因素不确定性影响，难以通过整体计算进行精细化设计，等效计算方法主要采用独立局部建模，结合类比工程实测校准，利用最不利组合，对其上下限进行计算分析和评估。独立建模计算仍然采用数值时域分析方法，最不利组合需要充分考虑结构在多源振动作用下的疲劳临界分析。

3. 主要优化措施

（1）增加次梁构造措施。主要对局部传递路径突变或薄弱处，以及动力设备承载力设计不足位置，增加次梁构造措施，进行局部的增刚处理。

（2）隔振型浮筑地板。主要针对比较敏感的建筑室内区域，通过预测评估，开展低矮型高性能隔振浮筑板设计，浮筑板的整体基本频率设置为3～6Hz，承载力不低于5000N/m^2。

（3）干挂阻尼耗能墙面。针对设有隔振沟的建筑结构侧面基础或墙面，为有效降低中高频振动影响，采用一种干挂型阻尼类墙板（内设级配阻尼颗粒），利用阻尼颗粒和干挂连接方式，进行耗能降噪。

（4）内衬阻尼隔声墙贴。主要针对室内敏感功能区，对墙体采用后装式的内衬隔声墙贴进行降噪处理，内衬体可以是厚喷涂吸声材料，也可以是贴挂式的高分子垫层材料。

（5）楼盖局部调谐减振。主要针对大跨屋盖结构，在局部布设调谐质量阻尼器进行减振，降低屋盖向内产生辐射噪声。

三、振震控制层结构噪声控制优化设计

1. 等效计算方法

振震控制层结构的噪声计算主要是通过一次振动计算进行辐射噪声换算，再乘以双控结构层折减系数等效获取其噪声水平，原则上由于控制层自身无振敏功能，噪声影响并无要求，但为了确保对上部结构的放大影响，控制层降噪是总体振动控制的过程措施之一。

具体方法主要是调整控制层装置的性能参数，包括地震设防的装置与竖向振动控制的装置，通过直接数值仿真获取控制层结构的振动水平，通过装置设计参数优化，优化控制层噪声传递折减系数，最终在合理的成本范围内，将控制层噪声控制到最低水平。

2. 主要优化措施

（1）优化控制层振动控制装置性能。主要面向大负载钢弹簧、高分子垫层、厚肉型橡胶等，继续降低二次辐射噪声中的中低频振动，一方面将频率继续降低，另一方面侧重增加小变形阻尼，控制辐射噪声向上传递。

（2）优化控制层地震设防装置性能。主要面向叠层橡胶、摩擦摆、滑移支座等，通过装置的平面布局方案和自身结构构造特性优化，使二次辐射噪声中高频段成分衰减。

第十章　施工、验收、维护与监测

第一节　施　　工

振震双控装置的安装应在上道工序交接检验合格后进行，安装工程经质量验收合格后方可进行后续施工，装置安装应符合下列规定：

（1）振震双控装置的安装允许偏差应符合表 10-1-1 的规定。

振震双控装置安装允许偏差　　　　**表 10-1-1**

验收项目	允许偏差
振震双控装置平面位置	±5.0mm
振震双控装置标高	±5.0mm

（2）当支墩混凝土强度达到设计强度的 80%以上时，方可进行振震双控支座的安装。

（3）当振震双控采用消能装置与钢弹簧组合时，一体化装置安装后的静态稳定高差偏离不应大于 3mm。

一、支墩和预埋件施工

振震双控装置一般安装于下部结构的梁、柱等部位，装置底部和顶部设计相应预埋件，一方面提高装置底部和顶部的承载力，另一方面便于上部结构的施工。

1. 预埋件材料要求

（1）预埋件应按图纸进行深化设计后再施工，材料应使用设计图纸指定的规格、品种，保证符合国家标准中化学成分和机械性能等的规定。各种钢板采用长度、宽度双向定尺定货加工，以保证其平整度，在工厂加工成规定的尺寸、规格，再运至现场进行安装。

（2）材料应具有质量证明书。

2. 预埋件加工质量标准

（1）预埋钢板平整度误差不大于 2mm/m。

（2）连接螺栓套筒位置度误差±0.5mm。

3. 预埋件安装工艺流程

施工准备阶段→钢筋下料、钢骨料加工→吊装→对照图纸校对预埋件尺寸和位置→安装预埋件→检查预埋件施工质量→浇筑混凝土→养护→拆模。施工过程如下：

（1）在施工准备阶段，首先要熟悉预埋件施工图纸，结合现场土建施工状况，了解本工程的预埋件分布、形式以及依据本工程的施工特点进行技术交底等。在此阶段要全面了解图纸内容和现场实际施工情况，发现问题要及时向设计单位和总包单位反映；找出预埋的难点、易混淆的部位，在交底中进行专项说明，让操作人员掌握操作要领和技术要求。上述步骤完成后，用钢卷尺或其他工具在现场进行预埋件位置确定，不同施工段从该段轴线起，分别向两边排布，最后核对埋件相对位置是否正确。

（2）采用现场塔式起重机吊装埋件就位。在下部结构浇筑混凝土前，将下部预埋件安装就位，并拧入预埋螺栓，避免浇筑混凝土时混凝土进入螺栓孔（图 10-1-1）。

图 10-1-1　下部预埋件安装示意图

（3）埋件锚筋与钢骨焊接。预埋件除用锚筋固定外，还要在锚筋上电焊，以防止预埋件移位。

（4）预埋件在混凝土施工中的保护。混凝土浇筑过程中，在预埋板附近作业需小心谨慎，边振捣边观察预埋件，及时矫正预埋件位置，保证其不产生过大位移。

混凝土成型后，需加强混凝土养护，拆模要先拆周围模板，放松螺栓等固定装置，轻击预埋件处模板，待松劲后拆除，以防拆除模板时因混凝土强度过低而破坏锚筋与混凝土之间的握裹力，保证埋件施工质量。

4. 预埋件安装质量标准应符合表 10-1-2 的要求。

预埋件安装质量标准一览表　　**表 10-1-2**

项目	允许偏差	检查方法
预埋板平面位置	±5mm	尺量
预埋件标高	±5.0mm	尺量
预埋件平整度	±2.0 mm/m	水准仪测量
连接套筒位置	±0.5mm	尺量

5. 支墩及预埋件安装注意事项

（1）绑扎支墩钢筋及周边钢筋时，应提前预留预埋锚筋和套筒位置。

（2）下支墩的预埋件在安装过程中，应对轴线、标高和水平度进行精确测量定位，并对连接螺栓孔进行预拧封闭，避免混凝土进入孔内。

（3）浇筑下支墩时，应减少对预埋件的影响。下支墩混凝土宜分两次浇筑，浇筑时应有排气措施。

（4）混凝土一次浇筑完毕后，应复测并记录预埋件的平面位置和标高，如有移动时，应及时进行校正。

（5）二次浇筑的混凝土宜采用高流动性、收缩小的混凝土、微膨胀或无收缩高强灌浆料，强度等级宜比原设计强度提高一级，混凝土不应有空鼓。

（6）严格按照预埋件施工图加工，并保证加工精度，防止由于预埋件连接孔错位导致预埋件与隔振器无法连接。

二、钢弹簧隔振支座施工

建筑结构采用的钢弹簧支座一般为预紧式，隔振器安装前先在工厂预紧，再放置于支墩上，然后支模板、绑筋、浇筑上部结构，预紧后的隔振器在施工过程中呈刚性，上部结构可按常规方法施工。钢弹簧减振支座底部直接与混凝土支墩上的预埋件无螺栓刚性连接（图 10-1-2）。

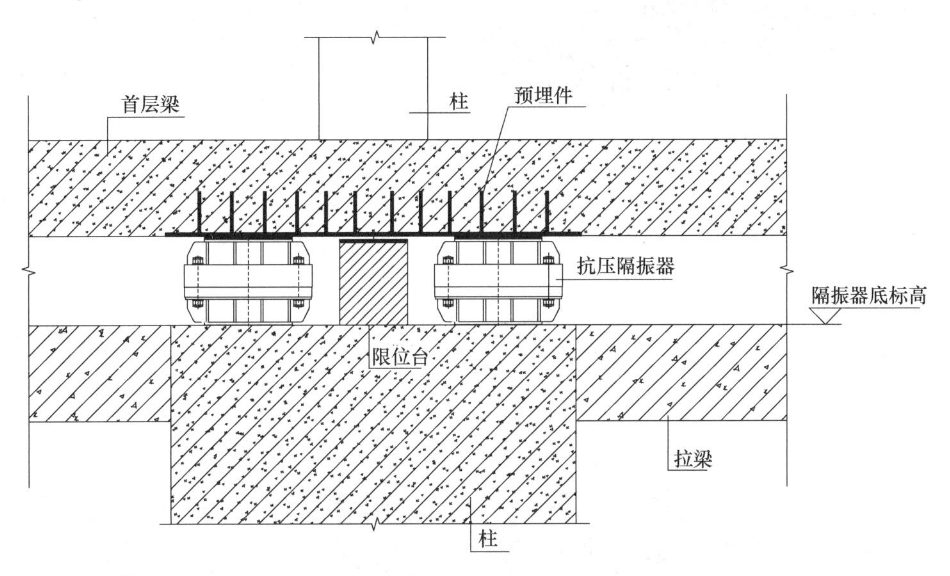

图 10-1-2　钢弹簧隔振支座节点详图

1. 钢弹簧隔振支座安装

（1）隔振支座出厂前预压缩。隔振支座发货前先在工厂预紧，再发货到现场安装。预压缩完成后用预紧螺栓（隔振支座产品设计时带有预紧螺栓装置）锁住（图 10-1-3）。

图 10-1-3　隔振器预压缩示意图

（2）施工前准备。隔振支座就位安装工具包括：现场塔式起重机（汽车起重机）、水准仪、包装胶带、0.5mm 塑料薄膜等。

（3）放线定位。在混凝土支墩上放线定位，同时测量混凝土支墩的标高，确定满足支墩标高、平整度等要求后，做好记录，支墩顶面平整度误差不大于 2mm/m。

（4）在钢弹簧隔振支座的支墩上放置专用防滑垫板（图 10-1-4）。

图 10-1-4　支墩上部防滑垫板安装示意图

（5）钢弹簧隔振支座安装。用塔式起重机或汽车起重机将钢弹簧隔振支座吊装到图纸相应设计位置，如图 10-1-5 所示。

图 10-1-5　隔振支座安装就位示意图

（6）产品成品保护。吊装完成后，首先对隔振支座进行清理，保持表面清洁，然后用防尘罩将隔振支座套起来，防止后续施工过程中弄脏隔振支座，如图 10-1-6 所示。

（7）隔振器上部预埋钢板就位并搭建模板，开展上部结构施工。隔振支座出厂前处于预压缩状态，预压缩量与将来受到的荷载基本一致，故在上部结构施工过程中，隔振支座可以作为临时支撑结构，支撑上部结构荷载，如图 10-1-7 所示。

图 10-1-6　隔振支座成品保护示意图

图 10-1-7　隔振支座上部结构施工示意图

上部混凝土浇筑过程中，应采用压力计、水准仪等对各节点装置竖向压力和变形值进行观测。

（8）隔振支座的释放和调平。等建筑主体结构施工基本完成，大部分结构荷载已经到位后，再现场进行隔振支座释放；释放隔振支座前，先清理防尘罩，用壁纸刀割掉即可。隔振支座的两侧分别设有放置千斤顶的支撑台，在支撑台上放置两个专用千斤顶，反向压缩弹簧，用扳手将螺母松动约 5～10mm，完成隔振支座释放工作，如图 10-1-8 所示。如

图 10-1-8　隔振器释放示意图

果建筑结构出现了标高变化，在隔振支座与上部结构之间添加或减少调平钢板，进行调平工作。

在隔振器释放后，对隔振器进行清理，保持外部清洁，完成施工。

2. 钢弹簧隔振支座安装注意事项

（1）确保安装隔振支座的支墩位置准确（表 10-1-3）。

隔振支座安装质量检验标准 **表 10-1-3**

名 称	允许偏差	测量方法
隔振器平面位移	±5mm	尺量
隔振器标高	±5mm	水准仪

（2）隔振支座吊装就位，考虑混凝土的收缩变形，应复测支撑面标高及平面位置，待验收通过后拧紧下预埋板的连接螺栓。

（3）在隔振支座与上预埋件的连接螺栓丝扣部位涂抹黄油，便于释放时拆卸，待连接螺栓释放完成后再完全拧紧。

（4）隔振支座安装就位后应立即采取保护措施，保证后续施工过程不得污染、损伤。

（5）在施工时应防止隔振支座上部支撑梁出现空鼓，防止隔振支座受力过大压碎支撑梁混凝土，另外支撑梁施工时应保证顶面平整度，保证隔振支座安装精度。

（6）当振震双控装置采用叠层橡胶支座与钢弹簧支座组合设计时，钢弹簧支座上、下连接板设置的滑移面预埋板施工，应保障水平滑移限值大于叠层橡胶支座侧向最大变形值；钢弹簧支座与叠层橡胶连接板应满足支座侧向最大变形值小于竖向受力失稳极限偏移值。

三、叠层橡胶隔震支座施工

1. 入场检查及堆放

叠层橡胶隔震支座产品安装前应对工程中所用的各种类型和规格的原型部件进行抽样检测，抽样的数量和要求同出厂检验，隔震支座检验的主要内容和试验结果必须符合国家标准《橡胶支座 第 3 部分：建筑隔震橡胶支座》GB/T 20688. 3—2006 和行业标准《建筑隔震橡胶支座》JG/T 118—2018 及项目设计文件的相关要求。

支座产品进场后应安排专门的临时场地进行存放，为防止支座产品中的橡胶部分在露天环境中产生变形，不宜露天堆放，应搭设临时仓储棚或仓库，面积不宜小于 50m^2。

隔震橡胶支座的力学性能符合行业标准《建筑隔震橡胶支座》JG/T 118—2018 以及国家标准《橡胶支座 第 1 部分：隔震橡胶支座试验方法》GB/T 20688. 1—2007 所规定的出厂检验项目要求：

隔震橡胶支座使用的橡胶、钢材及其他材料必须符合设计要求；隔震橡胶支座的外观不应有对使用有害的裂缝、鼓胀、外伤；连接板外形尺寸、板厚尺寸、孔中心距离及孔径须符合设计要求；防锈涂层厚度须达到规定要求；螺栓有效高度须达到设计要求（表 10-1-4）。

2. 施工准备

（1）熟悉设计图纸和相关技术标准，熟悉深化设计分析报告。

（2）按安装计划和设计要求的支座规格型号和现行相关质量标准对到场支座进行检查验收和编号核对。

支座外观质量要求　　表 10-1-4

缺陷名称	质量指标
气泡	单个表面气泡面积不超过 50mm²
杂质	杂质面积不超过 30mm²
缺胶	缺胶面积不超过 150mm²，不得多于 3 处
凹凸不平	凹凸不超过 2mm，面积不超过 50mm²，不得多于 3 处
胶钢粘结不牢（上、下端面）	裂纹长度不超过 30mm，深度不超过 3mm，不得多于 3 处
裂纹（侧面）	不允许

（3）根据基础承台计算预埋定位板的中轴线位置，并在基础柱墩每侧用墨线弹出轴线位置，以随时检查和校核预埋定位板是否定位准确。

（4）安装施工前，还应对施工人员进行全面的技术要求、操作规范和安全技术交底，确保施工过程的工程质量和作业安全。

3. 隔震橡胶支座的安装

隔震支座分为普通橡胶支座（LNR）和铅芯橡胶支座（LRB）两类，橡胶支座上下带有法兰板，下部法兰板有预留螺栓孔，上部法兰板带有套筒螺栓（已拧紧），橡胶支座通过法兰板与上下基础结构进行有效连接；连接大样、预埋大样及支座大样见图 10-1-9。

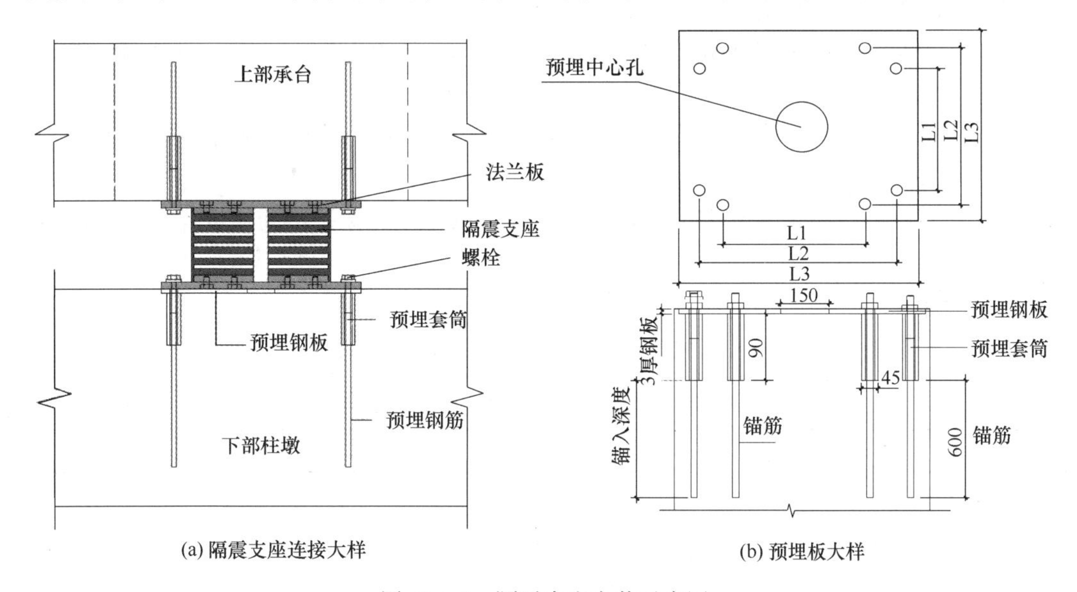

图 10-1-9　隔震支座安装示意图

安装流程：吊装支座→支座就位→支座校正→拧紧螺栓；由于橡胶支座本身较重，需待柱墩混凝土达到一定强度（80%设计强度）时才能进行吊装，且吊装须采用塔式起重机或汽车起重机，吊装时带有套筒螺栓的法兰板朝上；就位时在塔式起重机指挥以及技术安装工人的共同配合下，支座下部法兰板的螺栓孔对准柱墩顶部预埋板上的螺栓孔缓慢落下（连接螺栓事先卸下），并最终对准就位；松开塔式起重机起吊绳并穿入螺栓后，由技术安装工人进行精确校正；最后拧紧下部法兰板上的螺栓。

待所有支座按上述步骤全部安装后，隔震支座的安装工作基本结束，可进行隔震支座上部隔震层的施工。

4. 质量控制技术措施

按设计要求，支座底部中心标高和单个支座的倾斜度≤支座直径的1/500，轴线偏差≤5mm，否则支座将产生偏心受压现象，严重时支座会产生扭曲、歪斜，失去正常工作能力。而支座下部预埋定位连接钢板的标高和定位是否准确是决定支座是否会出现这种情况的关键，因此，支座下部预埋板预埋安装是整个支座安装过程的重中之重，为保证隔振支座预埋板的准确定位，须在以下几个环节采取相应特殊质量技术控制措施：

（1）每个柱墩浇筑完后，应及时对预埋板的定位轴线和标高进行检查，若发现有超过规范允许偏差的（支墩顶面水平度误差不宜大于0.5%，标高和轴线定位偏差≤5mm），必须立即采取有效措施进行复位修正，避免事后采用剔打混凝土、割焊连接板、塞垫等办法进行修正。在混凝土初凝之前对套筒地脚螺栓再校正1次，用水平仪修正定位钢板的水平度与设计标高，误差不超过3mm，最后将表面混凝土抹平，预埋定位钢板永久固定于柱顶。在混凝土浇筑结束后预埋定位钢板中间的预留浇筑圆孔不得出现凹陷。

（2）预埋板安装前应采用涂抹机油等方式对预埋板上的螺栓套筒等部件进行防锈处理，预埋板安装后在混凝土浇筑前还应采用塑料薄膜等材料对地脚螺栓及其周边与套筒的缝隙进行包裹和封堵，以防止在混凝土浇筑过程中混凝土浆对地脚螺栓和套筒的污染和渗透，以便混凝土浇筑后轻松拆卸地脚螺栓。

（3）支座安装前应将预埋板上的混凝土浆和杂物等清理干净，并重新对地脚螺栓进行防锈处理。

（4）施工现场应设置临时堆放点或仓库，并有一定的防雨水防日晒措施，做到分规格型号统一整齐堆码。

（5）支座吊装前应合理确定吊点，并对支座采取相应的保护措施，以免起吊钢绳对支座造成损伤。

5. 质量要求

（1）隔震橡胶支座平面尺寸允许偏差，应符合表10-1-5的要求。

隔震橡胶支座平面尺寸允许偏差一览表 **表10-1-5**

D'、a'和b'	允许偏差
D'、a'和b'≤500mm	5mm
500mm≤D'、a'和b'≤1500mm	1%
5D'、a'和b'≤1500mm	15mm

注：D'—圆形支座包括保护层厚度的外部直径；a'—矩形支座包括保护层厚度的长边长度；b'—矩形支座包括保护层厚度的短边长度。

（2）隔震橡胶支座高度允许偏差

支座产品高度的允许偏差为±1.5%与±6.0mm两者中的较小值。

（3）隔震橡胶支座产品的平整度允许偏差

支座的平整度要求为：$|\psi| \leqslant 0.25\%$，$|\delta_v| \leqslant 3.0\text{mm}$，$\psi$可按下式计算：

$$\psi = \left|\frac{\delta_v}{D_f}\right| 或 \left|\frac{\delta_v}{D'}\right| \tag{10-1-1}$$

式中：ψ——平整度；

δ_{v}——支座平整度偏差，即相距180°两点所测得支座高度之差；

D_{f}——圆形连接板直径；

D'——圆形支座包括保护层厚度的外部直径。

（4）隔震橡胶支座水平偏移允许偏差 $\delta_{\mathrm{H}} \leqslant 5.0$mm。

（5）连接板平面尺寸允许偏差，应符合表10-1-6的要求。

连接板平面尺寸允许偏差一览表（单位：mm）　　**表 10-1-6**

连接板厚度 t_{f}	D_{f}或$L_{\mathrm{f}}<1000$	$1000<D_{\mathrm{f}}$或$L_{\mathrm{f}}<3150$	$3150<D_{\mathrm{f}}$或$L_{\mathrm{f}}<6000$
$6<t_{\mathrm{f}}\leqslant 27$	±2.0	±2.5	±3.0
$27<t_{\mathrm{f}}\leqslant 50$	±2.5	±3.0	±3.5
$50<t_{\mathrm{f}}\leqslant 100$	±3.5	±4.0	±4.5

6. 隔震支座安装注意事项

（1）支承隔震支座的支墩（或柱）顶面水平度误差不大于0.5%；隔震支座安装后顶面的水平度误差不大于0.8%。

（2）隔震支座中心的平面位置与设计位置的偏差不大于5.0mm。

（3）隔震支座中心的标高与设计标高偏差不大于5.0mm。

（4）隔震支座连接板及外露连接螺栓应采取防锈保护措施。

（5）隔震支座安装阶段，应对隔震橡胶支座的支墩（或柱）顶面、隔震支座顶面水平度、隔震支座中心的平面位置和标高进行观测并记录。

（6）工程施工阶段，隔震支座周边宜有临时覆盖保护措施。

（7）当隔震支座外露于室外地面或其他情况需要密闭保护时，应选择合适的材料和做法，保证隔震层在罕遇地震下的变形不受影响，同时按实际需要考虑防水、保温、防火等要求。

7. 成品保护措施

（1）检查合格后，先对橡胶隔震支座连接板及外露连接螺栓采取防锈保护措施，然后用胶合板钉成木盒子将其保护好，防止上部施工过程破坏橡胶隔震支座。

（2）支座安装前应向工人讲明橡胶隔震支座的构造及对结构的重要性，不得损坏隔震支座及配件。

（3）橡胶隔震支座安装好后，应立即采取措施保护，防止意外损伤。

（4）高强螺栓和螺母必须订做保护帽或塞，防止丝扣损伤。

（5）涂刷防腐涂料时，应将可能污染的隔震支座部分用塑料薄膜包裹保护。

（6）连接螺栓安装好后应立即安装防护帽，防止螺栓外露部分锈蚀。

（7）连接板及预埋板的外露部分均须涂刷防锈漆2道。

8. 搬运、储存

（1）产品储存在干燥、通风、无腐蚀性气体、无阳光（紫外线）照射并远离热源的场所，不得淋雨。

（2）产品及配件应按型号分类放置，不得混放、散放；产品叠放时应以钢板为基准面叠放整齐、稳固。

（3）开封验货后，应将防护包装恢复。

（4）搬运中，应按厂家提供的吊点双环起吊，严禁单环起吊或倾斜吊装，严禁使用连接螺孔起吊，防止连接板螺栓孔损伤。

（5）搬运时应轻起轻放，不得猛起重摔。

四、振震控制层阻尼器安装

当振震控制层采用阻尼器时，其安装应符合下列规定：

（1）阻尼器进场应具备产品合格证书和设计方案要求的各项标定报告。

（2）应确保阻尼器连接件与预埋件连接可靠，阻尼器预埋件的平面位置安装允许偏差不应大于5mm。

（3）阻尼器的安装应在上部结构全部施工完毕后进行。

（4）建筑结构施工时，应预留阻尼器耳板焊接位置。

（5）安装应由经过培训的专门人员实施，并在监理人员监督下施工。

五、振震控制层摩擦摆支座安装

当振震双控装置采用摩擦摆支座与钢弹簧支座串联组合设计时，施工安装应符合下列规定：

（1）安装顺序应为下支座板—钢弹簧支座滑块—上支座板。

（2）摩擦摆宜设限位器，限位空间距离应保障钢弹簧支座滑块滑移不大于受压侧向失稳位移限值。

（3）摩擦摆组合装置安装后，所有装置预计调平标高偏离不应大于3mm。

第二节　验　　收

1. 振震双控结构的验收除应符合现行有关施工及验收规范外，尚应提交如下文件：

（1）企业相关资质。

（2）振震控制层专项施工方案。

（3）振震控制层装置的合格证、质量证明等。

（4）振震控制层部件的产品性能型式检验和出厂检验报告。

（5）具有相关资质的振控双控装置第三方检测报告。

（6）控制层预埋件及振控双控装置进场验收报告。

（7）隐蔽工程验收记录。

（8）预埋件及振震控制层装置的施工安装记录。

（9）振震双控结构施工安装记录（含上部结构与周围固定物脱开距离的检测结果）。

2. 振震双控工程应对隔振（震）缝及柔性连接部位进行系统验收。

3. 振震双控工程应对振震双控支座进行全数检查，支座型号、数量、安装位置应符合设计要求，且各支座应与上下预埋件紧密贴合，不应产生缝隙。

4. 控制层中的隔振与隔震支座、阻尼器等出厂前应经检验，并取得合格证书。

5. 屏障隔振施工后，应对正常工作条件下的振动进行测试，需验证屏障隔振的效果是否已经满足设计要求。

第三节　维 护 与 监 测

一、振震双控建筑后期维护

振震双控技术效能的发挥与建筑的合理使用和维护密切相关。振震控制层作为振震双控建筑的重要组成部分，其维护质量是影响建筑物减振、抗震的重要因素。因此，要重视并做好振震控制层的维护工作，具体如下：

1. 维护管理人员及机制

振震双控建筑的维护管理，要建立完善的管理机制，确保振震控制层的维护检查工作顺利进行。在维护管理工作中所涉及的三方人员，分别承担以下不同责任：

（1）建设方：组织进行振震双控建筑的后期维护检查，或监督使用方进行维护检查。

（2）使用方：严格按照维护检查计划书相关要求，对振震双控建筑进行维护检查，若发现振震控制层异常情况，及时向建设方报告。

（3）施工方：组织技术人员对振震双控建筑进行巡视检查及应急检查，审核经常性检查结果，将审核结果向建设方报告，若存在问题，提出相应的改进措施和实施方案。

2. 隔振（震）建筑标识

为了完善振震双控配套技术，保障振震双控建筑在使用年限内正常发挥振震双控功能，建筑振震双控工程应设置专用标识。

振震双控标识的设置，可促进对振震双控建筑的正常使用、合理维护、适宜改造及安全拆除等，指导人员遇震时正确疏散，避免因不当行为影响振震双控功能或造成伤害。

（1）标识分类

建筑振震双控工程专用标识分为建筑振震双控工程主标识和专项标识。专项标识包括：减振支座标识、隔震支座标识、水平隔离缝（隔震沟）标识、竖向隔离缝标识、隔震管线标识、隔震楼梯标识、振震控制层标识、隔震检修口标识、地面警示标识等。

（2）标识位置及内容

1）建筑隔震工程标识：应放置于建筑入口明显位置，并与建筑装饰物相协调。图样如图 10-3-1 所示。

2）隔震支座标识：设置于隔震支座邻近位置，其底边距楼地面距离应大于 0.3m（图 10-3-2）。

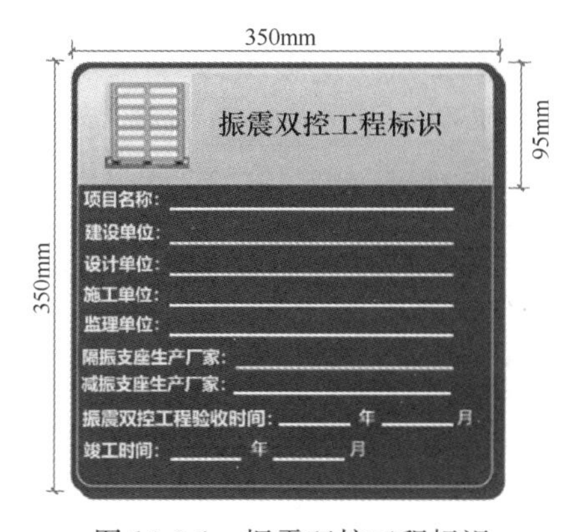

图 10-3-1　振震双控工程标识

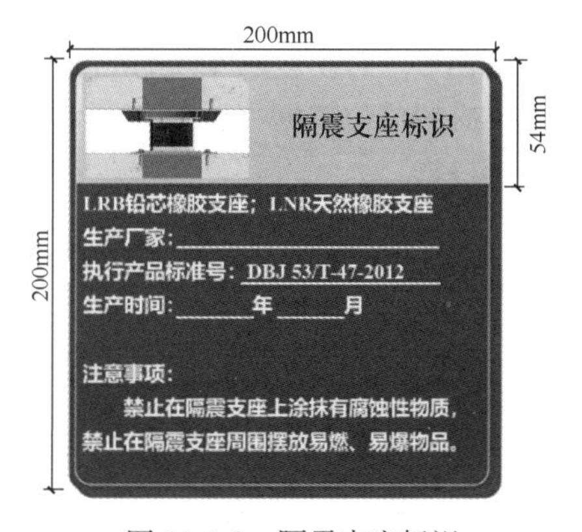

图 10-3-2　隔震支座标识

3）隔离缝（隔震沟）标识：设置在建筑物首层进出口的位置，设置高度宜在建筑勒脚上方（图 10-3-3）。

4）隔震检修口标识：在设计隔震层楼面结构时，应考虑长时间使用以及震后隔震支座需要更换的情况，隔震支座两侧的主框架梁应能承载托换时千斤顶的作用力，满足局部承压要求（图 10-3-4）。

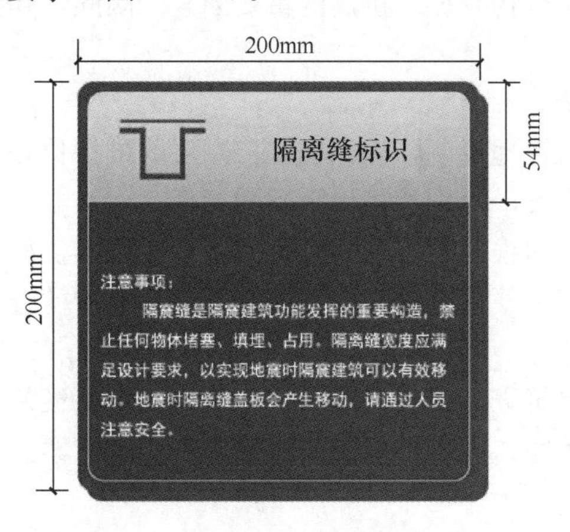

图 10-3-3　隔离缝（隔震沟）标识

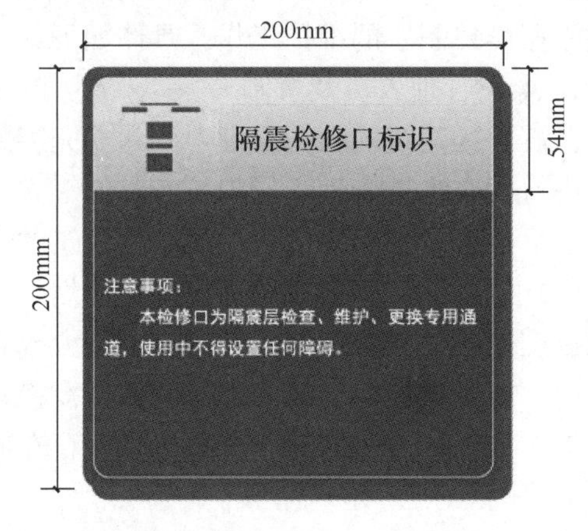

图 10-3-4　隔震检修口标识

3. 振震双控建筑维护和检查

振震双控工程竣工后，需制订并执行振震控制层中减振支座和隔震支座的检查和维护计划。

维护检查种类和时间。对于振震控制层的检查分为经常性检查、定期检查、巡视检查和应急检查四种情况，各自实施时间和检查内容如下：

（1）经常性检查

实施时间：经常

检查内容：减振支座、隔震支座或阻尼器等的损伤情况，螺栓锈蚀情况，管线构配件损坏情况，隔震沟、隔离缝是否有阻碍建筑物在地震时移动的物体。

（2）定期检查

实施时间：竣工后第 1、3、5、10 年，以后约每 10 年进行一次。

检查内容：除了经常性检查内容外，还应使用仪器测量减振支座、隔震支座的水平变形和竖向压缩变形。若支座水平位移过大，则应评估建筑物的安全性是否受到影响，并可由具有相应资质的单位依据相关规范评估是否更换支座。

（3）巡视检查

实施时间：由减振、隔震配套产品生产厂家安排。

检查内容：同定期检查，旨在对所提供减振、隔震配套产品的振震双控建筑进行回访，巡视检查，确保振震双控建筑安全。

（4）应急检查

当发生可能对振震控制层相关构件、装置造成破坏的地震、火灾、爆炸等偶然事件后，应进行重点部位的应急检查。

实施时间：发生地震、火灾、水灾等异常情况时。

检查内容：同定期检查。

4. 维护检查的项目、方法

检查的对象和部位主要有以下两方面：

（1）减振支座、隔震支座、阻尼器等。

（2）振震双控构造措施。

具体的维护检查项目如表 10-3-1 所示。

振震双控建筑检查项目　　**表 10-3-1**

<table>
<tr><th colspan="2">位置</th><th colspan="2">检查项目</th><th>检查方法</th><th>管理目标</th></tr>
<tr><td rowspan="5">振震控制层、建筑物外围</td><td>建筑物</td><td>周边环境</td><td>确保净空间距</td><td>目测、确认</td><td>移动范围内无障碍物</td></tr>
<tr><td rowspan="4">振震双控构件管线</td><td rowspan="4">周边状况</td><td>障碍物</td><td>目测、确认</td><td>移动范围内无障碍物</td></tr>
<tr><td>可燃物</td><td>目测、确认</td><td>无可燃物</td></tr>
<tr><td>排水条件</td><td>目测、确认</td><td>排水状况良好</td></tr>
<tr><td>液体泄漏</td><td>目测</td><td>无异常</td></tr>
<tr><td rowspan="8">振震双控构件</td><td rowspan="4">减振支座</td><td rowspan="2">钢弹簧顶座、底座等外观</td><td>锈蚀</td><td>目测</td><td>无浮锈、无锈迹</td></tr>
<tr><td>损伤</td><td>目测</td><td>无损伤</td></tr>
<tr><td rowspan="2">钢弹簧</td><td>外观</td><td>目测</td><td>无异常，无压并</td></tr>
<tr><td>锈蚀</td><td>目测</td><td>无浮锈、无锈迹</td></tr>
<tr><td rowspan="4">隔震支座</td><td rowspan="2">橡胶保护层外观</td><td>变色</td><td>目测</td><td>无异常、无异物</td></tr>
<tr><td>损伤</td><td>目测</td><td>无损伤</td></tr>
<tr><td rowspan="2">钢材部位状况</td><td>锈蚀</td><td>目测</td><td>无浮锈、无锈迹</td></tr>
<tr><td>安装部位</td><td>目测</td><td>螺栓、铆钉无松动</td></tr>
<tr><td rowspan="2">设备管线机柔性连接</td><td>设备管线</td><td>柔性连接</td><td>液体渗漏
增加、更换</td><td>确认</td><td>不增加、更换</td></tr>
<tr><td>电气线路</td><td>变形吸收部位</td><td>增加、更换</td><td>确认</td><td>不增加、更换</td></tr>
</table>

振震双控建筑的后期维护管理工作十分重要，在振震双控建筑使用期间制定必要的维护管理计划，才能发现问题并及时采取处理措施，进而在地震灾害中最大限度地保护人民的生命和财产安全。振震控制层部件的改装、修理或加固应在有经验的工程技术人员指导下进行。

二、振震双控建筑监测

1. 振震双控监测点设置要求

振震双控新建工程建议设置振震双控监测点，并制定详细的监测方案；监测数据的评价量及数据处理，应符合国家现行有关标准或规范的规定。振震双控新建工程设置强震和振动监测台站时，监测点的布置需符合下列规定：

（1）强震监测点需在基础、振震控制层和上部结构设置三向加速度传感器，在远离振震双控建筑一定距离的自由地表（若存在基岩地表，则优先选择基岩地表）设置自由场台站监测点。一旦建筑所在地发生地震，可记录到完整的强震动观测数据，为振震双控建筑的振（震）控制研究提供宝贵的基础数据。

（2）需要监测建筑物扭转特性时，应根据需求在典型楼层的端部不同对角位置布置若干个监测台站，便于监测建筑物的扭转特性。

强震监测点在未发生地震时，可兼作振震双控建筑环境振动的监测点，根据监测数据，可判断振震双控建筑的减隔振效果，累积一段时间的振动数据，可对振震双控建筑的振动趋势进行分析，有利于判断建筑结构的健康状况。

2. 振震双控监测点维护要求

建筑工程强震观测的数据处理及台网运行维护，应符合行业标准《强震动观测技术规程》DB/T 64—2016 的规定。

参考文献

[1] 中国工程建设标准化协会．建筑工程振震双控技术标准：T/CECS 1234—2023［S］．北京：中国建筑工业出版社，2023.

[2] 中华人民共和国住房和城乡建设部．工业建筑振动控制设计标准：GB 50190—2020［S］．北京：中国计划出版社，2020.

[3] 中华人民共和国住房和城乡建设部．动力机器基础设计标准：GB 50040—2020［S］．北京：中国计划出版社，2020.

[4] 中华人民共和国住房和城乡建设部．工程隔振设计标准：GB 50463—2019［S］．北京：中国计划出版社，2019.

[5] 中华人民共和国住房和城乡建设部．建筑振动荷载标准：GB/T 51228—2017［S］．北京：中国建筑工业出版社，2018.

[6] 中华人民共和国住房和城乡建设部．建筑工程容许振动标准：GB 50868—2013［S］．北京：中国计划出版社，2013.

[7] 中华人民共和国住房和城乡建设部．地基动力特性测试规范：GB/T 50269—2015［S］．北京：中国计划出版社，2015.

[8] 中华人民共和国住房和城乡建设部．工程振动术语和符号标准：GB/T 51306—2018［S］．北京：中国建筑工业出版社，2018.

[9] 中华人民共和国住房和城乡建设部．建筑抗震设计规范：GB 50011—2010［S］．北京：中国建筑工业出版社，2016.

[10] 中华人民共和国住房和城乡建设部．建筑隔震设计标准：GB/T 51408—2021［S］．北京：中国建筑工业出版社，2021.

[11] 中华人民共和国住房和城乡建设部．建筑结构荷载规范：GB 50009—2012［S］．北京：中国建筑工业出版社，2012.

[12] 中华人民共和国国家质量监督检验检疫总局．中国地震动参数区划图：GB 18306—2015［S］．北京：中国标准出版社，2015.

[13] 中国工程建设标准化协会．叠层橡胶支座隔震技术规程：CECS 126—2001［S］．北京：中国建筑工业出版社，2001.

[14] 中华人民共和国国家质量监督检验检疫总局．橡胶支座第1部分：隔震支座试验方法：GB/T 20688.1—2007［S］．北京：中国标准出版社，2007.

[15] 中华人民共和国国家质量监督检验检疫总局．橡胶支座第2部分：桥梁隔震橡胶支座：GB/T 20688.2—2006［S］．北京：中国标准出版社，2006.

[16] 中华人民共和国国家质量监督检验检疫总局．橡胶支座第3部分：建筑隔震橡胶支座：GB 20688.3—2006［S］．北京：中国标准出版社，2006.

[17] 中华人民共和国国家质量监督检验检疫总局．橡胶支座第5部分：建筑隔震弹性滑板支座：GB/T 20688.5—2014［S］．北京：中国标准出版社，2014.

[18] 中华人民共和国住房和城乡建设部．建筑隔震橡胶支座：JG/T 118—2018［S］．北京：中国建筑工业出版社，2018.

[19] 中华人民共和国住房和城乡建设部．建筑摩擦摆隔震支座：GB/T 37358—2019［S］．北京：中国建筑工业出版社，2019.

[20] 中华人民共和国住房和城乡建设部．建筑隔震工程施工及验收规范：JGJ 360—2015［S］．北京：中国建筑工业出版社，2015.

[21] 国家环境保护局．城市区域环境振动标准：GB 10070—1988［S］．北京：中国标准出版社，1988.

[22] 国家环境保护局．城市区域环境振动测量方法：GB 10071—1988［S］．北京：中国标准出版社，1988.

[23] 中华人民共和国住房和城乡建设部．住宅建筑室内振动限值及其测量方法标准：GB/T 50355—2005［S］．北京：中国建筑工业出版社，2005.

[24] 中华人民共和国住房和城乡建设部．城市轨道交通引起建筑物振动与二次射噪声限值及其测量方法标准：JGJ/T 170—2009［S］．北京：中国建筑工业出版社，2009.
[25] 中华人民共和国住房和城乡建设部．工程结构设计基本术语标准：GB/T 50083—2014［S］．北京：中国建筑工业出版社，2014.
[26] 中华人民共和国住房和城乡建设部．工程结构设计通用符号标准：GB/T 50132—2014［S］．北京：中国建筑工业出版社，2014.
[27] 中华人民共和国住房和城乡建设部．建筑与市政工程抗震通用规范：GB 55002—2021［S］．北京：中国建筑工业出版社，2021.
[28] 中华人民共和国住房和城乡建设部．建筑工程抗震设防分类标准：GB 50223—2008［S］．北京：中国建筑工业出版社，2008.
[29] 中华人民共和国住房和城乡建设部．建筑环境通用规范：GB 55016—2021［S］．北京：中国建筑工业出版社，2021.
[30] 中华人民共和国住房和城乡建设部．民用建筑隔声设计规范：GB 50118—2010［S］．北京：中国建筑工业出版社，2010.
[31] 中华人民共和国住房和城乡建设部，环境保护部．声环境质量标准：GB 3096—2008［S］．北京：中国环境科学出版社，2008.
[32] 中华人民共和国住房和城乡建设部．建筑结构可靠度设计统一标准：GB 50068—2018［S］．北京：中国建筑工业出版社，2018.
[33] 中华人民共和国住房和城乡建设部．高层建筑混凝土结构技术规程：JGJ 3—2010［S］．北京：中国建筑工业出版社，2018.
[34] 中华人民共和国住房和城乡建设部．建筑楼盖结构振动舒适度技术规范：JGJ/T 441—2020［S］．北京：中国建筑工业出版社，2020.
[35] 中华人民共和国国家质量监督检验检疫总局．机械振动与冲击：人体暴露于全身振动的评价：GB/T 13441—2017［S］．北京：中国标准出版社，2017.
[36] 中华人民共和国住房和城乡建设部．建筑消能减震技术规程：JGJ 297—2013［S］．北京：中国建筑工业出版社，2013.
[37] 中华人民共和国住房和城乡建设部．圆柱螺旋弹簧设计计算：GB/T 23935—2009［S］．北京：中国标准出版社，2009.
[38] 中华人民共和国国家质量监督检验检疫总局．建筑消能阻尼器：JG/T 209—2012［S］，北京：中国建筑工业出版社，2012.
[39] 中华人民共和国住房和城乡建设部．建筑机电工程抗震设计规范：GB 50981—2014［S］．北京：中国建筑工业出版社，2014.
[40] 中华人民共和国住房和城乡建设部．民用建筑设计统一标准：GB 50352—2019［S］．北京：中国建筑工业出版社，2019.
[41] 中华人民共和国住房和城乡建设部．古建筑防工业振动技术规范：GB/T 50452—2008［S］．北京：中国建筑工业出版社，2008.
[42] 中国地震局．强震动观测技术规程：DB/T 64—2016［S］．北京：地震出版社 2016.
[43] 建设工程抗震管理条例（中华人民共和国国务院令第 744 号）［Z］．2021.
[44] 周福霖．工程结构减震控制［M］．北京：地震出版社，1997.
[45] 徐建．建筑振动工程手册［M］．2 版．北京：中国建筑工业出版社，2016.
[46] 徐建．建筑振动工程实例（第 1 卷）［M］．北京：中国建筑工业出版社，2022.
[47] HUANG W，XU J. Optimized Engineering Vibration Isolation，Absorption and Control［M］．Springer，2023.
[48] 徐建．工程振动控制技术标准体系［Z］．2 版．2018.
[49] 徐建，尹学军，陈骝．工业工程振动控制关键技术［M］．北京：中国建筑工业出版社，2016.
[50] 徐建，曾滨，黄世敏，等．工业建筑抗震关键技术［M］．北京：中国建筑工业出版社，2019.
[51] 郑建国，徐建．古建筑抗震与振动控制关键技术［M］．北京：中国建筑工业出版社，2022.

[52] 徐建．工程隔振设计指南［M］．北京：中国建筑工业出版社，2021.

[53] 徐建．动力机器基础设计指南［M］．北京：中国建筑工业出版社，2022.

[54] 徐建．工业建筑振动控制设计指南［M］．北京：中国建筑工业出版社，2023.

[55] 徐建．工业建筑抗震设计指南［M］．北京：中国建筑工业出版社，2013.

[56] 徐建．隔振设计规范理解与应用［M］．北京：中国建筑工业出版社，2009.

[57] 郑建国，徐建．地基动力特性测试指南［M］．北京：中国建筑工业出版社，2023.

[58] 徐建．建筑振动荷载标准理解与应用［M］．北京：中国建筑工业出版社，2018.

[59] 徐建．建筑工程容许振动标准理解与应用［M］．北京：中国建筑工业出版社，2013.

[60] 徐建，裘民川，刘大海，等．单层工业厂房抗震设计［M］．北京：地震出版社，2004.

[61] 杨先健，徐建，张翠红．土-基础的振动与隔振［M］．北京：中国建筑工业出版社，2013.

[62] 中国工程建设标准化协会建筑振动专业委员会．首届全国建筑振动学术会议论文集［C］．无锡：1995.

[63] 中国工程建设标准化协会建筑振动专业委员会．第二届全国建筑振动学术会议论文集［C］．北京：中国建筑工业出版社，1997.

[64] 中国工程建设标准化协会建筑振动专业委员会．第三届全国建筑振动学术会议论文集［C］．昆明：云南科技出版社，2000.

[65] 中国工程建设标准化协会建筑振动专业委员会．第四届全国建筑振动学术会议论文集［C］．南昌：江西科学技术出版社，2004.

[66] 中国工程建设标准化协会建筑振动专业委员会．第五届全国建筑振动学术会议论文集［C］．西安：2008.

[67] 中国工程建设标准化协会建筑振动专业委员会．第六届全国建筑振动学术会议论文集［C］．桂林：2012.

[68] 中国工程建设标准化协会建筑振动专业委员会．第七届全国建筑振动学术会议论文集［C］．合肥：2015.

[69] 中国工程建设标准化协会建筑振动专业委员会．第八届全国建筑振动学术会议论文集［C］．厦门：2020.

[70] 茅玉泉．建筑结构防振设计与应用［M］．北京：机械工业出版社，2011.

[71] 首培杰，刘曾武，朱镜清．地震波在工程中的应用［M］．北京：地震出版社，1982.

[72] Wolf J P. 土-结构动力相互作用［M］．吴世明，译．北京：地震出版社，1989.

[73] 李宏男，李忠献，祁皑．结构振动与控制［M］．北京：中国建筑工业出版社，2005.

[74] 李宏男，霍林生．结构多维减震控制［M］．北京：科学出版社，2008.

[75] 张荣山，张震华．建筑结构振动计算与抗振措施［M］．北京：冶金工业出版社，2010.

[76] 魏陆顺，周福霖，任珉，等．三维隔震（振）支座的工程应用与现场测试［J］．地震工程与工程振动，2007(3)：121-125.

[77] 刘晶波．吕彦东．结构-地基动力相互作用问题分析的一种直接方法［J］．土木工程学报，1998(3)：55-64.

[78] 吕西林，陈跃庆．结构-地基动力相互作用体系振动台模型试验研究［J］．地震工程与工程振动，2000(4)：20-29.

[79] ZHOU F L，TAN P. Recent progress and application on seismic isolation energy dissipation and control for structures in China［J］. Earthquake Engineering and Engineering Vibration，2018(17)：19-27.